航理新教员知识手册

贺　鹏　赵保护　编著

U0309519

航空工业出版社

北　京

内 容 提 要

本书详细介绍世界空军和中国空军发展史，阐释军事飞行教育训练、航空理论教育主要课程、航空理论教员模拟飞行训练等相关知识，以及空军主战飞机及机载武器设备、主战飞机的作战应用与效能评估、主战飞机的模拟飞行训练、非技术能力与飞行训练等相关知识和方法。

本书可作为专职航空理论教学的新教员培训教材和提高教育水平及日常理论学习的参考资料，也可供兼职航空理论教员和飞行教员参阅。

图书在版编目（CIP）数据

航理新教员知识手册／贺鹏，赵保护编著 . -- 北京：
航空工业出版社，2022. 9

ISBN 978-7-5165-3122-8

Ⅰ . ①航… Ⅱ . ①贺… ②赵… Ⅲ . ①航空学 Ⅳ .
①V2

中国版本图书馆 CIP 数据核字（2022）第 174862 号

航理新教员知识手册
Hangli Xinjiaoyuan Zhishi Shouce

航空工业出版社出版发行
（北京市朝阳区京顺路 5 号曙光大厦 C 座四层　100028）
发行部电话：010-85672666　010-85672683

北京富泰印刷有限责任公司印刷	全国各地新华书店经售
2022 年 9 月第 1 版	2022 年 9 月第 1 次印刷
开本：787×1092　1/16	字数：460 千字
印张：19. 25	定价：78. 00 元

前　言

为适应空军军事训练转变和航空兵部队武器装备跨越式发展的形势，提高航空兵部队战斗力，须构建新时期空军航空理论教育体系。着眼航空理论教育的特点，结合航空理论教育的实际，以提高教育质量为牵引，以提高航空理论教员的理论水平和教学能力为根本目的，切实加强航空理论教员队伍建设，满足航空理论教员培养的需求，作者组织力量编写了《航理新教员知识手册》，供专职航空理论新教员培训和日常学习使用。

本书共分为五篇：第一篇由贺鹏、于莹莹编写，第二篇由贺鹏编写，第三篇由胥文编写，第四篇由王海涛、王春雨、温爽编写，第五篇由朱磊、赵保护、张羽高编写。全书由贺鹏、赵保护统稿，庄凌屹校对。

本书编写时主要参考了《现代军校教育学教程》等著作及有关资料。在编写过程中，注意贯彻了"基本概念准确、理论阐述清晰、理论联系实际"的原则，并得到上级机关和兄弟单位的帮助和大力支持，为编写人员提供了许多详细的修改意见和丰富的资料，在此一并表示衷心的感谢。由于作者水平有限，错漏之处，敬请指正。

目　　录

第五篇 非技术能力与飞行训练

第一篇 空军发展史

空军发展史包括世界空军发展史和中国空军发展史两部分。

世界空军发展史主要阐述世界空军的发展概况，世界空军在大型战争中的作用，世界空战形态变化与空战原则的发展，军用飞机和航天器的发展概况以及世界空军发展展望。

中国空军发展史主要阐述中国空军发展的基础，中国人民空军的创建，人民空军发展壮大的历程，人民空军的体制变革、武器装备的发展以及在典型战争中的丰功伟绩。

第一章 世界空军发展史

自 1903 年 12 月 17 日美国莱特兄弟将有动力且可操纵的世界第一架飞机首次试飞成功以来，至今已有 100 多年。在这一个多世纪的时间里，人类不仅取得了为征服天空奋斗了几个世纪的最高成就，而且由于有了发展神速的航空器，使人类活动的空间由陆地到海洋，再到空中的愿望得以实现，并且延伸到了宇宙。世界首架飞机面世后不久，军事家们就意识到了航空器用于军事活动的重要性。在 1911 年意大利与土耳其爆发的意土战争中，10 月 23 日意大利陆军"第一飞机连"首次派出一架单翼机，在土耳其阵地上空进行为时 1h 的空中侦察。从此，开启了飞机参战的历程。

飞机的发明并应用于实战，促使一些军事理论家开始提出制空权的军事思想。从此，拉开了世界空军发展史的序幕。

第一节 世界空军发展概述

升空飞行是人类最古老、最美好的愿望之一。但由于科学技术发展的限制，飞行的探索直到近代一直处于盲目的冒险和无尽的幻想阶段。在人们认识到简单模仿鸟类的扑翼飞行方式并不能使人升空之后，在近乎偶然的情况下，人类发明了热气球。1783 年，载人热气球升空，标志着人类在征服天空的漫长历程中迈出了历史性的伟大一步，实现了古老的升空飞行的理想。在人类升空飞行 200 多年的历史中，航空事业经历了气球—飞艇—飞机这三个不同的时期。

一、飞机的诞生

世界上第一架成功飞行的飞机是美国莱特兄弟发明的。莱特兄弟是自行车技师，从小就对航空有很大兴趣。从 1896 年起，这对仅读过中学课程的兄弟就一直醉心于飞行探索，先后对风筝、竹蜻蜓、牵引滑翔机、自由滑翔机等飞行器做了大量的试验和研究。最终研制成功第一架有动力的飞机，命名为"飞行者 1 号"。

1903 年 12 月 17 日，这是一个载入史册的日子，莱特兄弟的飞机试飞成功，留空时间达 59s，飞行距离达 260m。正如莱特兄弟所言："人类飞行的时代来到了。"

在飞机发明的初期，我国旅美华侨冯如于 1910 年，驾驶着自己研制的飞机参加了在美国旧金山举行的国际航空比赛，飞行高度 210m，飞行速度达到 105km/h，飞行距离 32km，成绩为全场之冠。面对冯如在航空领域的卓越成绩，当时的美国报刊惊呼，在航空方面，中国人把白人抛在了后面，并称冯如是一位天才。

飞机发明后，航空事业出现了前所未有的繁荣景象，飞行纪录不断被刷新。

1909 年 7 月 25 日，法国的布莱里奥飞行 36min，成功飞越了英吉利海峡。

1911 年 4 月 12 日，法国飞行员普勒尔飞行 236min，首次完成从英国伦敦到法国巴黎的不着陆飞行。

1913 年 8 月 23 日，俄国飞行员涅斯捷罗夫首次完成筋斗，标志着飞机的机动性能已达到了崭新水平。

1913 年 9 月 23 日，法国飞行员加罗斯飞行距离 729km，历时 479min，首次飞越地中海，表明飞机在航程和稳定性方面已经有了明显改善。

随着飞机在速度、高度和航程等方面的性能不断提高，人们逐渐认识到飞机所具有的军事价值。于是，越来越多的人开始热衷于把飞机变成全新的进攻性武器。

二、最初的军用飞机

飞机诞生不久即被用于军事。1909 年，美国陆军部购买了莱特飞机公司生产的 1 架超 20PS[①] 发动机的飞机。该飞机成为世界上第一架军用飞机。

1911 年爆发的意土战争，开创了使用飞机执行军事任务的先例。从此，战争由平面走向立体空间。

1911 年 10 月 23 日，队长皮亚扎上尉驾驶 1 架"布莱里奥" XI 型飞机飞往黎波里与阿齐齐亚之间的土耳其阵地上空，进行了约 1h 的侦察，从此开启了飞机参战的历程。

1911 年 11 月 1 日，意军飞行员朱里奥·加沃蒂少尉驾驶"鸽"式单翼飞机，在北非塔吉拉绿洲和艾因扎拉地区向土军阵地投下 4 颗各重 2kg 的"西佩利"式榴弹，这是飞机作战史上的首次轰炸行动。

飞机在意土战争中的运用，仅仅是空中作战的萌芽，虽然规模不大、效果也不明显，但是，它预示了飞机在战争中的前途和战争的样式将发生革命性的变化。

意大利航空队在意土战争中的表现，使很多国家感到震惊。他们纷纷效仿意大利的做法，开始重视空中力量的建设，从而大大促进了军事航空事业的发展。

1912 年 4 月 13 日，英国皇家飞行队成立，成为世界上第一支正式的航空部队。同年 11 月，意大利建立了空军。随后，世界上许多国家陆续建立了航空部队。

三、空军在第一次世界大战中崭露头角

1914 年 8 月，人类历史上第一次世界规模的战争爆发了。

这场战争极大地刺激了军事航空事业。大战爆发前，几乎所有大国在其武装力量的编制中都有了军事航空部队，飞机总数约有 1000 架。大战爆发后，为了最大限度地满足战争的需要，参战各国大批量生产飞机。在 4 年零 3 个月的时间内，共生产了 19.14 万架飞机。在整个大战期间，各国投入作战使用的飞机共达 10 万多架。

世界上最早的战斗机是 1915 年初由法国制造的"莫拉纳-桑尼埃"。它是首架装有固定式机枪的飞机。该飞机一经问世，就在空战中大显身手，使德国损失了许多飞机。法国飞行员加罗斯驾驶这种飞机在 16 天内击落了 5 架德机。

---

① 1PS（马力）≈735.5W（瓦特）。

后来德国人从迫降的法国飞机上拆下了机枪装置，立即着手仿制，并研制成功装有机枪射速协调装置的"福克"飞机，在多次空战中都取得了胜利，使英、法等国在空战中惨遭失败。1917 年 4 月，在阿拉斯战役中，德国击落英机 150 架，毙其空勤人员 316 名；击落法国和比利时飞机共 200 余架。人们把英、法等国在空战中的失败称为"福克式灾难"。

第一次世界大战期间，德国最先用飞机执行轰炸任务。1914 年 8 月 3 日，德国派飞机轰炸了法国的一座城市，后又轰炸了巴黎。英、法相继对德国进行还击性轰炸。1914 年，俄国研制成一种装有 4 台重型发动机的轰炸机（"俄罗斯勇士"），是当时最先进的轰炸机。紧接着，英国、法国、德国、意大利都生产出了自己的轰炸机。最快的轰炸机每小时可飞行距离 180km，飞行高度可达 6000m。最大的轰炸机可载炸弹 2t。一些国家先后组建了轰炸航空兵部队。

在第一次世界大战期间，许多轻型轰炸机执行战术轰炸任务，而那些装上了机枪的战斗机飞行员们创造了一种战术：以机枪扫射敌方的战壕及小型目标。1916 年 6 月 24 日，英、法联军空军在一次战役中，首次用飞机执行对德国地面部队的压制和攻击任务，效果很好，给德军造成了很大的伤亡。德军也从英、法联军的这种战术中受到启发，为了加强对地攻击，德国专门设计了一种带有装甲的飞机，取名"容克"。1918 年，"容克"正式投入使用，"容克"的出世预示着飞机构造和设计上一个大的发展，表明在世界航空史上又诞生了一个新的机种——攻击机（又叫强击机）。

到第一次世界大战即将结束时，属航空兵编制的飞机已达 10131 架，其中，侦察机 4578 架、歼击机 4063 架、昼间轰炸机 686 架、夜间轰炸机 804 架。另外，海军航空兵已成为海军编制内威力强大的兵种，它包括当时所有的作战机种。航空兵已经从执行单一的侦察、炮射校正和通信联络任务，发展到远程侦察、空战、轰炸、空运等多种作战任务。

四、空军在第二次世界大战中发挥了重要作用

20 世纪 30 年代，世界各国积极扩军备战，都把发展空军作为军队建设的重点。早在 1918 年，英国空军成为第一个与陆军、海军平行的独立军种（以前归属陆军）。一些国家继英、意之后各自建立了独立的空军，例如，澳大利亚、瑞典、法国、德国、瑞士、加拿大等。苏联、美国、日本在当时虽未建立独立的空军，但都拥有强大的空中力量（第二次世界大战以后，苏联 1946 年 2 月 25 日、美国 1947 年 7 月 26 日、日本 1954 年 7 月 1 日相继建立了独立的空军）。第二次世界大战爆发前，各国空军兵力都有了明显的增长，据统计，空军编制人数大体上占武装力量总人数的 10%，这表明，空军作为一支新生力量正在迅速成长。

1939 年 9 月 1 日凌晨，法西斯德国对波兰发动了空中突然袭击，从此拉开了第二次世界大战的序幕。以航空兵为主体的空军（包括陆军和海军航空兵）首次大规模地自始至终参加了这次战争。在第二次世界大战中，由于飞机技术性能的不断完善、数量的极大发展，空军航空兵大显身手，成为战争双方的主力军。希特勒的"闪击战"就是以空军为先导，夺取制空权。在大战期间，航空技术装备有了巨大发展。据统计，在整个大战期间，反法西斯同盟国共生产各种作战飞机 63 万架，德国生产军用飞机 9.3 万架，日本生产作战飞机 6.53 万架。在近 6 年的战争期间，主要参战国家动用飞机约 70 万架，投弹约 500 万 t。这些作战飞机包括战斗机、轰炸机、攻击机、侦察机、反潜机等，既有以陆地机场

为基地的"陆基飞机",也有以航空母舰为基地的"舰载飞机"。

第二次世界大战把活塞式飞机的性能发展到巅峰状态,出现了一大批著名战机。

日本的"零"式战斗机,在袭击珍珠港的战斗中立下奇功。1941 年 12 月 7 日,日本的突击舰队,用 432 架舰载飞机轮番攻击,美国太平洋舰队损失惨重,基本被摧毁,阵亡 2403 人,18 艘军舰被击沉或严重受损,188 架飞机被炸毁。

美国的战斗机 P-51"野马"和 P-38"闪电"在太平洋上空称雄,使"零"式战斗机失去了风采,P-38 还击落了山本五十六的座机。

英国的"喷火"战斗机屡立战功,是英国的救星,与德军主力飞机 Me-109 不相上下,且在最大火力、机动性上略胜一筹,从 1940 年 7 月至 10 月,英军共击落德机 1733 架,英国损失飞机 915 架。

苏联的伊尔-2 强击机,被德国人称为"黑死神",在库尔斯克战役中,仅一次攻击就击毁德军坦克 340 多辆。苏联的"雅克"系列战斗机是苏联空军的骄傲。在库尔斯克大会战中,苏联空军出动 11.6 万架次,消灭敌机 3700 架。

美国的"超级空中堡垒"B-29 在日本投下了两颗原子弹。

第二次世界大战末期,喷气式飞机的出现是航空科技的一项伟大成就。1939 年 8 月,德国人研制出世界上第一架喷气式飞机——亨克尔 He-178。1941 年 5 月,英国的第一架喷气式飞机试飞成功。人类的航空事业进入了喷气时代。

在第二次世界大战中,真正参战的喷气式飞机是德国的 Me-262,它的时速为 850km。Me-262 飞机于 1943 年 3 月参战,共击落同盟国飞机 613 架。第二次世界大战末期,英国的喷气式战斗机"流星"也参加了战斗,喷气式飞机的大规模空战是在战后的朝鲜战场。

第二次世界大战期间,空军参战飞机数量之多、活动范围之广、战果之显著、所起作用之大,都是战前敌对双方所没有预见到的。在空战中,交战双方经常出动几百架,甚至上千架飞机参加空战。

1941 年 6 月 22 日,德国出动 1200 余架飞机,突袭苏联 66 个机场,交战 24h,苏联损失飞机 2000 余架,绝大部分都是在地面被击毁的。

美国的 B-29 多次空袭日本,1945 年 3 月 9 日,334 架 B-29 夜间轰炸日本首都东京,大获成功。东京城一片火海,炸死平民 8 万多人,B-29 仅被击落 14 架。

攻克柏林战役是苏联对德国最后一战,苏军击中飞机 8400 架次,德军则出动了 3400 架次,苏联空军共出动 9.2 万架次。创一天出动 17500 架次的最高纪录,空战 1317 次,击落敌机 1132 架,地面击毁 100 架,投弹 4.5 万 t,击毁敌坦克、装甲车 500 多辆、汽车近万辆、火炮 1750 门,苏军损失飞机 527 架。

第二次世界大战期间,英、美联合对德进行了为期 5 年的战略大轰炸。出动轰炸机 144 万余架次,战斗机 268 万架次。据统计,共投弹 270 万 t,炸死平民 57 万人,伤 88.5 万人,毁房 360 万户,使 750 万人无家可归。摧毁了德国的战时经济和战争潜力,夺取了战略制空权,为地面部队进攻德国创造了有利条件。

第二次世界大战的实践还证明了空军是一支能执行多种任务的军事力量,既能进行空中进攻,又能从事空中防御作战;既能协同陆、海军支援地面作战,又能独立进行作战,是现代合同作战中不可缺少的攻防兼备的重要军事力量。

空军在第二次世界大战中的作战使用,使军事家们普遍认识到:夺取制空权是获得作战胜利的重要条件之一。要发挥空军的战略威慑作用，必须提高飞机的战术技术性能和机载武器的威力。同时还必须加强对空军作战人员，主要是飞行员思想、技术、军事素质的培养、提高，才能形成真正可靠的雄厚战斗实力。

五、空军是战争舞台的重要角色

第二次世界大战结束后的 50 余年，虽然没有爆发世界性的大战，但局部战争从未间断。在朝鲜战争、越南战争、几次中东战争，以及两伊战争、英阿战争、美利冲突、海湾战争、科索沃战争、阿富汗战争、伊拉克战争中，飞机都扮演了重要的角色。

战后飞机的另一重大进展是超声速飞机的诞生。1947 年 10 月 14 日，美国的 X-1 研究机首次突破"声障"，实现了超声速飞行。1953 年，美国 F-100"超级佩刀"式和苏联的米格-19"农夫"式喷气式战斗机平飞速度首次超过声速。20 世纪 50 年代中期，喷气式战斗机实现超声速 2 倍，例如，苏联的米格-21、美国的 F-4"鬼怪"和 F-104。60 年代，美苏两国又发展了"双三"飞机，速度为 3 倍声速、升限超过 30km，其代表机型是美国的 SR-71"黑鸟"和苏联的米格-25。这期间，航空技术又有了新的突破，变后掠翼飞机和垂直起落飞机研制成功，前者是美国的 F-111，后者为英国的"鹞"式。这两种飞机的出现，标志着军用飞机的发展又进入了一个新的阶段，即由高速转向高机动性。

20 世纪 70—80 年代，航空军事大国又研制了一系列供现役使用的喷气式歼击机、轰炸机、强击机和军用运输机等，例如，美国的 F-14、F-15、F-16 和 F-18；苏联的米格-23、米格-27、米格-29 和米格-31，以及苏霍伊设计局的苏-27、苏-30、苏-34、苏-35、苏-37 等军用飞机。这些飞机的特点是速度并不太快，多为 2～2.5 倍声速；高度 15～20km，但强调良好的机动性并装有先进的机载设备、火控系统和多种形式的武器配备。

进入 20 世纪 90 年代，新一代军用飞机不断出现，成为 21 世纪初期的主战飞机，例如，美国的 F-22、F-35、F-117A、B-2，俄罗斯的 S-37、米格-1.44 等。这些飞机重要的进展是高度信息化和"隐身"技术的应用。100 多年的历史表明：战争和军事上的需要是飞机发展的主要动力，而飞机的发展又影响和促进了作战方式的变化。各国空中力量的发展进入了崭新阶段，使空军在局部战争和武装冲突中显示出前所未有的威力。

第二节　空战形态变化与空战原则发展

20 世纪 80 年代，现代技术蓬勃发展、日新月异。大量新技术进入军事领域，使武器装备发生了质的飞跃，使战争的规模、样式、进程等都发生了深刻的变革，出现了史无前例的现代化战争。导弹，激光、红外、电视制导炸弹，隐身飞机，空中 C^3I 系统——预警机等新技术航空兵器的大量使用，已使战争形式出现了明显的现代化战争的特征，例如，1982 年的贝卡谷地空战。

1982 年 6 月，以色列发动了第五次中东战争，重点进攻贝鲁特，打击巴解组织总部。

开战之后，叙利亚为了阻止以军的进攻，在贝卡谷地集中了 2 个装甲师，600 多辆坦克，19 个"萨姆-6"导弹阵地。以色列对"萨姆"导弹恨之入骨，1973 年第四次中东战争中阿拉伯国家从苏联引进的"萨姆-6"导弹大显身手,击落以色列飞机近200架,以色列人早就发誓要报此仇。

1982年6月9日,以色列2架E-2C"鹰眼"预警机起飞,在地中海安全区域9000m高空,居高临下,充当战场指挥引导系统。

首先,引导无人机"侦察兵"和"猛犬"做诱饵,诱使"萨姆-6"导弹制导雷达开机,导弹发射,引导无人机成功地窃取了"萨姆-6"导弹制导雷达的频率、方位及距离。此时,守候在E-2C旁边的RC-707大型电子对抗飞机立即施放干扰,干扰叙军的制导雷达及搜索雷达,破坏叙军通信、指挥系统的工作,造成雷达迷茫、通信中断、指挥失灵,同时,由"狼"式地地反雷达导弹拉开了对贝卡谷地"萨姆"导弹发动攻击的序幕。

"狼"式导弹充当开路先锋,摧毁大部分雷达后,真正的攻击在"鹰眼"指挥下开始了,24架F-4G"野鼬鼠"电子战飞机,"软""硬"杀伤一起来,一方面电子干扰,另一方面发射"百舌鸟"和"标准"空地反雷达导弹,准确摧毁了叙军搜索和制导雷达。

这时E-2C指挥96架突击机群,由F-15、F-16在空中掩护,F-16、F-4、A-4、"幼狮"-C担负攻击,这些攻击机发射美制"小牛"空地导弹,同时使用各种制导炸弹、集束炸弹和其他普通炸弹对叙军导弹阵地进行了饱和轰炸,整个贝卡谷地成了血和火的海洋,短短6min时间,19个"萨姆"导弹阵地全部被摧毁,导弹阵地化为一片废墟。

叙利亚空军战斗机紧急起飞,由米格-21和米格-23组成的62架空中截击编队,飞往贝卡谷地,这一切都被E-2C看得一清二楚,它立即引导F-15、F-16占据有利待战空域。叙利亚飞机起飞后,遭受到了强烈的电子干扰,与指挥部失去联系,无法了解空中情况,飞行员只能靠目视来搜索敌机,然而以色列的F-15、F-16飞机表面涂有灰蓝保护色(可见光隐身),目视难以发现。叙利亚飞行员战术死板,而以色列飞行员训练有素,F-15、F-16性能优良,所携带的"响尾蛇"和"麻雀"空空导弹性能优异,再加上预警机的指挥,一个又"盲"又"傻",一个"眼亮""狡猾",空战结果令人难以置信,叙利亚飞机被击落30架,而以色列飞机无一被击落,创下了一次空战0∶30的纪录。

在贝卡谷地大空战中叙利亚大伤元气,不仅丧失了苦心经营十几年、耗资20亿美元的防空体系,也使叙利亚飞行员的作战信心丧失殆尽。叙利亚被迫于2016年6月11日宣布停战。

贝卡谷地空战是现代技术空战的经典之作。以色列人把电子战、精确制导武器与C³I系统的作用发挥得淋漓尽致,全世界为之震惊。

20世纪90年代,人类社会进入信息化时代。空军的作战手段和作战方式开始向信息化飞速发展。90年代以后发生的海湾战争、科索沃战争和伊拉克战争,都是以空中力量为主导的信息化战争。其中海湾战争拉开了信息化战争的序幕。

海湾战争——"沙漠风暴"大空袭。1990年8月2日,伊拉克出动重兵侵占了科威特。随后宣布科为伊的"第19省",对科进行公开吞并。伊拉克入侵科威特的行径,严重地损害了西方国家在该地区的利益,从而导致了海湾战争的爆发。

1991年1月7日凌晨2∶30,以美国为首的多国部队出动大量飞机,对伊军进行猛烈进攻,开始了代号为"沙漠风暴"的空袭行动,拉开了海湾战争的序幕。空袭的重点是伊军的指挥通信系统、导弹阵地、空军基地、核化生设施以及"共和国卫队"。空袭持续了38天,多国共计出动10万余架次的飞机,总投弹量达50多万t,从海上还发射了230多枚巡航导弹。在多国部队空军大规模、高精度、超饱和、全纵深的打击下，伊军遭受严重损失：总统府、国防部在内的 26 个地面指挥机构被摧毁；75% 的指挥通信系统瘫痪；48 个防空导弹连受重创；95% 的雷达无法运转；180 余架飞机被击落、击毁；30 多个核化生设施遭到彻底的破坏；侵科伊军人员伤亡超过 25%；重装备损失高达 45%；伊军总体作战能力消耗了 40%~45%。接着实施代号"沙漠军刀"大规模地面攻击，仅 4 天就取得了海湾战争的全面胜利。

海湾战争拉开了信息化战争的序幕，投入了大量的信息化武器装备，以美国为首的多国部队，在陆、海、空、天、电磁的"五维空间"中使用了信息化武器装备。在情报获取方面，美国在海湾上空部署了十几颗侦察卫星，为精确打击、拦截"飞毛腿"导弹和轰炸机远程奔袭作战等行动提供了信息保障；在指挥手段方面，多国部队普遍使用了 C^3I 系统；在精确制导武器方面，美军的"战斧"巡航导弹、AGM-86C 空射巡航导弹首次运用于实战，开创了人类战争史上防区外精确打击的先河；在空中作战力量方面，空中预警机成为空中截击和空地精确打击的指挥中枢，使超视距空战成为空战的主要样式。EA-6B、EF-111、EC-130 等电子战飞机致使伊军通信中断、雷达迷茫，为 F-117、F-15E、F-16、F-111 等空袭战机的顺利突防，实施精确打击提供了安全保障。海湾战争中信息化装备的广泛运用，昭示着战争形态由机械化向信息化转型。

现代化战争使空战形态和空战原则，都发生了深刻的变化。

一、空战形态的变化

（一）战场纵深贯通

空军的远战能力空前增强，其活动半径已扩展到数千千米以上。远涉重洋的英空军急速开赴 1.3 万 km 以外的马岛；绕道直布罗陀海峡远程往返 1.2 万余海里（n mile）[①] 奔袭利比亚的美空军战略轰炸机群；以及长途奔袭 3200km、在空中还可留空待机长达 7h 的美空军远程轰炸机在海湾战争的大规模空袭活动，都是在空中加油机和性能更加完善、电子战能力空前增强的指挥预警机支援配合下顺利实现的，更重要的是空中力量还可以超越国界对敌后方实施全纵深的突袭。1986 年 4 月 15 日，美军驻扎在英国的 24 架 F-111 战斗轰炸机，经过 6 次空中加油来回往返 1 万余千米，对远在 5000km 外的利比亚成功地进行了空袭，引起了世界的震惊。1991 年海湾战争中，众多的 F-117A、F-15E、F-16、A-10 等战术飞机，借助于空中加油，深入伊拉克的腹地对伊军的战略目标进行了轰炸，取得了辉煌的战果。这些事实告诉人们，战略飞机与战术飞机在航程上的区别已不明显，借助于空中加油使空中力量可全球到达，而若辅之以空中预警指挥控制技术则可实现全球作战。

（二）垂直空域扩展

从空战的角度来看，高度向两极发展，从"一树之高"的几十米到 2 万米，都是空战的作战空域。如果再把卫星和天基武器考虑进去，空战真是"全高度"了。现代的中、远距空空导弹，称为"三全"导弹——全高度、全天候、全方位。全高度就是发射导弹时，可以有高度差，敌机在什么高度都可以打。

---

① 1n mile≈1853m。

（三）空战节奏加快

空中作战节奏急剧加快，空军实施攻击时间更加缩短。20 世纪 80 年代，几场典型高技术空战，一次作战行动，一般仅用数分钟至二三十分钟就可结束战斗。美国突袭利比亚的空战，以色列对叙利亚贝卡谷地大空战并摧毁叙利亚导弹阵地，以色列袭击巴解组织总部和对伊拉克核反应堆的突袭，分别只用 17min、6min、3min 和 2min，美国和利比亚"8·19 空战"，仅用 1min 就结束了战斗。

（四）武器效能增强

现代作战飞机载弹量较之第二次大战期间提高了几倍甚至几十倍，例如，第二次世界大战时 B-24 战略轰炸机，载弹量只有 6t，而 B-1B 战略轰炸机载弹量高达 56t，提高了近 10 倍，使得空中火力的破坏威力空前增大。在海湾战争中，伊拉克舰船、导弹、飞机损失的 100% 和人员、坦克、火炮损失的 70% 以上都是由空中袭击造成的。目前，空中作战飞机普遍可携带空空、空地、空舰精确制导武器，包括炸弹和导弹，大大增强了空中进攻力量。精确制导武器由于命中率高，因而作战效能高。现代中、远距空空导弹是"三全"导弹，再加上"发射后不管"和"多目标攻击"，使战斗机有效攻击范围，从目标尾后的喇叭形扩展到目标四周的一个球形空间，现代空战实施的是"全方位"攻击。近距格斗导弹还不能做到"全方位"，但实现了离轴发射，即机头指向敌机即可发射。第四代战斗机（四代机）的"全方位"攻击是指以我机为中心，在 360° 球体内，只要敌机进入导弹射程，即可攻击。

（五）适应复杂气象

机载雷达发现和截获目标的能力提高，一般为几十千米，甚至一二百千米，并有下视能力、夜视设备、导航及盲目着陆系统，使天候的影响减小，更注重夜战。现代的先进战斗机一般都有前视红外仪、红外搜索跟踪系统、微光电视、夜视镜等，它们可使夜间亮如白昼，借助这些设备突击飞机可在漆黑的夜间以 30m 的超低空侵入，并能发射激光制导炸弹对目标实施误差不到 1m 的精确突击。例如，海湾战争中的 F-117A 就借助于夜视设备将激光制导炸弹准确地从伊防空司令部大楼的通气孔投入，其准确度令世人为之瞠目。

（六）突出电子斗争

电子化是现代航空武器装备的一大特点。空袭或反空袭斗争，双方都首先发挥电磁优势，运用电子技术这根链条，把侦察、干扰、诱骗、引导和突击诸环节连成一个完整的并贯穿于作战全过程的链条。通常是先以空中电子闪击战夺取制电磁权，随之取得制空权，实施"软""硬"一体化的空中攻击，达成预期目的。空中 C^4I 系统，包括预警飞机、电子干扰机、电子侦察机、无人侦察机，已成为夺取制空权必不可少的重要手段。先进的飞机、武器和电子技术形成了当代战场的新特点：以预警机为核心的新机群—电子战—全向攻击。

（七）强调整体对抗

空中斗争将是多种武器装备的高度合成作战。特别是由于地面防空武器火力范围增大，对空目标击中精度增加，对空战的影响增大，使空战更强调系统性和整体性，强调精兵作战、整体取胜。

二、空战原则的发展

由于高技术的广泛应用，使现代空战的形态发生重大变化，特别是随着"以空制海、以空制地"作战思想的出现，空战往往成为战争的先导，并贯穿于战争的全过程，空中战场也成为重要的，甚至是决定性的战场。因此，空战原则必然随之发展。

（一）首当其冲

未来战争中制空权的重要性增强，导致空军使用的第一原则就是"首当其冲"，极具突然性，力求一开始就夺得战争的主动权。

（二）机动与火力复合

航空武器的效能显著提高，具备了超视距空空作战能力、精确制导对地攻击能力、夜视能力和航空电子战能力，因而使机动与火力从原来的"结合"发展到空前完美的"复合"，达到了珠联璧合的效果。

（三）进攻性

空军，已发展成"空中力量"的新概念，并具有"超常规"和"战略"性质。因此，空军的进攻性更突出，将是今后战争中的重要力量，在战争的全过程中发挥重要作用，并对战争结局有举足轻重的影响。

（四）联合作战

由于空军的作战效能空前提高，空军的作战行动将覆盖整个战场，贯穿于战争的全过程，空军将以"平等伙伴"的关系与陆、海军进行联合作战，甚至有时超出后两者。这与传统的"支援陆海军作战"样式相比，已有质的变化。

（五）独立应用

由于高技术航空兵器具有航程远、速度快、火力猛、机动性强等特点，空军正向独立应用方向发展，因而更具战术的创新性。空军可用较少的兵力、较短的突击时间，实施"外科手术"式打击，达成某种作战企图或战略目的。

第三节　军用作战飞机的发展概况

以军用飞机为主体、直接参加战斗和战斗保障行为的各类航空器统称航空武器。它主要包括战斗机、战斗轰炸机、强击机、轰炸机、预警机、电子战飞机、军用运输机、军用无人机、武装直升机和特种飞机及机载武器等。以下按照航空武器的用途分别进行叙述。

一、战斗机

战斗机，我军习惯称为歼击机。战斗机的主要用途是歼灭空中敌机和飞航式空袭兵器（巡航导弹）以夺取制空权，也可以遂行对地攻击任务。根据其任务要求，战斗机必须具有飞行速度快、机动性好、火力强等特点。

自1915年第一架专门用于空中格斗的战斗机问世以来，战斗机的发展经历了活塞式和喷气式两个阶段。20世纪50年代初，喷气式战斗机已经基本上取代了活塞式战斗机。从50年代出现第一代超声速战斗机，到现在已经发展到了第四代。

（一）第一代战斗机

代表机型有美国的F-100、苏联的米格-19等。这一代战斗机的最大飞行马赫数为

1.3 左右。机翼大多为后掠翼。动力装置为带有加力燃烧室的涡轮喷气发动机。武器采用航炮、空空火箭弹和第一代空空导弹，并装有光学-机电式瞄准具。机载雷达为第一代雷达，功能简单，作用距离小。

（二）第二代战斗机

第二代战斗机于 20 世纪 60 年代装备部队，主要特点：高空、高速、多用途、带导弹。代表机型有美国的 F-104、F-4、F-111，苏联的米格-21、米格-23、米格-25 及法国的"幻影"Ⅲ等。我国的歼 7、歼 8 均属于第二代战斗机。第二代战斗机的机翼多为小展弦比薄翼型、三角翼或后掠翼；动力装置仍以带加力燃烧室的涡轮喷气发动机为主，但推力增大，推重比提高；武器为航炮和第二代空空导弹，并装有具有拦射能力的火控系统；机载雷达均属于第二代雷达。功能有所增加，作用距离增至几十千米，可靠性也有所提高。

20 世纪 60 年代末，美国开始发展能满足夺取空中优势的制空战斗机。随后，苏联等国也决定研制自己的第三代战斗机（三代机）。新的一轮竞争，由此拉开序幕。

（三）第三代战斗机

第三代战斗机出现于 20 世纪 70 年代中期，特点是突出了空中格斗性能和短距起落。代表机型有：美国的 F-14、F-15、F-16、F-18；苏联的米格-29、米格-31、苏-27、苏-30、苏-35；法国的"幻影"-2000。第三代战斗机作为主力战斗机的服役时间比第二代战斗机长得多，稳稳占据主角的地位，大部分第三代战斗机会使用到 2020 年以后。

第三代喷气式战斗机的技术和性能特点如下。

1. 性能优技术新

第三代喷气式战斗机无论在技术上还是性能上均比上一代飞机有了阶跃性的提高。大胆创新是第三代战斗机的主要特点。这些飞机普遍采用了复合材料、铝锂合金、翼身融合体、大推重比的涡扇发动机、适合机动空战的机翼、具有下视能力的脉冲多普勒雷达、平视显示器、数据总线，以及综合机载电子系统、火控系统、电子对抗系统等先进的技术和设备。第三代战斗机还装有电传操纵系统、红外搜索/跟踪传感器、头盔瞄准具等新装置。

尽管这些战斗机在最大马赫数和升限方面没有什么提高，但它们的水平机动性能、加速性能、短距起降性能、最大爬升率、最大使用过载、作战半径、载弹量、远距离探测能力、全向攻击能力、电子对抗能力，以及可靠性、可维修性等方面均有了大幅度的改善。

美国通用动力公司研制的 F-16"战隼"是第三代战斗机的典型代表。

2. 武器先进

战斗机的性能再好，若无"称手"的兵器，也难以充分发挥作用。为了与之相匹配，在第三代战斗机的发展过程中，机载武器的性能也取得了空前的进步。

超视距发射使用的空空导弹改善了抗地面杂波干扰的性能和灵敏度，具备了上射和下射能力，载机可用这类导弹向上攻击负高度差 15000m 左右的飞行器，也可向下攻击贴近地面飞行的目标。与先进的机载雷达相配合，新型的中、远距空空导弹还能攻击多个选定的空中目标。海湾战争期间，多国部队共发射了 71 枚"麻雀"中距弹，命中率为 36.6%，比越南战争时提高了两倍。

为了改善载机在空战中的生存能力，近年来，人们还为第三代战斗机研制了更为先进的中、远距空空导弹。

AIM-120 是美国研制的世界上第一种"发射后不管"的中距弹，它于 1992 年 12 月 27 日首次使用，在伊拉克禁飞区，击落伊军 1 架米格-25 战斗机，揭开了空战史上新的一页。

与 AIM-120 齐名的、具有"发射后不管"能力的中、远距空空导弹，还有法国生产的"米卡"和俄罗斯威姆佩尔设计局研制的新型 R-77 中距拦射弹。"米卡"导弹的特点是尺寸小、重量①轻，可适合挂在各种不同吨位的作战飞机上。而采用格栅式活动尾翼的 R-77 空空导弹的机动性极佳，能够攻击以 12g 机动的目标。

可以说，这类导弹的出现，将使超视距空战的战术发生新的变化。

第三代战斗机装备的红外近距格斗导弹的性能也有很大的提高。美国的 AIM-9L、以色列的"怪蛇"-3、苏联的 R-73(AA-11)、法国的 R-550 等型导弹的离轴角可达±30°～±60°。一些新型的红外格斗弹配备了广角寻的头，离轴截获能力甚至超过 90°。20 世纪 80 年代以后的几次局部战争中，先进红外格斗弹的战绩惊人，平均命中率接近 70%。

近年来，一些国家已开始设计具有越肩发射和后向发射能力的空空导弹。俄罗斯率先宣布，他们在世界上第一个研制出了这种超级空战武器，试验用的导弹是用 AA-11"弓箭手"红外格斗弹改进的。此举对美国军方震动很大，为了能与俄罗斯抗衡，他们也加紧了对此项技术的研究。1996 年上半年，雷神公司与美国空军合作，用 F-16 战斗机携带 AIM-9X 导弹，进行了一次成功的越肩发射试验。一旦此类导弹及其新的战术付诸实施，便会给今后的空战方式带来巨大的影响。

战斗机的另一种近距离空战武器是航炮。与第二代战斗机不同，第三代战斗机大部分都配有航炮。美军的 F-14"雄猫"、F-15"鹰"、F-16"战隼"、F/A-18"大黄蜂"等飞机的制式武器是 20mm M61A1 多管航炮。这种航炮的优点是发射速度快、火力密集、穿甲能力强，缺点是体积和重量较大。米格-29、苏-27 则装有一门先进的 30mm 口径的 GSh-301 航炮。就技术水平来说，俄军制航炮似乎更优秀，其长处是初速快、射程远、威力大、重量轻。

第三代战斗机一般都能兼顾对地攻击任务，可携带各种激光制导、电视制导、红外制导、被动无线电制导和 GPS 制导的导弹或炸弹。

（四）第四代战斗机

第四代战斗机较前一代战斗机最大的特点就是第四代航空发动机的使用以及低可侦测性技术的全面运用，并具备高机动性、先进航电系统、高度集成计算机网络，具备优异的战场状况感知能力以及信息融合能力。服役的第四代战斗机有美国洛克希德-马丁公司生产的 F-22、F-35，以及中国的成飞设计并生产的歼 20，另外还有俄罗斯联合航空制造集团苏霍伊设计局的苏-57 战斗机。第四代战斗机的性能特点一般可以用"4S"来概括，即隐身（stealth）、超声速巡航能力（super sonic cruise）、超机动能力（super maneuverability）、超级信息优势（superior avionics for battle awareness and effectiveness）。

随着上述技术和装备的广泛采用，由此带来的则是超出第三代战斗机的性能。第四代战斗机的雷达反射截面积大为缩小，而飞机姿态的机敏性、水平加速性、大迎角机动性等则显著提高。不少机型还具有优异的过失速机动性能，在空中将机头迅速指向目标的能

---

① 本书中的重量为质量（mass）概念，法定单位为千克（kg）。

力、全向攻击能力和自动控制能力大大增强，近距格斗的性能明显改善。起降滑跑距离也比第三代战斗机有所缩短。

与第三代战斗机相比，第四代战斗机可以在更远的距离上发现和识别目标，并对多个目标进行截获、跟踪和实施超视距攻击。为了保护自己，除了配备有性能良好的雷达告警、导弹来袭告警、自主式电子对抗设备外，多数机型还采用了隐身技术措施，使之具有隐身或半隐身能力。由于座舱的自动化程度高，能适时为飞行员提供各种信息和指令，飞行员可以把更多的精力放在空战中，做机动动作时，可无顾虑地对飞机进行操纵。

值得特别指出的是，某些第四代战斗机，如 F-22 等还具有超声速巡航能力，这是第三代战斗机所不具备的。

总之，由于采用了大量的最新的尖端技术，就综合性能和单机作战效能而言，第四代战斗机比第三代战斗机有了阶越性的提升。代表机型有美国的 F-22 "猛禽"、F-35；俄罗斯的 C-37 "金鹰"，西方称 S-37，俄罗斯正式冠名苏-47、米格-1.44(1.42、MFI)。

第四代战斗机，除美国、俄罗斯外，已经试飞的还有英、德、意、西四国联合研制的 EF-2000 "台风"，法国的 "阵风" 和瑞典的 JAS-39 "鹰狮" 等。

目前，世界各国战斗机以第三代为主，第二、第三代并存，少数国家开始装备第四代，美国空军的战斗机全部为第三代，俄、英、法、德等也将淘汰第二代战斗机，全部装备第三代战斗机，第三世界国家仍在大量使用第二代战斗机，辅以少量第三代战斗机。

二、战斗轰炸机

战斗轰炸机是用于突击敌战役战术纵深内的地面、水面目标，并具有空战能力的飞机，我军称为歼击轰炸机。战斗轰炸机是在第二次世界大战中发展起来的。随着航空技术的不断发展，现代战斗轰炸机的载弹量和作战半径均大幅度增加，其飞行速度和战斗机相当，低空突防能力不断提高，设备精良，对地攻击火力强大，并发展到具有全天候的对地攻击作战能力，已经成为各军事大国战术航空兵中的重要机种。

目前，世界上装备的战斗轰炸机主要有两种类型，一类是从战斗机改型而来的战斗轰炸型，例如，美国的 F-4C/D、F-15E，俄罗斯的米格-27、苏-30，法国的 "幻影" -ⅢE 和 "幻影" -F.IE 等；另一类是专门设计的战斗轰炸机，例如，美国的 F-111，俄罗斯的苏-17/20 和苏-24，西欧的 "美洲虎" 和 "狂风"。我国主要装备歼 16 和歼轰 7。

（一）性能水平

外军现役装备的战斗轰炸机中，具有代表性的机型有俄罗斯的苏-24、西欧的 "狂风"，共同点是：都采用变后掠翼，解决不同飞行条件下所带来的矛盾；都采用双发动机作推力，推力大、航程远，且都装有空中加油设备，转场航程一般达 5000km（苏-24 的航程仅有 3300km）；载弹量都在 7000kg 以上；海平面最大速度都超过声速（$Ma = 1.1 \sim 1.2$），高空最大速度都超过两倍声速；起飞着陆距离都较短，一般在 $500 \sim 1000\mathrm{m}$；都具有全天候和夜间攻击能力。

（二）发展趋势和关键技术

战斗轰炸机在过去、现在和将来都是各国空军重点装备机种之一，在未来战争中将发挥重要作用。但是，未来战场环境日趋复杂，作战方式的多样性和越来越强调大纵深攻击，以及敌地面防空系统日趋加强和改进，使战斗轰炸机执行对地攻击任务将变得更为艰难，其突防能力和生存能力将面临更大的挑战；再加上研制费和采购费的惊人增长，已成为战斗轰炸机进一步发展的重要制约因素。从发展动向推断，今后研制新一代专用重型战斗轰炸机的可能性不大，代之而起的是发展高性能的多功能战斗机及其改型的战斗轰炸机，或者是发展以对地攻击为主兼有很强空战能力的战斗机。另一发展趋势是对已装备的战斗轰炸机加以改进、改型，使其作战能力进一步增强，使用寿命进一步延长。

三、强击机（攻击机）

强击机主要是从低空、超低空抵近，突击中、小型目标，直接支援陆、海军作战。强击机遂行任务与战斗轰炸机基本相同。

现代强击机的作战能力，突出表现在武器系统方面，其机载武器除普通航弹外，还有制导炸弹、反坦克集束炸弹和空地导弹；多数强击机还可携带战术核弹。有的强击机已加装红外观察仪、微光电视、激光测距仪和火控系统等先进设备。新型强击机满载条件下有的还具有垂直、短距起降能力。现代著名的强击机有美国的 A-10、AV-8B 和苏联的苏-25 "蛙足" 等。我国的强 5 飞机也具有良好的飞行性能和较强的实战能力。

自 20 世纪 80 年代以来的局部战争实践表明，强击机的作用已有相当部分被武装直升机所代替。有些国家的装备配属关系上，强击机与武装直升机一般归陆军航空兵。强击机与武装直升机相比，其优点是留空时间长、载弹量大、作战半径大，对地面火力的抗击能力及生存能力也较强。

外军装备的强击机主要有三种类型，一是遂行近距空中支援任务的强击机，例如，美国的 A-10 和俄罗斯的苏-25；二是垂直/短距起降强击机，例如，英国的 "鹞" 式（包括 "海鹞" 和美国的 AV-8B/C）和俄罗斯的雅克-38；三是西欧国家研制的轻小型多用途的教练/强击机，例如，法国和西德联合研制的阿尔法喷气，英国的 "隼"。

（一）性能水平

第一类遂行近距空中支援任务的强击机，其性能最好，空重都在 10000kg 左右，最大起飞重量约在 20000kg；最大飞行速度为高亚声速（800~900km/h），有利于对小型目标的攻击；作战半径都在 500km 左右（甚至更大），适合于近距空中支援或浅近纵深的攻击；有较长时间（1~2h）在战区巡逻；其外挂点多（9~11 个），最大载弹量达 6000~7000kg，都装有一门威力大的可击穿坦克装甲的航炮以及其他对地攻击武器；尤其是都有较强的装甲防护能力，因此生存力很强。

第二类垂直/短距起落强击机的最大优点在于机动灵活、隐蔽性好，不依赖永久性基地。若在前飞中使用推力转向，可使飞机具有独特的中、低空机动性和空战能力。但这种飞机的载弹量小，航程和作战半径都很有限。

第三类轻小型教练/强击机都是平战结合的产物，机载设备较简单，载弹量较小（2500kg 左右），航程短，成本低廉，适合于中小国家空军使用。

（二）发展趋势和关键技术

强击机仍将是各国空军重点装备机种之一。未来的强击机将朝着飞行速度更快、机动性更好、航程和作战半径更远、能昼夜作战、生存力更强、可靠性和可维护性更高的方向发展。

四、轰炸机

轰炸机是专门用于对地面、水面（下）的目标实施轰炸的飞机，具有突击力强、载弹量大、航程远等特点，是航空兵实施空中突击的主要力量。从历史上看，轰炸机的发展经历了一段曲折的道路。第一次世界大战期间，轰炸机所受到的重视不亚于战斗机。到了20世纪30年代，轰炸机的发展一度甚至超过战斗机。轰炸机在第二次世界大战中发挥了巨大作用。但是，在第二次世界大战以后，特别是在60年代，一些国家认为战略导弹比轰炸机既有效又省钱，便放松了对轰炸机的研制。60年代中、后期，美、苏等国既准备打核战争也准备打常规战争，又开始重视对战略轰炸机的研制，轰炸机的研制水平和作战能力都大大提高。

轰炸机可按载弹量分为重型（10t以上）、中型（5~10t）和轻型（3~5t）；也可以按航程分为远程（8000km以上）、中程（3000~8000km）和近程（3000km以下）；又可以按遂行任务的范围分为战略轰炸机和战术轰炸机。

第二次世界大战之后，喷气式轰炸机已发展了四代。

（一）第一代喷气式轰炸机

第一代喷气式轰炸机的代表作是B-52"同温层堡垒"远程战略轰炸机。1952年4月首飞，1955年6月装备部队。40多年来，B-52一直是美国空军的主力轰炸机之一，曾在越南战争中披挂上阵，对越南北方的城市、村庄、道路、桥梁等地面目标狂轰滥炸。在越南军民的抗击下，B-52也遭到不小的损失，有多架被地面炮火和越军的战斗机击落，战损率高达2%。

海湾战争中，B-52携"战斧"巡航导弹，在开战之日，最先出动，远程奔袭10000多千米，对伊拉克的重要军事目标实施精确攻击。这些飞机往返飞行22400km，时间长达35h。它们不但开创了空战史上首次使用空射巡航导弹的先例，而且创造了执行一次战斗任务留空时间最长，飞行距离最远的纪录。

能与B-52相抗衡的另一种远程战略轰炸机是苏联图波列夫设计局研制的图-95"熊"式轰炸机。该机于1954年首飞，1956年交付使用。图-95的一大特点是采用了4台大型涡轮螺旋桨发动机。最大飞行速度910km/h，航程12000~14000km。其最大起飞重量为185t，载弹量10~25t。目前，仍有部分图-95型飞机在俄罗斯空军服役。

（二）第二代喷气式轰炸机

第二代喷气式轰炸机设计思想和第二代战斗机相同，强调高空、高速。1956年11月11日，由康维尔公司研制的美国第一架超声速轰炸机B-58的原型机首次试飞成功。1959年12月，这种新型飞机开始装备部队。该机采用无尾三角翼气动布局，四台涡喷发动机吊挂在机翼下，其外形非常漂亮。为满足高速飞行和起降的要求，B-58广泛应用了许多先进的技术，例如，扭转式机翼、升降副翼、能承受气动力加热的蜂窝夹层结构等。该机的最大起飞重量为74t，最大速度约为马赫数2.1，作战半径为1575km。

20世纪50年代中期，美国军方提出了另一个更加宏伟的计划：发展超声速3倍的B-70"瓦尔基里"战略轰炸机。其巡航速度如此之快，将使当时的任何一种战斗机都追不上它。

B-70的第一架原型机XB-70A于1964年9月21日首次试飞成功，在其第17次飞行中达到了设计巡航速度马赫数 3。其最大航程为 12230km，最大飞行马赫数达到 3，巡航高度 24000m。它可携带多种核武器和常规武器，对敌方的战略目标实施攻击。

苏联发展第二代战略轰炸机的路子基本上与美国一样。1955 年，图波列夫设计局开始研制超声速轰炸机图-22 "眼罩"。该机的最大起飞重量接近 84t，载弹量 5~9t，最大飞行马赫数为 1.5，作战半径约 1000km。图-22 于 1958 年首飞成功，1962 年开始装备部队。

（三）第三代喷气式轰炸机

B-1 是一种采用变后掠翼和翼身融合体设计的远程战略轰炸机，设计思想为高速低空突防，它之所以选择变后掠翼方案，主要是为了解决亚声速巡航与高速突防、提高飞行马赫数与增大航程等之间的矛盾，并相应地缩短起降滑跑距离。该机的最大起飞重量比 B-52 轻，但载弹量与 B-52 相当，高空最大平飞速度能达到马赫数 2.2，比 B-52 高一倍多。

1974 年 12 月 23 日，B-1 的原型机进行试飞。美国又将 B-1 的原型机改为巡航导弹载机；用翼身融合体减弱电磁波反射，外表涂有吸波材料，改善其隐身性能等，并正式命名为 B-1B。B-1B 的最大起飞重量由 179t 增至 216t，最大速度由马赫数 2.2 降至马赫数 1.2。B-1B 的总载弹量达 56t，是 B-52（27t）的 2 倍，可装 22 枚空射巡航导弹，B-1B 达到准隐身，其雷达反射截面积是 B-1 的 1/10，B-52 的 1/100。

1981 年 10 月，里根总统宣布采购 100 架 B-1B。经过几年的改进和试飞，首架 B-1B 飞机于 1986 年 6 月进入空军服役。

1998 年 12 月 19 日，在 "沙漠之狐" 行动中，B-1B 紧随 B-52 之后，首次参加对地攻击作战。从正式开始研制，到第一次参战，前后相隔 28 年。在科索沃战争、伊拉克战争中 B-1B 都参加了空袭。为了与美国抗衡，苏联也于 20 世纪 70 年代初和 80 年代初研制出了图-22M "逆火" 和图-160 "海盗旗" 变后掠翼战略轰炸机。属于第三代轰炸机的图-22M 从 1970 年开始试飞，1974 年装备部队。图-22M 采用可变后掠翼，尺寸比图-22 大，最大起飞重量为 124t，正常载弹量为 24t，几乎是图-22 载弹量的 3 倍。

图-160 是苏联于 20 世纪 70 年代中、后期开发的一种超声速远程战略轰炸机。从气动外形看，该机的布局方案与美国的 B-1 轰炸机极为相似，也采用变后掠翼。由于它的研制时间较晚，因而有条件在某些性能方面超过 B-1 轰炸机。据估计，除了隐身性能和最大载弹量不如 B-1B 外，图-160 在最大速度、最大起飞重量、航程等方面都高于 B-1B。该机的最大起飞重量达 275t，最大平飞马赫数达 2.1，实用航程为 12300km，不经过空中加油就可以对美国本土进行攻击，载弹量为 22.5t，可携带 20 枚射程为 3000 多千米的巡航导弹。就起飞重量而言，图-160 可以称为世界上最大的轰炸机。1981 年 12 月首次试飞成功，1985 年开始在苏军中服役。

（四）第四代喷气轰炸机

面对着由先进的雷达、导弹、飞机组成的，日益完善的防空系统，下一代的军用飞机，尤其是体积庞大、机动性较差的战略轰炸机，若不具备隐身能力，是很难完成预定的突防和攻击任务的。因此，在美国空军制定的未来轰炸机的战术技术指标中，居第一位的便是隐身能力。由诺斯罗普公司为主承包商研制的美国第四代战略轰炸机 B-2，正是本着这一宗旨设计的。B-2 飞机从 1978 年开始研制，1989 年 7 月首飞。

B-2外形古怪，没有机身、没有前翼、没有平尾，甚至连垂直尾翼也没有。从上往下看，该机如同一个巨大的、后缘呈锯齿状的飞镖。这种外形隐身效果最佳。

该机的动力装置为4台涡扇发动机，单台推力8600kgf[①]。

该机的最大起飞重量约168.4t，最大载弹量22.7t，只能亚声速飞行，巡航马赫数0.8，升限15240m。作战航程可达12231km。进行一次空中加油，航程可达18532km，经两次加油可攻击地球上任一地点，乘员2人。1999年5月8日，两架B-2从美国本土起飞，突袭了中国驻南斯拉夫大使馆，用5枚JDAM"联合直接攻击弹药"摧毁了大使馆，死3人，伤20余人。

作为高科技产物的B-2轰炸机，其造价高得吓人，总的发展费用达到450多亿美元，飞机的出厂单价约为22.6亿美元，造价昂贵，不要说一般的国家，就是美国也难以承受。其只装备了21架。

B-2隐身轰炸机，就技术而言，是世界上最先进的战略轰炸机，也是目前唯一的第四代轰炸机。

五、武装直升机

从直升机诞生的那一天起，就以其独特的低空飞行性能和优秀的空中悬停能力，被广泛应用于军事用途。1942年，西科斯基的R-4直升机交付美国陆军使用，成为世界上第一架军用直升机。军用直升机的大量使用是在第二次世界大战以后的朝鲜战争，美军仅救护伤员就达23000人之多。

在现代战斗中，军用直升机被用来执行低空对地攻击、武装侦察、空中运输、海上反潜和医疗救援等各项任务。并被陆、海、空三军大量使用。目前，世界各国共装备军用直升机3万架左右，其中美国就占近1/3。

武装直升机是载有武器系统的直升机，有的用于攻击地面、水上目标、反潜作战、为运输直升机护航，有的还可以与敌方直升机进行空战。它具有机动灵活、反应迅速、不受地形限制，适用于低空、超低空抵近攻击，能在运动和悬停状态下射击等特点。

武装直升机多为中、小型直升机，最大飞行速度一般为360km/h左右，作战半径为100~300km，续航时间为2~3h。武器系统包括机载武器和火控系统。机载武器又包括机枪、枪榴弹、火箭弹、炸弹、导弹等，通常悬挂在机身外部两侧挂架上，有的还在机身下方装有可旋转的活动枪塔或炮塔。它的主要活动方式是：掠地飞行、隐蔽接敌、突然袭击、迅速转移。目前武装直升机多配属于陆军航空兵，我国于20世纪80年代中期建立了陆军航空兵。武装直升机主要用于突击坦克、装甲战车、火炮、导弹发射阵地和水面舰艇等地面和水面目标，故又称为攻击直升机或强击直升机。

目前国外著名的武装直升机有：美国的AH-IS"眼镜蛇"、AH-64"阿帕奇"、RAH-66"科曼齐"，苏联的米-24"雌鹿"、米-28"浩劫"，法国的SA-342M"小羚羊"，法、德联合研制的"虎"等。我国从20世纪70年代开始独立生产直升机，目前装备部队的主要有直8、直9等。

---

① 1kgf=9.807N。

六、无人机

无人驾驶飞机简称"无人机"（"UAV"），是利用无线电遥控设备和自备的程序控制装置操纵的不载人飞行器。无人机实际上是无人驾驶飞行器的统称，从技术角度定义可以分为：无人固定翼飞机、无人垂直起降飞机、无人飞艇、无人直升机、无人多旋翼飞行器、无人伞翼机等。与载人飞机相比，它具有体积小、造价低、使用方便、对作战环境要求低、战场生存能力较强等优点。由于无人驾驶飞机对未来空战有着重要的意义，世界各主要军事国家都在加紧进行无人驾驶飞机的研制工作。世界第一架无人机诞生于1917年，而无人机真正投入作战始于越南战争，主要用于战场侦察。随后，在中东战争、海湾战争、科索沃战争、阿富汗战争、伊拉克战争（第二次海湾战争）、俄乌冲突等局部战争中，无人机频频亮相、屡立战功。尤其在阿富汗战场上，无人机更是成为当之无愧的主角，多次成功实施"斩首"行动。

美国无人机领跑世界。美国最早从1939年开始研制无人靶机，先后研制出"火蜂"（Fire bee）系列和Chukar系列靶机。从20世纪50—60年代开始，美国相继研制成功"火蜂""先锋""猎人""捕食者"和"全球鹰"等战术或战略无人侦察机，以及"捕食者"改进型无人侦察作战飞机，并先后在越南战争、海湾战争、科索沃战争和阿富汗战争中广泛使用。

我国典型无人机有：一是"翼龙"无人机。这是一种集中空、长航时、侦察打击于一体的多用途无人机，它代表了我国无人攻击机研制的最高水平，可谓中国无人机制造领域的"当家明星"。"翼龙"无人机机身尺寸与美国空军的MQ-1B"捕食者"无人机相似，它具备全自主平轮式起降和飞行能力，最大起飞重量达1100kg。机重1.1t，长9m，航程超过4000km，升限5000m，最大续航时间约为20h。可携带国产KD-10激光制导导弹、LS-6GPS制导炸弹等，对地面目标进行精确打击，被称为中国版的"捕食者"攻击型无人机。二是"彩虹四号"（CH4）中空长航时无人机。这是一款察打一体大型军用无人机，是国内同级别无人机系统中挂载能力最强、飞行能力最优的无人机，被称为中国军用航空的领秀之作、中国版的"死神"。它既可以执行战场侦察任务，搜集敌方作战信息，进行超视距预警，也可以执行电子战任务，还能对地面固定目标和低速移动目标实施精确打击。"彩虹四号"有三大特点：首先是平台出众。它最大起飞重量1330kg，最大载弹量为345kg，最大升限8000m，最大续航时间38h，最大航程3500km，各项指标均超过"捕食者"。其次是察打一体。该无人机实现了侦察与打击功能的二合一，机腹下装有雷达，使之具有较强的全天候作战/探测能力，它能在5000m高空发射导弹，攻击地面和海面目标，不需要降低飞行高度即可实施攻击。最后是高度智能。它实现了全自主起降，可靠性大为提高。无人机在飞行中可对目标进行定位，随后发射导弹或制导炸弹实施攻击。三是"攻击-1"型无人机。这是中国空军现役的察打一体无人机，被誉为信息化战场的"新宠"。该机采用单发、大展弦比、平直翼、"V"形尾翼气动布局设计，可担负低威胁环境下战场重点区域持久侦察、监视和攻击、毁伤效能评估等任务。机上配备有激光指示器等光电侦察监视设备，不仅可以为自己发射的反坦克导弹进行制导，也可以为其他飞机或地面武器制导提供目标指示。该无人机已形成战斗力。四是WJ600型高空高速无人机。它是一种大型无人机，外形类似巡航导弹，既可以装载各种先进的光电侦察、合成孔径雷达等电子侦测设备，也可以在机翼下方挂载 KD2 等空地导弹，使之变成"空中杀手"。WJ600 还可以充当通信中继站，让地面指挥中心通过它控制 SH1 隐身无人机和"刀锋"系列战术无人机作战，从而将侦察、通信、指挥和攻击等多种作战功能融合在一起，实现"侦-控-打-评"一体化作战。

七、技术勤务飞机

现代战争是系统与系统的对抗，任何一次战役，都离不开司令部的指挥和后勤部门的支援；同样，任何一次空中战役也都必须紧紧依靠地面和空中的指挥与后勤保障。而侦察机、预警机、电子战飞机、运输机、加油机、通信联络机、战场观测机、气象观测机等军用飞机，就是专门为空中作战机群提供各种技术勤务支援保障的。

（一）运输机

与其他军用飞机相比，军用运输机是问世较晚的一个机种，但它发展较快，后来诞生的许多技术勤务飞机大多是以其为平台研制出来的，从某种意义上讲，运输机是大部分技术勤务飞机的基础。

从 20 世纪二三十年代到第二次世界大战期间，美、英、德和苏联等国家研制生产或将民用飞机改装了一批军用运输机。其中最著名的是美国道格拉斯公司设计的 DC-2 和C-47。DC-2 是一种率先采用下单翼布局、可收放式起落架、流线型机身的旅客机，该机的阻力小、速度快，颇受各国航空公司的青睐。其后继机 DC-3 更是成为近代飞机的经典之作，著名的军用运输机 C-47 就是由 DC-3 客机改型而来的。第二次世界大战期间，DC-3、C-47 等运输机被广泛用于各个战场上。

DC-3 的原型于 1935 年 12 月首次飞行，它是历史上最成功和最优秀的运输机之一，前后共生产了 1 万多架。时至今日，在世界各地仍可见到它们的身影，其寿命之长，令人惊叹。苏联在第二次世界大战期间引进了 C-47 的技术，生产出了里-2 式运输机。

现役的军用运输机分为战术运输机和战略运输机，战术运输机多采用涡轮螺旋桨发动机，载重量较小（5~20t）、航程也较短，但起降性能不错，可在前线简易机场使用。而战略运输机则主要以涡轮风扇发动机为动力，它们的载重量大（40~150t）、航程远（5000~10000km），这种飞机由于吨位太大，必须依赖大型机场。

目前，使用较多的战术运输机有美国的 C-130、苏联的安-12、中国的运 8 等。C-130 是美国洛克希德-马丁公司于 1954 年研制成功的一种中型战术运输机，该机以涡轮螺旋桨发动机为动力，最大载重量约 20t，最大载重航程 3000km 左右。被西方国家大量采用。安-12、运 8 与 C-130 一样，也是载重量 20 吨级的飞机，其优点与 C-130 相似，因而受到第三世界国家的欢迎。

战略运输机中比较著名的有美国的 C-141、C-5A，苏联的伊尔-76、安-124 等。目前世界上只有美、俄具备战略空运能力。C-141 中远程战略运输机于 20 世纪 60 年代中期服役，该机采用 4 台涡轮风扇发动机，最大载重量超过 40t，最大载重航程大于 5000km。它主要担负大型军用物资的运输，曾在越南战争和中东的局部战争中使用过。C-5A 重型战略运输机于 1968 年 6 月首次试飞，1970 年装备部队。该机体积之大、载重能力之强，在相当长的一段时间内，成为世界航空运输界中的霸主。它的最大起飞重量高达 380t，最大载重量约 120t。苏联研制喷气式战略运输机的时间比美国晚，但主要性能略优于美国的同级飞机。伊尔-76 于 1971 年 3 月试飞成功，20 世纪 70 年代中期投入批量生产。该机与 C-141 相当，最大载重量约 40t，最大载重航程 5000km。安-124 是一种四发重型战略运输机，该机于 1982 年 12 月首飞上天，它比 C-5A 的诞生晚了 14 年半，但最大起飞重量和最大载重量都超过 C-5A。最大起飞重量 406t，最大载重量 150t，最大载重航程 4500km，最大燃油航程 16500km。

目前，世界上技术水平最高的运输机是美国于 1991 年 9 月研制成功的 C-17 重型战略战术运输机，最大载重量 78t，是 C-130 的 4 倍。而吨位最大的则属于乌克兰的安-225。后者由安东诺夫设计局研制，1988 年 12 月问世。这种六发重型运输机由安-124 发展而来，其最大起飞重量高达 600t，最大载重量约 250t。它是当今航空领域真正的空中巨无霸。

军用运输机飞得远、跑得快且不受地形的限制，是一种非常理想的运输工具，其在军事上的作用是显而易见的。在世界战争史上，曾有过几次著名的大规模空运活动，例如，抗日战争期间，中美空军联合进行的"驼峰空运"；第二次世界大战结束后，西方国家为遭到封锁的西柏林实施的"柏林大空运"以及海湾战争中的"沙漠风暴"行动等。

（二）加油机

给空中的飞机及直升机补充燃料的飞机，称为空中加油机。现役的空中加油机大多是由旅客机和军用运输机衍生而来的，个别的也有用轰炸机或大型战斗机改装的。

空中加油机主要分为大、中、小型三种。

小型空中加油机一般由吨位相对较大的战术飞机（例如，战斗机、攻击机、战斗轰炸机、轻型轰炸机等）改装而成，例如，美国的 A-6 等。它们大多采用"伙伴"加油的方式，其优点是机型相同，飞行性能差别不大，有助于顺利完成空中加、授油的任务。缺点是出动一次，只能给一架作战飞机授一次油。

中型加油机既有用运输机改装的（例如，KC-130），也有用轰炸机改造的（例如，图-16、轰 6 等）；既有采取"母子"加油方式的（例如，KC-130），也有采取"伙伴"加油方式的（例如，图-16）。

大型的加油机主要是由三至四发的重型喷气式运输机或旅客机发展而来，它们的最大飞行速度可达到马赫数 0.8，适合给飞行速度较高的喷气式战斗机、攻击机、轰炸机进行空中加油。其典型的代表有美国的 KC-10、KC-135，英国的 VC-10，俄罗斯的伊尔-78M 等。

现代空中加油机的更新换代并不快，其技术的进步主要体现在加油吊舱上。某些型号的空中加油机如美国的 KC-130、KC-135 等，已经伴随了三代战斗机，今后相当长的一段时间内，它们还会继续被使用。

美国是世界上研制和装备空中加油机最多的国家，目前在役的 KC-135 喷气式空中加油机共有 457 架，此外，其国民警卫队和空军后备役部队还有该型机 188 架。如此庞大的空中加油机群，在世界上其他国家是见不到的。美国计划将所有使用中的 KC-135 飞机换装更好的发动机逐步改造为先进的 KC-135R 型，并计划让它们服役至 2040—2050 年。KC-135 从 1956 年问世到现在，已有近 70 年的历史，如果再继续使用到 21 世纪中叶，那就将近一百岁了。该型机有可能与波音公司生产的另一种著名的军用飞机 B-52 战略轰炸机一起，创造出惊人的航空器长寿纪录。

目前，各国使用的中型和大型空中加油机有十来种，比较著名的有美国的 KC-130、

KC-135、KC-10A，俄罗斯的伊尔-78M，英国的"胜利者"K.2、VC-10K等型号。其中，KC-10A是当今世界上功能最全、加油能力最强的空中加油机，该机是在DC-10-30CF运输机的基础上改装而成的，其最大载油量达161500kg，最大供油量90270kg，后期出厂的VC-10A配有软管和硬管加油系统，可同时为3架飞机进行空中加油。

（三）预警指挥机

在军用飞机家族中，另一种与客机和运输机有着血缘关系的飞机是空中预警机。这种装有远程探测雷达的航空器多半是以运输机为平台改装的，例如，美国研制的E-3、EC-130、E-767，英国设计的"猎迷"，俄罗斯制造的A-50，瑞典生产的SAAB-340"埃里眼"等；也有的是专门设计的，例如，美国的E-2C；还有一部分是用大型轰炸机改装的，例如，苏联的"苔藓"、中国的"空警200"和"空警2000"等。

预警机又叫作空中预警指挥机，其基本使命是搜索、监视空中或海上的目标，并能指挥己方飞机遂行拦截、攻击等作战任务。它们装备有雷达、电子侦察设备，平时可在己方边境内或公海上空巡逻，侦察敌方的动态；战时，可迅速飞抵战区上空，遂行预警、指挥、引导等任务。

现代预警机还是空中机动指挥所，一架中型预警机可同时处理300~400批空中目标，大型预警机则可同时处理600批空中目标，还能引导几十架甚至上百架己方作战飞机进行空战或进行对地攻击。

预警机分为空军型和海军型两大类。

美国海军型的E-2A于1964年装备部队。1969年研制出了E-2B；20世纪70年代和80年代又通过换装雷达、机载电子设备和计算机，发展出了预警和指挥性能更好的第三代E-2C系列舰载型预警机。E-2C造价较低、作战效能较高，是最受各国军方欢迎的机型之一，曾出口到许多国家。1982年6月9日，以色列出动近百架作战飞机和多架E-2C，对位于黎巴嫩贝卡谷地的叙利亚导弹阵地发动攻击。在E-2C的引导下，以军作战飞机不仅在数分钟之内摧毁了叙方的全部导弹阵地，还击落了叙军起飞迎战的80多架飞机。此役，充分展示了预警机在现代战争中的地位和作用。

目前，在世界上居于领先地位的预警机是美国空军使用的E-3A，是以波音707客机为基础改装的。这种第三代预警机的研制周期很长，它从1963年开始规划设计，到1977年3月才正式交付使用。该机的任务电子系统由雷达、通信、导航、敌我识别、数据处理、数据显示和控制等分系统组成。它采用先进的脉冲多普勒雷达，具有俯视低空目标的能力，能够区分地面行驶的汽车与低空飞行的飞机，对低空飞行目标的探测距离超过300km，而对中高空目标的搜索距离可达五六百千米。机上装有一部大型计算机，能准确地处理600个不同的目标信息，并帮助系统操作员指挥己方飞机完成截击、遮断、对地/对海攻击、空运、空中加油等作战任务。

海湾战争中，多国部队共使用了13架E-3B和E-3C预警机，这些大型预警机轮番上阵，一面为多国部队的飞机进行预警，一面对空中作战行动实施指挥。它们为多国部队争夺制空权，取得空战和对地攻击的胜利，立下了汗马功劳。在世界上堪与E-3匹敌的是俄罗斯的A-50，其预警和指挥的能力与E-3差不多，但系统的可靠性稍差。

（四）侦察机

专门用于从空中搜集对方情报的军用飞机称为侦察机。军用飞机最早的使命之一，就是实施空中侦察。开始时，飞行员主要采用目视的方法进行侦察，第一次世界大战期间出现了装航空照相设备的侦察机。随着技术的进步，到第二次世界大战时，这类飞机除了广泛使用航摄仪以外，已开始配备雷达和电子侦察设备。

侦察机按照执行任务的范围，可分为战术侦察机和战略侦察机；按照飞行器的类别，可分为侦察飞机和侦察直升机；按照驾驶和控制的方式，可分为有人驾驶侦察机和无人驾驶侦察机。

1. 现代有人驾驶侦察机

第二次世界大战以后的冷战时期，为了能够及时掌握对手的战略和战术情报，各航空大国都积极开发各种先进的机载侦察设备。在最近的几十年里，航空侦察技术发展很快，拿现代的成像侦察来说，就有可见光照相和摄像、微光照相和摄像、红外照相和摄像、雷达成像、微波成像等技术设备。这些先进的侦察系统分别装在战术或战略侦察机上。

战术侦察机一般都是用现役的战斗机或轻型轰炸机改型而来的，如美国的 RF-101、RF-4、RF-8A；苏联的雅克-25P、米格-25R；中国的歼侦 8 等。

与战术侦察机一样，战略侦察机既有用轰炸机和运输机改装的，也有专门设计的，如苏联的图-16K、图-95E，美国的 RB-57、RC-135、EP-3 等；后来则有美国的 U-2、TR-1、SR-71 等。

U-2 是 20 世纪 50 年代世界上最著名的高空战略侦察机。该机于 1955 年 8 月 4 日首次试飞成功，飞行高度可达 22800m，机上配备有航空相机、雷达干扰机和电子侦察系统。该机利用其航程远、升限高等长处，多次窜入中国和苏联的领空实施战略侦察。1960 年 5 月 1 日，一架侵入苏联领空纵深的美国 U-2 间谍飞机被苏联的防空导弹击落，引发了一场受到世界各国媒体广泛关注的军事和外交事件。1962 年 9 月 9 日，我人民解放军空军的防空部队，在江西南昌地区上空，也用地空导弹打下了国民党空军的一架 U-2 侦察机。到 1967 年 9 月，共有 5 架 U-2 型侦察机被我空军击落。狠狠打击了美蒋军队的气焰。

自 20 世纪 60 年代起，美国洛克希德-马丁公司对 U-2 侦察机进行过多次改进，目前装备部队的主要改型机有 U-2R、U-2S 等。改型后，该机的航程和载重量都明显增加，其最大起飞重量为 18730kg，作战使用高度达 24380m，航程约 8000km。

TR-1 是在 U-2 战略侦察机的基础上改型研制的一种高空战术侦察机，20 世纪 80 年代初开始生产。该机巡航速度约 690km/h，其升限超过 25000m，续航时间为 12h。该机带有高分辨率的合成孔径侧视雷达、T-35 跟踪照相机和电子侦察装置，它不必飞越敌方防空区域上空，就可获得 55km 外的敌方地面情报。海湾战争中，美军共调用了 6 架 TR-1 和 U-2R 执行战略与战术侦察任务，在较短的时间内向战场指挥官传递各种精确的目标坐标，为多国部队的作战行动提供了大量的情报保障。

世界上飞得最快的军用飞机是美国人研制的 SR-71 "黑鸟"。这种在 20 世纪 60 年代中期交付使用的战略侦察机的最大飞行马赫数可达 3.2，最大飞行高度约为 26600m。一般的防空武器系统对它无可奈何。据称，该机使用 30 多年，曾遭到上百枚地空导弹的攻击，居然毫发未损。

2. 现代无人侦察机

无人驾驶侦察机具有体积小、成本低、使用灵活、没有人员伤亡等优点。自 20 世纪 60 年代起，无人侦察机技术发展得很快。各国制造和生产的无人机有近百种。美国空军在越南战争中广泛使用了喷气式无人机。其中，最有名的是"火蜂"。

在现代局部战争中，以色列是使用无人侦察机最多的国家之一，"侦察兵""猛犬"就是以色列研制的微型无人驾驶侦察机，以色列陆军和空军都大量装备。

目前，一大批新的战术侦察无人机已开始装备陆、海、空三军部队，并在海湾战争和科索沃战争中被大量使用。例如，美国的 AQM-34、"苍鹰"，加拿大的 CL-227 等。这些侦察机可携带光学照相机、电视摄像机、前视红外遥感器、侧视雷达等先进的侦察设备。

（五）电子对抗飞机

电子对抗飞机是专门用于对敌方雷达、通信系统、制导系统等实施电子侦察、电子干扰或攻击的军用飞机，它的任务主要是通过告警、施放电子干扰、对敌地面搜索雷达、制导雷达进行反辐射攻击等方式，掩护己方航空兵部队顺利遂行截击、轰炸等作战任务。可以说，电子对抗飞机是战斗机、攻击机、轰炸机等主战飞机的"保护神"。

电子对抗斗争是随着电子技术的发展而发展的，最早的电子对抗发生在 20 世纪初的日俄战争期间，而电子对抗飞机则诞生于第二次世界大战的烽烟中，其对抗的范围也从通信对抗扩展到了雷达对抗。第二次世界大战期间，为了对付敌方新出现的警戒雷达和炮瞄雷达，英、美、德等国相继研制出了早期的电子干扰装置。1939 年 5 月，英国首次开发成功机载型电波干扰器，经过改进后，于 20 世纪 40 年代初装在轰炸机上，在对德国本土进行空袭时，用它干扰敌方的防空雷达。1943 年，英军执行夜间轰炸任务的飞机，通过大量投放箔条的方式掩护自己，也取得了较好的效果。同一时期，美国航空兵为了减轻德军防空部队炮瞄雷达的威胁，开始为轰炸机配备 APT-2 型电波干扰器，结果，飞机的损失率由 12.6% 降至 7.5%。此外，美、英还将"惠灵顿"、B-24 等型轰炸机改装成电子侦察机，对德军的雷达、通信系统进行侦察，在战争中也起到了重要的作用。

20 世纪五六十年代，电子对抗技术发展较快，出现了一些著名的专用电子对抗飞机，例如，美国的 P2V-7 电子侦察机、EB-66 电子干扰机、F-105G 反雷达飞机等。大部分的战斗机和攻击机，例如，美国的 F-4、英国的"掠夺者"等型飞机已开始配备较完善的机载自卫干扰系统。

20 世纪 70 年代以后，世界各国都更加重视争夺电磁优势，在军事需求的牵引下，机载电子对抗技术有了明显的提高，电子对抗设备日趋完善，电磁频谱斗争的范围不断扩大。1982 年的贝卡谷地之战，以军把电子对抗技术和电子战战术发挥得淋漓尽致，以极小的代价，取得了一举将叙军 19 个地空导弹阵地全部摧毁的胜利。此战，成为现代电子战的典范。

当前，较为先进的电子战飞机有美国的 F-4G、EA-6B、EF-111、EC-3A、EC-130H，以及俄罗斯的雅克-28E、图-16、图-22、图-99 等。

美国的 EF-111 是在 F-111A 基础上研制的专用电子战飞机，1981 年装备部队。至今，共装备 42 架。它是当今最先进的电子战飞机。该机装 2 台 TF-P-3 涡扇发动机，单台推力 82.3kN。主要电子设备有战术干扰设备、终端威胁告警系统、敌我识别器、攻击雷达、地形跟踪雷达、雷达高度表、惯性导航系统、特高频定向器、仪表着陆系统和高频通信电台。机上不配武器。翼展 19.2m，机长 23.16m；最大起飞重量 40350kg；最大速度马赫数 2.02，升限 16670m，续航时间 4h，作战半径 1495km；机组成员 2 人。

该机主要执行三种任务：一是远距离干扰。在敌方地面炮火射程外建立电子屏障，掩护自己的攻击力量。二是突防护航干扰。伴随攻击机干扰敌方防空系统的电子设备。三是近距支援干扰。近距离干扰敌炮瞄雷达与导弹制导雷达，掩护近距支援攻击机。

海湾战争是另一场规模更大的、以电子战为开端，且电磁斗争贯穿始终的现代战争。在"沙漠风暴"开始之前 5h，多国部队就派出 EA-6B、EF-111、F-4G、EC-130 等专用电子对抗飞机，对伊境内的雷达、通信、指挥设施和防空系统进行了强烈的电磁干扰，使伊军雷达荧光屏一片"白雪"。大规模空袭发起后的头一小时内，在前头开路的 F-4C 等飞机，就向伊军雷达和防空阵地发射了 200 余枚高速反辐射导弹，从而保障了攻击编队的安全突防。多国部队实施的"白雪"电子战，造成了伊军通信中断、雷达迷茫、指挥瘫痪、防空导弹失灵，大大提高了盟军作战飞机的生存率和行动自由度。战后，美国海军反映：当战斗机编队有 EA-6B 电子干扰机护航时，几乎就没有受到伊军地空导弹的攻击。美国空军也认为，正因为有了压制敌方防空配系的飞机，才有可能完成大多数的空袭任务。实战结果再次证明，只有夺得整个战场的制电磁权，才能获取制空权，并进而以较少的损失赢得战争的胜利。海湾战争中，多国部队飞机的战损率只有 0.03%，其原因固然很多，但电子对抗飞机的支援和保障作用不可低估。未来的战争是信息战，只有夺取制信息权，才能赢得战争的胜利，而侦察机、预警机、电子对抗飞机等正是在未来战场上获取敌方情报，阻断敌方信息链的利器，其作用和地位将不断加强。目前，此类勤务保障飞机正循着综合化、智能化、系统化和攻防一体化的方向发展。机载电子对抗设备将进一步拓宽频率范围、增强自动化水平和在复杂电磁环境中的工作能力；机载反辐射武器将"软""硬"结合，一方面，不断完善反辐射导弹的性能；另一方面，则积极开发和装备具有摧毁能力的高能激光武器、电磁脉冲武器等新概念武器，为技术勤务飞机增添攻击的"矛"和防身的"盾"。到那时，作战飞机和勤务保障飞机之间的区别将日益模糊，并有可能最终融为一体。

第四节　航天器发展概况

1957 年 10 月，由洲际导弹改装的运载火箭，把世界上第一颗人造卫星送上了天，揭开了人类进入太空时代的新纪元。人类步入 21 世纪，随着空间军事化和商业化的迅猛发展，空间已成为当今维护国家安全和国家利益所必须关注和占据的战略"制高点"。未来战争将是"陆、海、空、天"一体化的战争，没有强大的航天力量，不但没有制天权，还将严重削弱制空权和制海权，甚至可能因最终丧失战争的主动权而不能保证国家安全。

一、人类征服太空从幻想到现实

（一）火箭的发明及应用

"火箭"的名称，最早出现在距今 1700 多年前三国时代（220—280 年）的古籍上。到了唐末宋初（10 世纪），随着火药的发明，箭杆上的易燃物使用了火药，具有喷射作用和更大燃烧威力，于是被迅速地用于军事活动。这是最早利用自身产生反作用力原理的火箭雏形。

欧洲最早使用火箭是在公元 1241 年，是由成吉思汗西征时传过去的。火箭技术传入欧洲后，对西方的军备和文明都产生了重要的影响，英国首次使用了"康格里夫"火箭打击了法军。1813 年，英国组建了世上第一支火箭特种部队。

（二）卫星的诞生

人类为实现太空之行，曾做出了不懈的努力，经过了一段艰难曲折的道路。14 世纪末，中国明朝的万户进行了用火箭作动力的载人飞行试验，他用 47 支大型火箭推进，这次试验堪称人类史上首次火箭飞行试验，为后人探索太空飞行迈出了第一步，被世界公认为"真正的航天始祖"。他的探索要比苏联齐奥尔科夫斯基（1903 年）提出利用火箭进行星际航空的设想早几百年。

齐奥尔科夫斯基在 1883 年撰写了《外层空间》，同时叙述了征服太空的火箭发动机原理。

1903 年，他又撰写了《利用喷气装置探索宇宙空间》，这篇论文中提出火箭在太空运行的基本原理和火箭在重力场中运动的最大速度的数学公式，这一著名数学公式为火箭的发展奠定了理论基础。

1926 年，世界上第一枚液体火箭由美国人戈达德研制成功，随后在一些国家开展了小型液体火箭的研制和航天理论的研究。火箭技术划时代的成就是被称为"火箭之父"的德国的冯·布劳恩为首研制的 V-2 飞弹，它以火箭发动机为推力，可以把一个 1 吨多重的重型炸弹送到 320km 之外。V-2 飞弹于 1942 年 10 月 3 日首次试射成功，第二次世界大战末期，纳粹德国用 4320 多枚 V-2 飞弹袭击了英国，造成巨大的灾难和恐慌。V-2 火箭的出现，为战后发展远程导弹和航天运载工具奠定了基础。

1957 年 10 月 4 日，苏联成功发射了世界上第一颗人造地球卫星。

（三）航天器的发展

从第一颗人造卫星发射至今，世界各国向太空发射了大约 5000 个航天器。

人造卫星从 20 世纪 60 年代中期进入应用阶段。除少量的科学探测卫星和新技术试验卫星外，大多数是应用卫星，而在应用卫星中军事卫星大约占 70%。

1961 年 4 月 12 日，年仅 27 岁的苏联航天员加加林乘坐"东方一号"宇宙飞船，完成了人类历史上第一次宇宙飞行，成为第一个太空人，之后苏联先后发射了"东方""上升""联盟"系列载人飞船；美国也发射了"水星""双子座"和"阿波罗"系列载人飞船。特别引人注目的是，在 1969 年 7 月 21 日用"阿波罗"11 号飞船将人送上了月球。

在 20 世纪 70 年代初期，苏联发射了一种新型航天器——空间站，以后，又发射了 7 个"礼炮"号空间站和 1 个"和平"号空间站。1973 年，美国也发射了"天空实验室"，该空间站于 1979 年 7 月 11 日坠落。在苏联研究空间站时，美国却在研究航天飞机。利用了大约 10 年时间，终于在 1981 年 4 月 12 日，哥伦比亚号航天飞机上天，4 月 14 日着陆，绕地球飞行了 36 圈。经过数年后，苏联也研制成功了"暴风雪"号航天飞机。于 1988 年 11 月 15 日发射升空，绕地球飞行 2 圈，3 个多小时后，成功着陆，完成了第一次也是唯一一次无人驾驶飞行，这表明苏联在航天器的控制技术方面，仍处于领先地位。现在已有许多国家发射了人造卫星，例如，美、俄、英、法、德、中、日、印度、以色列等国家。

我国的航天工业水平，在国际上属于前列，是公认的四个航天大国之一（美、俄、法、中）。1970 年 4 月 24 日，我国继苏、美、法、日之后，第五个发射人造地球卫星，重

173kg，其重量超过苏、美、法、日四国首次发射重量之和。1975年11月26日，我国成功发射返回式卫星，是第三个国家。1981年9月20日，"一箭三星"，我国成为第四个成功掌握多弹头技术的国家。1984年4月8日，我国成功发射同步通信卫星，这比发射其他卫星困难得多，目前，只有美、俄、中、欧洲航天局可发射重型通信卫星。2003年10月15日，我国成功发射"神舟五号"，杨立伟成为中国第一位宇航员，我国是世界上第三个掌握载人航天技术的国家。

二、航天器的军事应用

航天器在军事上的应用大致可分为三类，第一类是支援地面军事力量的卫星，第二类是正在发展中的攻击对方航天器的天基武器或反卫星系统，第三类是正在探索中的执行军事任务的载人航天器。

（一）军事卫星

军事卫星按用途可分为侦察卫星、海洋监视卫星、军事通信卫星、导航卫星、气象卫星、测地卫星等。

侦察卫星是为打击对方战略目标提供有效、准确的目标情况。

军事通信卫星主要用来承担军事保密、大容量、高速率的战略和战术通信勤务。1982年美国发射的第二代"国防通信卫星"就是一种战略通信卫星。战术通信卫星通常在以12h为周期的椭圆轨道上运行。它主要为军用飞机和海面舰艇的机动通信服务。

军事导航卫星是为航天、航空、航海、巡航导弹和洲际导弹等提供导航信号与数据。最早的军事导航卫星是美国20世纪60年代由6颗"子午仪"导航卫星组成的导航卫星网。现在使用的是美国的"导航星"全球定位系统（GPS）。整个系统由24颗卫星组成（3颗备份），可全天候连续导航，三维定位精度可达10m，三维速度精度达0.1m/s，时间精度100ns，一次定位时间只需8s。GPS军民两用，军码精度更高。在海湾战争中，GPS起了巨大作用。

（二）天基武器系统

天基武器系统是指载有武器系统的航天飞行器。目前，天基武器系统大致分为航天反卫星武器系统、攻击地面目标的航天武器和天基定向能武器系统。

（三）军用载人航天器

载人航天器包括载人飞船、空间站、航天飞机和正在研制的空天飞机。载人飞船在军事上应用主要承担的任务是：运输各种军需物资、人员和空间人员救护；进行各种军事航天设备试验；对特定军事目标进行侦察和监视等。航天飞机比火箭、卫星和飞船有更多的优点和更灵活的特性。目前，在军事领域中主要执行的任务是：发射、维修和回收卫星；执行反卫星任务；对地面目标进行侦察、探测和照相；作为空间武器发射平台和空间站预备指挥所；成为地球到太空的"运输车"。空间站，在军事上可作为空间指挥所或空间驻军的基地；它又是战略武器的空间发射台；是理想的侦察基地，可居高临下、俯瞰全球，遂行战略预警任务。空天飞机是能利用普通跑道水平起降并在大气层内和空间轨道上飞行的航天器。空天飞机在军事领域中的战略意义是，在未来战争中可以成为一种全新概念的航空航天轰炸机、运输机等。美国已把空天飞机作为21世纪前20年最重要的武器装备之一。

三、军事航天器对未来战争的影响

任何一种高技术运用到军事领域都会对战争产生深远的影响，航天技术在军事领域的应用已经使太空战初现雏形。所谓太空战，又称为天战、空间战，是指敌对双方在太空或利用太空进行的作战行动，即天际作战、天地作战和天地一体战。

（一）天际作战

天际作战是指交战双方使用太空武器，在太空实施的作战。它包括在太空的一系列的攻防战斗，随着发展还可能包括一系列的攻防战役。其表现形式主要是利用天基武器系统，攻击、摧毁对方的航天器或弹道导弹等目标，或者由载人航天器的机械臂、太空机器人和宇航员，直接破坏或擒获敌方的军用航天器。

早在 20 世纪 70 年代，苏联就开始研制并试验成功共轨式"杀伤卫星"和"天雷"反卫星卫星，并在 1982 年的一次战略演习中发射了两颗反卫星卫星去摧毁假设的敌方卫星。这种反卫星卫星有高能炸药碎片战斗部，在接近目标卫星时，其战斗部的自毁装置引起自爆，产生大量碎片，摧毁目标卫星，还可以由反卫星卫星发射精密制导火箭摧毁目标。

美国的天际反卫星武器主要是其国防部 1991 年提出的 GPALS 计划（针对有限攻击全球保护系统）。该计划重点发展反卫星动能弹（"智能卵石"武器），这是一种体积不大的碰撞卫星，其体积仅相当于暖水瓶大小，可以大量部署在太空（多达 1000 枚），必要时自动寻的撞毁对方的卫星和来袭弹头。此外，美国还计划研制核动力的空天飞机——航天母舰，可在轨道上运行数年。它一旦被研制成功，天际作战将更加激烈。

（二）天地作战

天地作战是指交战双方利用天基或地基武器，通过太空对地球表面的作战或防天作战。当前，防天作战已成为各国关注的新型作战样式，主要表现为使用反卫星导弹和地面激光武器摧毁敌方的卫星。1985 年 9 月 13 日，美空军一架 F-15 战斗机在 10 多千米的高空发射了一枚反卫星导弹，将一颗运行在 555km 轨道上的目标卫星击毁，开创了人类第一次用导弹击毁卫星的先例。

天对地作战，主要设想是利用轨道轰炸机（FOBS）对地面目标实施攻击。轨道轰炸机是一种在近地轨道运行一圈以上再攻击地面目标的天战武器。苏联对其研究得较多，其中"SS-9"以导弹为基础，加上一个反推火箭和轰炸系统综合平台组成，平时在地面待命，使用时发射进入卫星轨道运行，而后再根据地面指令由反推火箭点火再进入大气层轨道，攻击地面目标。

（三）天地一体战

天地一体战是指以天际作战为主要内容和手段，联合陆、海、空力量及其作战手段实施协调一致的整体作战。具体表现是：一是在地面（海上）、地下（水下）、空中与太空建立一体化的作战部署；二是将地面（海上）和地下（水下）侦察力量、空中侦察机和飞行器、太空侦察卫星组成一体化的侦察网；三是使用地面和海上运输工具以及空中运输机和直升机，在航天兵器的配合与支持下，实施一体化的快速机动；四是使用飞机、导弹、火炮等远距离杀伤性武器，在航天武器的配合和支持下，实施不同于短暂火力准备的、各军种通力协作的综合火力打击，打乱敌指挥系统，袭击敌重兵集团，破坏敌方的战争潜力，为决战创造有利条件；五是以地面坦克、装甲车为主的快速推进与伞降、机降部队垂直攻击紧密结合，实施一体化的突击；六是将地下指挥所、地面（海上）机动指挥车（舰）、空中指挥机和太空通信卫星统一组成一体化的指挥网。

美国首次在导弹上装备了惯导系统/全球定位系统（INS/GPS）中段制导设备，并将其由24颗导航定位卫星组成的GPS星站直接用于作战，使天地一体作战又向前迈出了一大步。

科索沃战争清楚地表明，在战略运筹和作战实施中，太空战场的作用已非常明显，诸如获取信息、实施信息战、投送兵力、投射火力等均主要依赖空间支援。随着航天技术、导弹技术的进一步发展，高技术局部战争将日益呈现为"陆、海、空、天、信息"一体化作战，"天"在其中的分量也将越来越重。信息化战场的建设、信息化部队的运用、信息化武器的使用等都离不开"天"的支持，而直接用"天"上的武器打击地面（空中、海上、水下）目标或拦截弹道导弹，将成为未来战争的重要内容。

第五节　空军发展展望

飞机和卫星是20世纪大工业时代人类最伟大的发明。经过一个世纪的发展，飞机由幼稚走向成熟，有了巨大的进步。以航空与航天武器为主要装备的空天力量，已经由20世纪初期第一次世界大战中的"小伙计"，成长为20世纪末高技术条件下局部战争的"主角"。21世纪的空军将向空天一体化发展，最终演变为航空航天军。21世纪是信息时代，人类社会正从大工业时代背景下的大规模、长时间、相伴陆海作战的大面积火力摧毁的攻城略地战争，向信息化时代的小规模、短时间，以空中精确火力打击为主，对人类生命财产不具有大规模杀伤作用的信息化战争形态发展。

一、扩大作战范围

占地球表面70%的水域和30%的陆地，都是人类赖以生存和发展的基点。在陆上资源日显枯竭的态势下，争夺和利用海洋资源就必然引起广泛的重视，使得整个世界对海洋的争夺更显激烈。

目前，多数国家空军的战略运用范围已大大扩展，大都已形成了对陆疆和海疆的全部覆盖。一方面，要在国家领空行使主权；另一方面，要对专属经济区上空实施监控。为此，很多国家的空军和海军航空兵经常到本国所属的岛礁和专属经济区活动，显示其管辖海域空中力量的存在和"以空护海""以海护陆"的意向。而美国，出于霸权主义和政治扩张的需要，公然把"全球警戒、全球到达、全球力量"和领土之外"一千海里护航"作为其空军的战略思想，把其触角伸向了全世界。综上所述，扩大作战运用范围将是空军和空中力量的一个重要发展趋向。

二、形成空天一体

空天一体已成为世界空军战略运用的一个趋势，是航天航空技术和各种相关技术快速发展引发的空军能力在垂直方向上的拓宽和延伸。它将使航空空间和航天空间之间没有绝对的分界线和不可逾越的屏障。美国空军现已正式提出，要由一支以航空力量为主的空军发展为一支航空与航天力量密切结合的航空航天军。有关人士指出，信息斗争在高技术战争中日显重要，而信息技术的发展使得空间资源变得越来越重要。未来作战情报的获取、作战通信、飞行导航和武器的制导都将越来越依赖航天空间。为了确保信息优势，必然要进行航天空间的争夺，从争夺制空权发展到争夺制天权。

事实上，航天兵器和航空兵器都涉及上述两个空间。航天兵器在发射和对地作战使用中，一般都要穿越两个空间。同样地，挂装反导导弹和激光武器的飞机可以拦截弹道导弹和低轨道航天器，部分防空导弹可以进行反导作战，也可以穿越两个空间。至于正在发展中的空天飞行器，更是一种"两栖"飞行器。而且，在现代高新技术战争中，军用飞机等航空兵器的作战使用，也必须有天基信息平台的支援。因此，空天一体是一个必然的发展趋势。

三、攻防兼备

目前，世界上多数国家的空军选用了攻防兼备的发展建设模式，即在兼顾防守力量建设的同时，着重发展空中进攻力量。这主要是由空军所承担的使命和任务以及作战思想的发展所确定的。空军本身兼有进攻和防御能力，理论上就是一个攻防兼备的军种。它以军用飞机作为主要作战平台，既具有远程机动能力、强大的攻击能力，又具有有效的空中防卫能力，通常都统辖高效的地面防空力量，因此理应有攻防兼备的能力。另外，高技术条件下的空中作战，将呈现"陆、海、空、天、电"一体、攻防一体和信息火力一体的特点，集中体现为空中进攻作战和防空作战两种形式交替或交织进行。在实施空中进攻作战时，必须组织严密的战区防空和一些重要目标的防空；而在实施防空作战中，也要进行空中反击作战。为了适应现代高技术战争的需要，空中进攻力量和防空力量必须协调发展。

四、军用战机高度现代化

(一) 信息化

由于信息在高技术战争中的作用和地位日显重要，因而各国在军用飞机的发展中十分重视提高其信息化程度，增强其信息探知、信息处理、信息传输和信息对抗能力。目前，新一代战斗机将普遍采用有源相控阵雷达，其探测距离可超过200km。雷达含有数以千计的发射/接收模块，具有多功能和同时处理多个目标的能力。由于采用了多波束技术，因而可分别用于探测、干扰和信息交换；由于采用了多功能的天线和高速计算机处理器，使雷达的性能提高、功能拓宽，飞机执行任务的能力提高。同时，新型战斗机还广泛采用红外、激光和其他光学探测装置，以提高飞机的被动探测能力和抗干扰能力。

轰炸机、侦察机、预警机等其他军用飞机也都着力发展电子设备，提高信息化程度和信息斗争能力。

(二) 隐身化

军用飞机隐身性能的提高，不仅有利于提高飞机的战时生存能力，还有利于达成先敌发现、先敌攻击，实施有效突防和攻击的突然性。提高军用飞机的隐身性能，也是提高信息斗争能力的一种有效手段。

目前，世界各国不仅对新研制的军用飞机的隐身性能十分重视，而且还着力改进现役飞机的隐身性能。隐身技术已经广泛应用于包括战斗机、轰炸机、侦察机和其他机种在内的各种军用飞机上，并成为军用飞机发展的一个重要技术趋向。

（三）无人化

无人机目前之所以受到军界重视，主要是由于它的成本效益高。近年来，由于电子技术和信息技术等高新技术的发展和应用，使得无人机的作战效能有了突破性的提高。装有电视摄像机和图像传输设备的无人机，能使战场指挥人员通过地面监视系统直接观察到战场态势的实时图像，不间断地掌握战场和敌军动态的无人电子战飞机可利用其生存力强、留空时间长、能在最佳位置实施干扰等优点，发挥有人驾驶飞机难以发挥的作用；长航时无人机能在目标区上空 24h 不间断地进行侦察或干扰，具有独特的优点。这都是无人机受到重视的重要原因。

目前国外正在积极发展无人攻击机，美国等一些国家还在探索无人战斗机的可行性。根据目前情况预测，在今后相当长的时期内，无人机还不可能完全取代有人驾驶飞机，这两者是互相补充而不是取而代之的关系。

第二章 中国空军发展史

中国是建立航空部队较早的国家之一。1910年，中国留学生厉汝燕经清政府批准，在英国学习飞行，毕业后获正式证书，成为中国正规学习飞行技术的第一人。1911年辛亥革命以后，武昌、上海都督府分别成立了航空队。1913年，北洋军阀政府在北京南苑创立第一所航空学校——南苑航空学校。1920年以后，东北三省，广东、广西、四川、云南等地的军阀陆续组建了航空部队。国民党政府在1928年设立航空署，1931年在杭州笕桥创办中央航空学校，而后逐步收编各省军阀的航空部队，建立了统一的空军。到1937年抗日战争开始时，国民党空军已发展到10个大队35个中队，拥有各型飞机300余架。但是经与日本空军几次大的空战以后，飞机所剩无几。1938—1942年，国民党空军先后得到苏联和美国的援助，装备了大量的作战飞机。据史料记载，这一时期国民党空军从苏联、美国等租赁和购买伊-15、伊-16、B-25、P-40、P-51等型作战飞机2351架。在苏联志愿空军队、美国志愿空军队（飞虎队）和美国陆军第14航空队的协同配合下，国民党空军在正面战场上进行了对日作战，给予日本侵略军以沉重打击。不少爱国飞行员满怀民族正气，英勇战斗、捐躯沙场，例如，高志航、李桂丹、刘粹刚、沈崇海、阎海文、陈天民等人，都成了著名的抗日英雄。他们有的驾驶飞机撞击日舰，与敌同归于尽；有的子弹打光了，就用自己的飞机撞击日机；有的跳伞落入敌军阵地，誓死不当俘虏，饮弹自尽。他们的名字和英雄业绩载入了中国人民抗日战争的史册。

抗日战争胜利以后，以蒋介石为代表的国民党反动派挑起了内战，中国共产党被迫领导中国的劳苦大众及其人民军队开始了第三次国内革命战争，即人民解放战争。国民党空军被蒋介石驱至内战战场，成了为反动派服务的工具。随着人民解放战争的推进和全国大陆的解放，国民党空军大部逃到中国台湾，留在大陆的人员多数参加了新中国航空事业的建设。国民党空军在大陆的机场、工厂、营房和其他各项技术设施，均被人民政府接收，成了发展人民航空事业最初的物质基础。

第一节 人民空军的初创阶段

人民空军是在革命战争中孕育，在革命胜利中诞生，在陆军的基础上创建，在战斗中成长起来的一支英雄部队。它正式创建于1949年11月11日。1957年5月，空军与防空军合并以后，逐步发展成为包括航空兵、地空导弹兵、高射炮兵、雷达兵、空降兵及其他兵种所组成的合成军种。人民空军自建立之日起，就以崭新的英姿加入中国人民解放军的战斗序列，肩负起保卫革命胜利果实、捍卫祖国领空的战斗任务，为祖国、为人民立下了不朽的功勋，并在社会主义物质文明和精神文明建设中，为国家稳定和繁荣做出了重大贡献。今天的中国空军已成为一支强大的战斗力量。

一、利用有利条件，培养航空人才

在中国近代史上，两次国共合作和苏联的帮助，为我党培养航空人才提供了有利条件。1924 年 1 月，国共两党实现了第一次合作，在苏联顾问的帮助下，孙中山先生于同年 5 月在广州大沙头创办了广州航空学校。在广州航校一、二期招收的学员中，都有我党选派的共产党员参加学习，后又转赴苏联受训。1927 年，国共合作破裂后，我党为了继续培养航空人才，又先后两次在留学苏联的共产党员、共青团员和进步青年中选调部分人员转入苏联航校学习。这些人是我党掌握航空技术的先驱，有的后来成为创立和建设人民空军的领导骨干。

抗日战争爆发后，国共两党实现了第二次合作，时任新疆督办的盛世才打起抗日救国的旗号，取得苏联政府的援助，在新疆办起了航空学校。当时，党中央根据我党驻新疆代表陈云的建议，利用这一机会，选调了 43 名红军干部赴新疆学习航空技术。经过 4 年的顽强学习，飞行班 25 名学员的飞行技术均达到作战水平；机械班 18 名学员的维护技术均达到维护 4 种飞机的能力。1942 年，因盛世才倒行逆施，这批红军学员被软禁，后又被关进监狱，经我党多方面交涉才于 1946 年 7 月返回延安。这批幸存的红军学员，后来都成为创建人民空军的骨干力量。

1941 年 1 月，我党在延安也成立了一所航空学校，试图依靠自己的力量和苏联的物资援助，培养航空技术人才。航校创立之后，曾选调 100 多名学员，先后开设了数学、物理等基础课程。后因爆发苏德战争，苏联支援的飞机运不出来，遂于 10 月被迫改为工程队并入抗大。随后又于 1944 年 5 月，在延安八路军总部成立了航空组，直到抗日战争胜利。延安航校虽然未能达到预期目的，但它在组织修建延安机场，接待、看管及维护来往延安的飞机，包括毛泽东、周恩来等赴重庆谈判所乘飞机的安全等方面都做出了重大贡献，而且在联系和保留航空技术骨干等方面发挥了重要作用。

二、努力克服困难，创办东北航空学校

我党为建立人民空军所做的最重要的准备是创立东北航空学校。1945 年 8 月 15 日日本投降，在举国欢庆抗日胜利的时刻，党中央审时度势、高瞻远瞩，决定立即着手在东北建立一所航空学校。根据党中央的指示，中组部和中央军委立即调集在延安的王弼、常乾坤、刘风等 30 余人赶赴东北去完成这一光荣而艰巨的任务。随后又陆续从四面八方调集 600 余人前往东北加强航校建设。当时，中共中央对创办我军第一所航空学校十分重视，毛泽东、朱德、刘少奇、周恩来、任弼时、彭德怀、杨尚昆等领导人接见了王弼和常乾坤，并对创办航校的意义、任务和注意事项作了重要指示。他们到达东北后，在东北局书记彭真和民主联军参谋长伍修权的亲切关怀下，迅速投入紧张的筹建工作中。首先分片调查东北的机场设施，搜寻并抢运飞机、航材和油料，为建校准备物质条件。在此期间，又顺利收编了一支日本飞行队，给建校增添了一支技术力量。然后组织了东北民主联军航空队，不久又扩编为航空总队，从而为航校的成立奠定了组织基础。经过半年紧张艰苦的筹备，东北民主联军航空学校于 1946 年 3 月 1 日在东北的通化市正式成立。这就是我党创

办的第一所航空学校，即后来人们习惯称谓的"东北老航校"。创办东北航校正处于我党建立东北根据地的艰苦战争时期，训练和生活条件极端艰苦。当时，坚持打内战的国民党当局，妄图消灭共产党及其所领导的人民军队，当然也绝不允许共产党有航空学校存在。他们经常派飞机轰炸通化机场，指使日伪残余和土匪特务骚扰破坏，企图把初生的航校扼杀在摇篮中。为了保存实力、避免损失，航校被迫于1946年4月将肩扛、牛拉收集的器材和飞机，又以同样的方式冒着敌机追踪轰炸的危险，转移到牡丹江；1946年11月又因同样的原因被迫从牡丹江北迁到黑龙江省的东安县。在这种险恶的环境下，保存实力已相当困难，而要组织教育训练更是难上加难。为了完成党交给的任务，航校的同志以惊人的毅力，迎着困难上。为了收集训练器材和油料，他们冒着数九严寒，长途跋涉，足迹遍及东北三省的30多个城市、50多个机场。为此，有的同志身负重伤，造成终身残疾，有的甚至献出了宝贵的生命。

我党创立的第一所航空学校，就是在这样的环境下走过了3年多的艰苦历程。到1949年7月，这所航校共培养出了各种航空技术干部560名，其中飞行员126名，领航员24名，通信、气象、场站、参谋等人员88名，造就和锻炼了一批懂得航空技术业务的军事、政治、后勤、技术管理干部，为后来组建人民空军，创办新中国航空工业和民航事业培养了大批骨干。闻名全国的空军战斗英雄王海、刘玉堤、张积慧等人就是这所航校初期培养出来的飞行员。

三、团结多方面力量，发挥各类航空技术人才作用

为了日后创建人民空军，我党还十分重视发挥各类人员的积极作用。他们中许多人为创建人民空军做出了重大贡献，有的甚至献出了宝贵的生命。

1930年春，一架国民党空军的美制"柯塞"式飞机，由武汉飞往开封执行任务返航途中，因雾大迷航，被迫降落在鄂豫皖边区革命根据地宣化店（今湖北大悟县）境内。该机修复后命名为"列宁"号，这是中国工农红军拥有的第一架飞机。该机飞行员龙文光在当时边区领导人徐向前的开导教育下，参加了红军，并被任命为鄂豫皖边区苏维埃政府航空局局长。在此期间，龙文光曾驾机在国民党占领区进行侦察，到武汉重镇散发传单，还驾机参加了黄安城（今湖北红安县城）围攻战，沉重打击了城内敌军。不幸的是，1932年龙文光在武汉被国民党当局逮捕杀害。

在人民空军建立前夕，还有一支受降的日军飞行大队与我军团结战斗。1945年8月，日本无条件投降后，当时驻扎在沈阳附近机场的一支300多人的日本航空部队在大队长林弥一郎的率领下，弃机向南奔逃，企图混为日本难民回国。9月底，经我军派员交涉和大力说服，林率部接受和平缴械，并表示愿意帮助我军培养航空技术人员。为了利用和发挥这支侵华空军的技术为我军服务，我军人员晓以大义，对他们以"老师"相待。为了表示信任，当时任东北民主联军参谋长的伍修权在接见林弥一郎时，还将一支心爱的勃郎宁手枪赠送给林作纪念，并在实际工作中委以重任。后来这支航空队的日本留用人员，为创建人民空军发挥了应有的作用。

抗日战争胜利后，一些不满汪伪政权和国民党的空军有识之士，在我党的爱国行动和革命政策感召下毅然摆脱反动当局的严密控制，接连驾机起义，投向共产党的怀抱。1945年8月20日，汪精卫伪政权的一架"九九"式双发运输机，由少校飞行教官周致如（又

名蔡云翔）等 3 人驾驶和 3 名随同，从江苏扬州机场起义飞抵延安。这次起义，开创了从共产党的敌对阵营中驾机起义投靠革命的先例。1946 年 6 月 26 日，国民党空军第 8 大队上尉飞行参谋刘善本等 4 人毅然驾驶刚从美国接收来的 B-24 轰炸机一架，从成都飞抵延安。这是国民党空军的第一起驾机起义投向人民、投向革命的正义行动。继他们之后到 1949 年 6 月，国民党空军先后有 20 架飞机、54 人驾机或随机起义。其中许多人后来成为创建人民空军的技术力量和领导骨干。新中国成立前夕，不少人还参加了人民空军的第一支战斗飞行部队，担负着保卫北京和开国大典受阅的重任。

第二节　人民空军的建立阶段

一、建立空军领导机关

人民空军的建立是从 1949 年 3 月到 1953 年底完成的，其过程是先建立领导机关，然后组建航校和部队。军委空军领导机关是在组建军委航空局的基础上成立空军司令部；军区空军领导机关是在组建军区航空处的基础上成立军区空军司令部。

1949 年 3 月 17 日，中央军委根据当时形势任务的需要，决定从东北老航校抽调一批人员，组成军委航空局；并任命常乾坤为军委航空局局长，王弼为政治委员。军委航空局建立后，在短短 7 个多月时间里，为人民空军的正式组建做了大量工作。在各野战军的配合下，迅速接收了大批航空器材和收容了大批航空技术人员，并积极组织各地修复机场，开辟空中运输线，对支援前方作战和恢复解放区的生产起了重大作用。为了保卫北京的安全，军委航空局还于 1949 年 8 月在南苑机场组建了一个飞行中队，担负北京地区的防卫任务，并组织该中队参加了新中国开国大典的受阅飞行。军委航空局还精心设计了沿用至今的人民空军的机徽和军徽，它们已成为人民空军光荣的象征。

为了全面领导空军建设的各项工作，1949 年六七月间，中央军委决定取消军委航空局，设立中国人民解放军空军司令部。机关成员由第 4 野战军第 14 兵团机关和军委航空局的人员组成。空军主要领导经中央军委任命：刘亚楼为司令员，肖华为政治委员兼政治部主任，王秉璋为参谋长，常乾坤为副司令员，王弼为副政治委员。同年 11 月 11 日，中央军委正式宣布中国人民解放军空军司令部成立，该日为人民解放军空军成立日。

在中国人民解放战争胜利发展的过程中，1949 年 4 月到 1950 年 2 月，各军区先后组建了航空处，主要任务是接收、清理和保管各地国民党空军遗留的航空器材，接收航空技术人员，保护和修建各地的机场、设施等。不久，随着航空业务的扩大，相继扩建为军区空军司令部。各军区空军司令部成立后，接受军委空军和大军区双重领导。大军区领导其作战指挥，军委空军领导其建制和业务。

在空军领率机关的军事机构建立后，1950 年 7 月 12 日，空军党委成立。空军党委由刘亚楼、吴法宪（肖华调任总政治部第二副主任后，吴法宪调任空军副政治委员兼政治部主任）、常乾坤、王弼、王秉璋、薛少卿、谷广善、杨尚儒、杨春甫、方强、王集成、李世安、刘风、吕黎平、黄玉昆 15 人组成。刘亚楼、吴法宪、常乾坤、王弼、王秉璋为常委，刘亚楼、吴法宪分别担任正副书记。至此，空军领率机关的建立工作初步完成。到1953年，空军党委还先后增补聂凤智、刘锦平、刘震、徐德操、傅传作、周赤萍、罗元发、余立金、段苏权、漆远渥、曹里怀、吴富善、王辉球等人为委员。

二、集中力量办好航校

新中国成立前夕，中国人民解放军只有一所解放战争初期建立的航校，即东北老航校。空军领率机关建立后，面临的一个首要而迫切的任务是，迅速建立一批航校，大批地培养飞行人员和各种专业技术人员，以建立航空兵部队担负防空和作战任务。为了完成这一任务，空军领导及时提出了"一切为了办好航校"的工作方针，并要求空军领率机关各部门集中力量办航校。

经过50多天的紧张准备，7所航校于1949年11月前后在哈尔滨、长春、锦州、沈阳、济南、北京、牡丹江相继成立。并任命刘善本、刘风、陈熙、吕黎平、方子翼、安志敏、魏坚分别担任7所航校的校长。任命姚克佑、李世安、王学武、李发应、王绍渊、张百春、罗野岗分别担任7所航校的政治委员。随着形势发展和组建部队的需要，又在1950年采取了3次扩大航校培养规模的措施。还于1950年5月至1953年2月，在沈阳、长春、太原、户县和临汾等地又新建了5所航校。空军又于1950年1月至1953年6月，在长春、西安（2所）、成都、杭州笕桥（2所，1所后迁徐州）、孝感、保定先后建立了航空预科总队。1954年初，又全部改为航空预备学校。至此，航空学校已具备相当规模。

经过4年的艰苦努力，到1953年底，空军航校共培养出飞行、机务等各类人员3.13万多名，其中新中国首批女飞行员就是这个时期培养出来的。这为一批又一批组建航空兵部队创造了有利条件。

三、组建航空兵部队

组建航空兵部队是人民空军创建时期的根本任务。但当时，除已培养出一批空、地勤人员外，部队师、团领导机构和飞机装备尚未解决。为了解决部队的领导机构问题，经空军具体筹划并报中央军委批准，在1950年到1951年间，先后从陆军调进12个建制师部和49个建制团部。不仅为空军部队的迅速组建创造了条件，而且带来了陆军的优良传统和作风，对空军建设产生了深远的影响。

组建航空兵部队所需的飞机装备，同组建航校一样，是向苏联购买的。当时，苏联是新中国唯一能够提供作战飞机的盟友。1950年1月，空军司令员刘亚楼参加中国党政代表团在莫斯科同苏联政府谈判时，根据毛泽东的指示，曾拟制了向苏联政府订购飞机的计划。后来，因上海地区连遭国民党空军轰炸，中国政府商请苏联政府派空军部队协助保卫上海地区的安全。苏联空军于1950年初到达上海，同年10月又调回苏联，其229架各型飞机经两国政府商定作价卖给了我国。这就是人民空军建立后第一批组建部队所装备的飞机。后来，又以同样的方式接收了苏联协助担负东北防空任务的138架各型飞机和协助担负华北、华东、中南等地区防空任务的12个师的飞机。这些飞机是人民空军组建第二、三、四批航空兵部队所需装备的来源。

在党中央、中央军委的重视和关怀下，1950年6月19日，空军第一支航空兵部队——第四混成旅在南京正式成立。同年9月16日，空军第一支空降兵部队——空军陆战第 1 旅在开封召开成立大会。同年 11 月 24 日，空军第一支空运部队——高空运输团在四川新津正式组成。随后，大批航空兵部队很快组建起来。从 1950 年 6 月到 1954 年初，人民空军共组建 28 个航空兵师（1950 年 10 月 31 日，经毛泽东主席批准，空军部队的番号名称由旅改为师）、70 个航空兵团，拥有各型飞机 3000 余架，基本形成一支由各种航空兵组成的有战斗力的空中力量。

四、担负国内作战任务

人民空军建立后，面临着紧迫的作战任务。当时人民解放战争尚未结束，一些沿海岛屿和中国台湾还被国民党军队占据，并经常派飞机对中国大陆沿海要地进行骚扰破坏，刚刚建立的人民空军肩负着要地防空和支援地面军队作战的重任。

（一）参加要地防空

1949 年冬，国民党政府逃往中国台湾后，其空军不断对中国大陆沿海地区，包括上海、杭州、南京、徐州、广州等城市进行轰炸破坏。特别是上海，从 1949 年 10 月至 1950 年 2 月，遭受空袭达 26 次。投弹 60 余颗，炸毁房屋 2000 余间，死伤居民 1400 余人，使发电厂遭到破坏，造成大部分工厂停产，影响到国民经济的恢复和社会秩序的安定。因此，中国大陆城市的防空成为迫切需要解决的问题。1950 年 6 月朝鲜战争爆发后，不仅国民党空军的飞机对中国大陆的窜扰活动频繁，而且美国军用飞机也不断侵犯中国领空。除侵朝美空军飞机侵入中国东北地区外，美国空、海军飞机还经常在中国沿海地区进行侦察和挑衅活动。在这种情况下，中国的国土防空被提上重要日程。

当时，空军正在全力创办航校培训飞行员，还没有组建部队的条件。因此，中国政府商请苏联政府派空军部队协助防空。1950 年 2 月以后，苏联空军部队先后来到中国。第一批到达中国的是一个混成航空兵集团。这支部队于 3 月 13 日至 5 月 11 日，在上海、杭州和徐州地区接连击落国民党空军飞机 5 架。此后，国民党空军不敢轻易窜扰上海、杭州地区。该部于同年 10 月回国。

组建起来的中国空军歼击航空兵部队，先后接替了各要地的防空任务。空军第四混成旅于 1950 年 10 月 19 日担负了上海地区的防空任务。这支部队进驻上海时，上海市人民政府特地组织盛大的欢迎仪式，让空军部队的指战员乘车经过繁华的四川路、南京路、淮海路，意在宣告：上海的天空有自己的保卫者了。后来空军第四混成旅的一部分成员北上参加抗美援朝，所属的一个歼击机团调入新组建的第 2 师，继续担负保卫上海的任务。其他空军歼击航空兵部队，在 1951 年 11 月也都先后担负起防空任务，例如，第 3、4、6、9、15 师担负东北地区主要工业城市的防空任务；第 14、17 师担负北京、天津、唐山的防空任务；第 12 师在上海，第 16 师在青岛，第 18 师在广州担负防空任务等。

在此期间，中国的地面防空部队也有相当的发展。一些主要城市和重要保卫目标配置了高射炮部队，北京、上海、沈阳还部署了少量探照灯分队。从东北地区东部至上海、广州沿海一线地区，初步建立了防空雷达情报网。从而在中国的主要地区形成了防空体系的雏形。

1952 年 9 月 20 日，空 2 师在上海击落入侵的美国 B-29 轰炸机 1 架，取得了空军执行防空任务以来的首次战果。飞行员何中道、李永年各记大功一次，以示表彰。

从 1951 年至 1953 年，空军部队防空作战共出动飞机 539 批、3419 架次，击落敌机 5

架，击伤敌机 3 架。其中，空 2 师在上海地区的防空中，又击落敌机 2 架，击伤 1 架，使敌机在上海地区的窜扰大为减少，上海地区的安全得到保障。

（二）支援进军西藏

1950 年 1 月，为了解放西藏人民和完成统一祖国大陆的事业，中共中央决定进军西藏。中共中央西南局和西南军区决定由第 18 军和第 14 军一部执行进军西藏的任务。中共中央西北局和西北军区决定由第 1 军派骑兵支队从青海进军西藏，第 2 军组建独立骑兵师从新疆进军西藏阿里地区，配合第 18 军的行动。进军西藏是一场特殊的战斗。康藏地区社会情况复杂，经济非常落后，交通十分困难，进军部队必须劈山修路，方能前进，一切军需必须靠部队供应。3 月 24 日第 18 军攻占康定以后，由于公路只能通到雅安，部队供给困难，情况十分严重，西南军区于 3 月 29 日致电中央军委，请求空投支援。30 日，毛泽东主席指示空军迅速出动飞机执行空投任务。

接受空投任务时，空军尚未组建运输航空兵部队，唯一能执行空投任务的只有华北军区航空处所属的一个空运队。该队仅有 C-46、C-47 运输机 12 架，大多非常陈旧，少数勉强可用。空军接到指示后，立即指定华北军区航空处挑选较好的飞机 3 架（2 架 C-46，1 架 C-47）和相应的机组，于当天下午即从北京起飞，次日抵达重庆，4 月 2 日转至四川新津机场。这 3 架飞机连同西南军区航空处接收的 4 架 C-46 飞机，以及后来又从北京增调的 3 架 C-46 飞机组成空运队，归西南军区航空处领导，执行空投任务。

1950 年 4 月 5 日，由空运队队长谢派芬机组使用 C-46 型飞机进行第五次试航，终于获得成功。从空中进行补给支援，这在中国人民解放军的历史上是第一次。当飞机顺着山谷徐徐飞行，大批粮食和其他用品从天而降时，极大地鼓舞了进军康藏的地面部队。空军为首航机组成员各记大功一次。此后，随着地面部队的进军，又陆续开辟了 25 条航空线。

1952 年 11 月，康藏公路通车到昌都，进藏部队的后勤供应开始好转，空军支援进藏部队空投物资的任务遂告结束。

（三）配合清剿土匪

中国大陆解放以后，在一些新解放区内残匪活动十分猖獗。为了巩固新生的人民政权，安定社会秩序，中国人民解放军根据中共中央、中央军委的指示，在各地人民群众的配合下，进行了历时 4 年的剿匪斗争，终于清除了中国人民长期以来深恶痛绝的匪患。1952 年 7 月至 1953 年 7 月，人民空军参加了配合陆军围歼四川黑水地区和甘肃南部地区土匪的战斗。

黑水地区位于四川西部黑水河的中上游，是藏、羌等少数民族聚居之地。这一地区，东西宽约 120km，南北长约 150km，地势险峻、山高林密、人烟稀少。以国民党军统特务傅秉勋为头目的土匪集团 3000 余人盘踞该地区，梦想建立"陆上台湾"。1952 年 7 月，川西军区奉命对这股土匪进行清剿。

经过紧张的准备，进剿部队于 7 月 20 日发起进攻，8 月 20 日以全歼土匪宣告战斗结束。

在 1 个月的作战中，空军出动轰炸机、歼击机 17 架次，对本疏衙门、杂窝等地的土匪集结区多次轰炸扫射，投弹 72 颗，发射枪炮弹 1300 余发；出动运输机 237 架次，给进剿部队空投粮食和其他物资 49.6 万 kg。空军部队的战斗活动，对于打击土匪，提供陆军部队的补给，都起到了一定作用。

1952 年底，西北大部分地区的大股土匪已被歼灭，但盘踞在甘肃、青海、四川三省边界地区的马良、马元祥股匪，纠集散兵游勇、土匪特务，已扩充到四五千人，企图建立"游击根据地"。1952 年 12 月，西北军区决定以 8 个团的兵力进行清剿。

空军配合甘南剿匪的任务，一是空投传单开展政治攻势，二是空投物资进行后勤支援。1952 年 12 月 27 日、29 日，空军第 13 师两次派出伊尔–12 运输机各 1 架，向土匪盘踞点赤仓本、那光寺、唐昆等地空投传单 2092kg。鼓舞了当地群众的士气，使他们感到人民解放军即将要解放这些地区，有了希望；震撼了土匪集团，使他们看到人民解放军大兵压境，自己走投无路，便纷纷溃散瓦解。

五、参加抗美援朝作战

1950 年 6 月 25 日，朝鲜战争爆发。27 日，美国总统杜鲁门令其驻远东空、海军全力支持南朝鲜军作战，并派第七舰队进入台湾海峡，阻止中国人民解放台湾。7 月初，公然打着"联合国军"的旗号侵入朝鲜。9 月 15 日，侵朝美军在朝鲜仁川登陆。9 月 30 日，周恩来总理发出严正警告：中国人民不能容忍外国的侵略，也不能听任帝国主义对自己邻国肆意侵略而置之不理。美国政府不顾中国政府的一再警告，10 月 7 日越过"三八线"，大举北犯，直向中朝边境进逼，并不断派遣飞机侵犯中国东北领空，轰炸边境城镇，中国的安全受到威胁。

中共中央根据朝鲜政府的请求和中国人民的爱国主义要求，毅然作出"抗美援朝、保家卫国"的决策，派出由彭德怀任司令员兼政治委员的中国人民志愿军，于 10 月 19 日跨过鸭绿江，和朝鲜人民军并肩作战，打击美国侵略者。

中国人民志愿军入朝作战后，美国空军对中、朝军队作战行动造成很大困难。为此，中共中央决定组织志愿军空军参战。年轻的中国人民空军加速组建航空兵部队，组成志愿军空军投入战斗。从 1950 年 12 月 21 日，志愿军空军航空兵部队进驻安东（今丹东）浪头机场开始，到 1953 年 7 月 27 日停战时止，历时 2 年零 8 个月，与美国空军进行了英勇的斗争。年轻的人民空军经受了战争的考验和锻炼，并迅速地成长壮大起来。

12 月 21 日，志愿军空军第 4 师 10 团 28 大队，在师长方子翼率领下进驻安东浪头机场，在苏联空军带领下进行实战锻炼，为大批部队参战摸索经验。这个大队的飞行员虽然平均每人在米格–15 型飞机上的飞行时间仅有 22h，飞行技术很不熟练，但是他们都是来自陆军经过战斗考验的优秀战士，都是共产党员，具有高度的政治觉悟，决心打好第一仗，为后续部队树立榜样。他们到达前沿战场后，抓紧熟悉美空军的活动情况与特点，研究作战方法，做好了战前的各项准备工作。1951 年 1 月 21 日，28 大队首次与美军空战，大队长李汉击伤美空军 F–84 战斗轰炸机 1 架。初战的胜利，鼓舞着他们乘胜前进。接着，在 1 月 29 日的空战中，又取得了击落、击伤各 1 架的胜利。

中国人民志愿军空军首次击落美机的胜利证明，美国空军和其陆军一样，是可以被打败的。初战获胜对整个志愿军空军是个很大的鼓舞。在抗美援朝战斗中，志愿军空军轮番作战，在反对空中封锁、轰炸大小和岛、保卫重要目标、掩护登陆作战等空战中，创造了光辉的战绩，立下了不朽战功。

志愿军空军由不会空战到学会空战，由打小机群到能打大机群；由单一机种作战，到多机种联合作战；由只能在昼间简单气象条件下作战，到能够在昼间较为复杂的气象条件下和夜间简单气象条件下作战。有 10 个驱逐航空兵师 21 个团、672 名飞行员，2 个轰炸航空兵师的 3 个大队、28 个机组，59733 名地面人员得到了实战演练。与此同时，还组织了空军和军区空军机关，以及没有参战的部队和航校的主要领导干部、部分战勤人员，进行了实战指挥锻炼和实习见学，也取得了经验。

在参战期间，志愿军空军部队继承和发扬了人民解放军的光荣传统，不畏强敌、英勇奋战，战斗起飞 2457 批、26491 架次，实战 366 批、4872 架次，有 373 名飞行员在空战中对敌开了炮，212 名飞行员击落或击伤过敌机。击落美空军、海军和参与侵朝战争的其他国家空军的飞机 330 架、击伤 95 架。志愿军空军被击落 231 架，被击伤 151 架。116 名空勤人员牺牲，他们高度的爱国主义、国际主义和英勇献身精神，永远值得人们怀念和学习。

在抗美援朝作战中，志愿军空军部队发扬革命英雄主义精神，涌现出大批英雄模范人物和立功单位。评选出三等功以上功臣 8000 多名，集体三等功以上的单位 300 多个，其中荣立一等功的单位 6 个，由中国人民志愿军政治部和中国人民解放军空军政治部批准的特等功臣 16 名，一等功臣 68 名，内有 21 名同时获得了英雄或模范的光荣称号。被授予一级战斗英雄、特等功臣的是王海、刘玉堤、孙生禄、赵宝桐、张积慧和鲁珉；二级战斗英雄、特等功臣有王天宝、杨振玉、范万章、焦景文、蒋道平；二级战斗英雄、一等功臣李汉、邹炎、高月明、毕武斌、郑长华、韩德彩、吴胜凯；二级模范、一等功臣有钱良生、苏志明、耀先。

中国人民志愿军空军成立 4 年，连闯两关，用不到一年时间大办航校，突击、速成培训 5000 多名空、地勤人员，组建了大批部队，闯过了"飞行关"。在国土防空特别是 2 年零 8 个月抗美援朝空战实践中，力挫强敌、屡建战功，又闯过了"打仗关"。空军初建时，只有飞行人员 232 人，美、日破旧飞机 159 架；仅有一所航校，没有航空兵部队。截至 1953 年底，空军已建成一支由各种航空兵部队组成的有战斗力的空中力量，拥有各型飞机 3000 余架。当时美国空军参谋长范登宝将军惊呼："共产党中国几乎在一夜之间变成了世界主要空军强国之一。"

第三节　人民空军的发展阶段

一、建立空防合一体制

1956 年底以前，中国人民解放军空军和防空军是两个独立的军种。中国人民解放军防空军是在人民解放军战争节节胜利的过程中，为了适应城市要地防空的需要，在陆军的基础上逐步建立起来的。到 1957 年，防空军已发展到由高射炮兵、探照灯兵、对空情报兵等约 15 万人组成的具有较强作战能力的防空部队。1957 年 5 月，中央军委决定，空军和防空军合并成为中国人民解放军空军。空防合并后，空军主要领导经中央军委任命：刘亚楼为司令员，吴法宪为政治委员，王秉璋、刘震、成钧、曹里怀、谭家述、常乾坤、徐深吉为副司令员。又经中央军委批复，王秉璋、王辉球、刘亚楼、成钧、吴法宪、徐深吉、曹里怀、常乾坤、谭家述、周彪为空军党委常委。刘亚楼为书记，吴法宪、王秉璋、成钧为副书记。

航空兵是空军的主要组成部分，它包括歼击、轰炸、强击、侦察、运输和各种专业航空兵部队。抗美援朝作战结束到1959年间，航空兵部队主要是进行调整和充实，将部分师由二团制扩为三团制。1960—1965年，为了加强沿海地区的防空，先后新建了一批歼击航空兵师。1966—1976年，为了加强东北、华北、西北和纵深地区的防空，歼击航空兵又有了很大发展。1974年对航空兵部队的机种比例作了适当调整，歼击、运输航空兵部队所占比例有所增加。自1985年以来，空军在贯彻党的路线、方针、政策的过程中，结合空军部队的实际，重点是从体制方面进行了一系列的改革，从而进一步增强了航空兵部队的战斗能力。

高射炮兵是空军防空作战的主要兵种之一。高射炮兵部队是1945年11月在辽宁本溪接收敌伪4门日制75mm高射炮基础上组建的。当时只是1个大队，到空防合并时，已发展到11个师。1959年以后，随着国家建设的发展、保卫目标的增多，高射炮兵部队一度有所发展。1975年高射炮兵部队作了较大精简，1985年精简整编后，高射炮兵由师建制改为旅建制。

地空导弹兵是空军的一个新兵种。1958年10月，空军开始组建地空导弹部队，第一批组建了3个营，1964年3月成立了第一个地空导弹部队——空军高射炮兵独立第4师，1965年以后，由于国产地空导弹兵器陆续装备部队，每年都新建一批部队。从此，地空导弹部队逐步发展成为国土防空作战的一支重要力量。

雷达兵是国家防空力量和空军指挥系统的重要组成部分。雷达兵部队是1950年4月22日利用接管国民党遗留的10部美式旧雷达，在南京正式成立的，当时只有1个营，1952年扩编为团。空防合并后，雷达兵成为空军的一个兵种，担负全国范围的空中情报保障任务。随着国产雷达逐渐装备部队，空军雷达兵得到了相应发展，现已在全国范围内形成了比较严密的雷达网。

空降兵是以伞降、机降方式投入地面作战的一个兵种。空降兵始建于1950年9月16日，开始称空军陆战旅，后改称空降兵师。组建时，这支部队的成员分别来自第一、二、三、四野战军和山东、华北、东北军区等40个军以上单位的部队。这支部队的军政素质很高，全体人员中，共产党员占88%，英雄、模范、功臣占93%。空防合并时，空军只有一个空降兵师。1961年5月，中央军委决定将陆军第15军改编为空降兵军，原有的空降兵师划归为该军建制，由赵兰田任军长，廖冠贤任政治委员。陆军第15军是抗美援朝中参加过上甘岭战役的著名部队，特级英雄黄继光就出自这个部队。多年来，空降兵部队经过充实调整、精简整编，部队更加精干，武器更加精良，现在已成为空军中一支能够独立作战的突出力量。

二、武器装备逐步改善

人民空军的武器装备是随着我国航空工业的发展而发展的。新中国成立前夕，我国航空工业力量极其薄弱。解放后，我国航空工业很快开始由修理改为制造，由仿造转为自行研制。在我国航空工业发展过程中，人民空军始终把我国航空工业的发展作为自己的事业予以高度重视，在领导、组织、技术力量和试验等各方面同心协力、大力支持，为我国独立自主地发展航空工业做出了积极的努力。在航空工业部门和人民空军的共同努力下，人民空军从 1956 年开始，就逐步装备国产飞机。到 20 世纪 70 年代中期，飞机、地空导弹等武器基本上实现了国产化。进入 80 年代，根据空军司令员张廷发领导拟订的空军武器装备发展规划，人民空军的武器装备又进一步得到改善。

现在我军装备绝大部分歼击机、轰炸机、强击机、教练机等已全部实现国产化，作战飞机的研究、设计、试制、试验、试飞、生产体系已经形成。在国产的作战飞机中，有亚声速、超声速喷气式歼击机、强击机和高亚声速轰炸机，以及侦察机、教练机、无人驾驶机等。这些作战飞机同空军广大官兵一道，经历了各种考验，在保卫我国领空安全，维护领空主权，促进与其他国家的友好往来方面，发挥了重要作用。与其配套的机载设备和武器，包括空空导弹、机载雷达、火控系统、通信导航设备、飞行控制系统等，均有较大改进。

进入新的时期，空军根据中央军委的部署，制定了近几年空军武器装备研制规划纲要，确定了空军武器装备发展的新目标，加紧发展新一代主战武器装备，缩短与世界先进水平的差距，以适应现代战争的战场环境。随着我国国民经济的发展，人民空军的武器装备必将得到不断改善。

三、综合素质明显提高

自人民空军建立以来，十分重视教育训练工作，以提高全体人员的军政素质和战术技术水平。1950 年 6 月以来，为使陆续组建起来的航空兵部队迅速担负作战任务，采取了突击速成的方法进行训练。1951 年，第一次组织了由驱逐机和轰炸机联合进行的战斗演习，并参加了诸军兵种联合演习。1953 年，开始了正规训练，20 世纪 60 年代，在系统地总结了作战和飞行训练经验的基础上，陆续颁发了一套有关训练的条令、条例、大纲、教材和各种规章制度。70 年代以后，进一步加强了在现代条件下的作战训练，进行了不同规模、不同课题的空中作战演习和与陆、海军联合作战演习，使部队的战术技术水平和协同作战能力有了新的提高。80 年代以来，在改革的推动下，空军党委及时提出了对飞行人员的"八项素质"要求，建立了"飞行学院—航空兵改装训练基地—作战部队"三级训练的新体制。并根据飞行人员的战术水平和飞行时间、飞行安全等项标准，对飞行人员实行了特级、一级、二级和三级飞行等级等措施，有力地促进了训练水平的提高。现在，航空兵部队达到四种气象水平的飞行员、指挥员、教员已占各自总数的 60% 以上。标志着空军战斗力的甲类飞行团已具有相当的数量。90 年代中期，空军着眼于现代化建设和未来空战的需要，认真学习江泽民"五句话总要求"和军委首长的指示，贯彻中央军委制定的《"九五"期间军队建设计划纲要》和总参谋部于 1955 年 11 月颁发的《空军军事训练大纲》，紧紧围绕培养和提高飞行人员的"五项素质"，有力推动了空军建设的发展。空降兵部队近年来通过在各种复杂条件下开展野战生存训练，已达到随时能走、到处能降、降即能打的新水平。高炮、地空导弹、雷达等地面部队的战术技术水平都有新的进步，整体作战能力有了很大提高。

四、协同陆、海军作战

协同陆、海军作战，是空军的一项基本任务。

（一）协同陆、海军解放一江山岛

中国大陆解放以后，国民党军队困守台湾、澎湖、金门、马祖的同时，在浙江省东部沿海还占据以大陈为中心的一些岛屿，并利用这些岛屿，经常骚扰、破坏沿海人民的正常生活和社会主义建设。为实现国家的统一大业，中央军委于1954年7月决定由华东军区指挥陆、海、空军部队解放浙东沿海岛屿。华东军区决心先夺取一江山岛作为攻占浙东沿海敌占岛屿的突破口。

一江山岛位于浙江台州湾椒岛口海面，由南北两岛组成，面积1.7km²，距大陆30km，距大陈岛17km，是防守大陈岛的前哨据点。国民党守军约有1100人。岛上构筑了坚固的防御工事，有较强的火力配置。

浙东前指于1954年9月决定，一江山岛登陆作战分两阶段进行。第一阶段由海、空军控制战区制空、制海权，掩护参战部队的战前训练；第二阶段隐蔽进入头门山、高岛，在海、空军和炮兵的支援下，对一江山岛实施登陆突击。

早在浙东前指决定进行登陆作战以前，1954年3月中旬至7月上旬，双方航空兵在浙东沿海上空先后进行了10余次空战，击落、击伤国民党飞机16架，控制了战区制空权。此后，由于中国人民解放军歼击航空兵的积极活动，国民党空军不敢轻易到浙东沿海活动。

在夺取和保持制空权的同时，浙东前指决心以空军为主，协同海军鱼雷快艇、海岸炮兵集中突击大陈港的国民党军舰和轰炸敌占岛屿的军事目标。

1954年11月1日至12月21日，空军连续6次组织轰炸机、强击机小机群，先后轰炸一江山、渔山、披山和大陈等岛屿及其附近海域的国民党军舰，摧毁了岛上的一些军事目标，但对军舰的突击未奏效。

1955年1月10日，因刮大风，国民党军舰不能出海，我空军抓住有利时机对停在港内的军舰实施突击。出动各型飞机130架次，取得了击沉、击伤国民党军舰5艘的战绩。战斗中，强击航空兵部队英勇顽强、不畏艰险，勇敢地冲过敌人的层层高射炮火网，接连炸伤国民党军舰3艘。空军第11师131团飞行员刘健汉投下的4颗100kg炸弹，有3颗直接命中"衡山"号修理舰。为了表彰他的战功，空军授予他"二级战斗英雄"称号。轰炸航空兵第20师副师长张伟良率领28架图-2型轰炸机，冒着恶劣的天气低空隐蔽出航，直飞大陈岛。在港湾"三号锚地"发现一艘"太和"号护卫舰，还有一些小艇。张伟良一面率领第1、2大队突击"中权"号坦克登陆舰，一面命令第3大队轰炸"太和"号护卫舰。张伟良机组投下的1颗250kg的炸弹，在"中权"号的头部爆炸；跟在后面的宋宗周机组又投下一批炸弹，准确地炸中了"中权"号的右舷，顿时烈火把"中权"号吞没了。在第1、2大队轰炸"中权"号的同时，由副团长宁福奎率领的第3大队在"五号锚地"也炸伤了"太和"号。张伟良、宋宗周被空军授予"二级战斗英雄"称号。

在封锁敌岛的战斗中，空军前指组织出动各型飞机297架次。1955年1月10日战斗以后，国民党军舰再也不敢轻易在大陈岛海面活动，为登陆作战的顺利进行创造了条件。

1955年1月18日，陆、海、空三军参战部队，按预定计划向一江山岛发起进攻。赋予空军的任务是保持战区制空权，保障陆、海军部队的集结、航渡和登陆进攻，保证海、空军基地的安全；实施航空火力准备，摧毁一江山岛的主要防御设施；破坏和阻止大陈岛以及来自中国台湾的支援。

空军前指受领任务后，确定集中80%以上的兵力，在攻岛部队登陆前实施两次航空火力突击，主要突击岛上对登陆部队威胁最大的炮兵阵地、火力点和指挥枢纽；以部分兵力轰炸大陈岛的远程炮兵阵地；在登陆过程中，以强击航空兵进行直接火力支援。在战斗准备和实施全过程中，歼击航空兵采取梯次出动，控制了战区的制空权。

当天，空军前指组织出动各型飞机288架次，其中歼击机168架次，轰炸机72架次，强击机48架次；投掷各种航空炸弹851颗、重127t，发射航空枪炮弹3741发。其中轰炸一江山岛投弹93.69t，炸毁各种火炮阵地15处，指挥所、雷达站各一处，破坏火力支撑点、掩蔽部、地雷区25处，营房数十间及部分地堡、堑壕等。

这是中国人民解放军首次陆、海、空联合作战，轮番轰炸使烟雾遮盖了整个一江山岛，所有电线全部炸断，敌军完全失去指挥，国民党官兵吓得丧魂落魄，纷纷躲藏、一片慌乱，14：30步兵登陆；17：50攻占全岛，共击毙守军519人，生俘576人。攻占一江山岛的胜利，显示了中国人民解放军陆、海、空三军协同作战的强大威力。盘踞于大陈、渔山、披山等岛屿的国民党军队，在一江山岛失守后，已成惊弓之鸟，固守无望，弃岛南逃。浙东沿海岛屿全部获得解放。

（二）入闽作战，夺取制空权

福建、粤东地区面对台湾海峡，是大陆的海防、空防前哨，战略地位十分重要。早在1950年初，中国人民解放军就在这一地区修复机场，准备进驻空军部队。朝鲜战争爆发后，为了集中力量进行抗美援朝作战，暂停了进驻部队的行动。1956年前后，空军在福建、浙江、粤东地区新建了一批机场，并着手航空兵入闽的准备，但因种种原因，终未实现。在这前后七八年的时间里，国民党空军利用其掌握的这一地区的制空权，经常出动飞机对大陆进行袭扰破坏。

1958年7月中旬，美国公然下令驻远东地区美军进入戒备，并加强了北起冲绳、南至菲律宾的海、空巡逻。7月17日，台湾当局也令其陆、海、空军进入特别戒备状态，并连日出动飞机对福建、广东沿海进行侦察，公然声称"加速进行反攻大陆的准备"。

为了打击美国当局的嚣张气焰，严惩国民党军队的挑衅活动，空军根据中共中央和中央军委的指示，日夜兼程，迅速完成了向福建、粤东地区的战略机动。由于部队行动隐蔽，国民党空军毫无察觉。

1958年7月29日，国民党F-84G飞机4架，按惯常方法向汕头方向进袭，空18师师长林虎亲自指挥，命大队长赵德安率4架米格-17起飞迎击，这次空战仅3min，击落敌机2架，击伤1架，自己飞机无一损伤，以3：0大获全胜。美国合众国际社一则电讯称："共产党飞机在台湾海峡上空进行了一次使国民党透不过气来的一边倒的战斗。"

首战告捷，拉开了入闽作战的序幕，给国民党空军以沉重打击，空军对这次作战有功人员给予提前晋衔、晋级奖励。

人民空军与国民党空军争夺福建、粤东地区制空权，达3个月之久。从1958年3月29日至8月22日，人民空军共出动飞机255批、1077架次，空战4次，击落国民党飞机4架、击伤5架。自己被击落1架，四战四捷，人民空军在福建前线站稳了脚跟。在8月14日的空战中，空16师8架米格-17与国民党空军11架F-86遭遇，在兵力处于劣势，飞行高度又比对方低的不利条件下，飞行员周富春猛插敌阵，一举击落F-86型飞机2架，击伤1架，他自己也被击落，光荣牺牲。为表彰他的战绩，空军为他追记一等功。

从1958年8月23日至10月10日，空战规模增大，斗争更加激烈复杂，"8·23"中国人民解放军炮击金门后，美国不断向中国台湾增兵，国民党空军每天出动飞机由 100 架次，增至 200 多架次，人民空军同国民党空军进行了 7 次空战，其中 8 月 25 日、9 月 24 日、10 月 10 日的空战规模最大。8 月 25 日国民党空军 48 架 F-86 活动于金门上空，并以 8 架飞机进入漳州附近，空 9 师 8 架歼 5 飞机与敌遭遇，飞行员刘维敏单机同 4 架 F-86 格斗 14min，从高度 10000m 打到 800m，击落 F-86 飞机 2 架，不幸的是，当刘维敏正追赶另一架敌机时，却被高射炮部队误当敌机击落。

10 月 10 日，是国民党"双十节"，国民党空军出动飞机多架次，活动于台湾海峡上空。其中 6 架 F-86 窜入我国大陆，空 14 师 8 架米格-17 迎击，在空战中，飞行员杜凤瑞接连击落 2 架 F-86，与此同时，杜凤瑞的飞机受重创，失去操纵，杜凤瑞跳伞，却被一架 F-86 击中牺牲。杀害杜凤瑞的这架 F-86 未逃脱覆灭的命运，被我军高射炮击中，坠入大海。1964 年国防部将杜凤瑞生前所在的飞行中队命名为"杜凤瑞中队"。自 10 月 10 日战斗后，由于国民党空军连遭打击，再也没有出动大量飞机与人民空军争夺制空权。台湾海峡的形势也逐步缓和下来。此后，福建地区的空中斗争形成了双方对峙的局面。

入闽作战，是继抗美援朝之后又一次规模较大的作战行动。入闽空军部队（含海军航空兵）从 1958 年 7 月 18 日受领作战任务开始，至 10 月底为止，历时 3 个月零 13 天，共出动飞机 691 批、3778 架次。空战 13 次，击落国民党空军飞机 14 架、击伤 9 架；高射炮兵作战 7 次，击落 2 架、击伤 2 架，共计击落击伤国民党空军飞机 27 架，俘飞行员 1 名。参战空军部队被击落飞机 5 架、击伤 5 架。

五、担负防空作战任务

严密组织对空防御，保卫国家领空的安全，是人民空军的基本任务之一。朝鲜战争结束后，中国大陆处于相对的和平环境，而空中斗争却出现了紧张的局面。在美国的支持下，国民党空军对大陆的袭扰破坏从东南沿海扩展到纵深地区。20 世纪 60 年代中期，美国发动对越南的空袭，其军用飞机不断入侵中国领空，西南地区则成为国土防空的重点，一直持续到 60 年代末期。在此期间，空军遂行防空作战任务，经历了许多复杂、曲折的斗争。由于中央军委的正确领导，兄弟军兵种和各级政府及人民群众的支持，经过空军广大指战员的英勇奋战，保卫了国家领土的安全，获得了引人注目的战果，取得了丰富的作战经验，促进了全国防空体系的发展。

（一）东南沿海地区反袭扰斗争

20 世纪 50—60 年代，国民党空军始终把大陆东南沿海地区作为窜扰侦察的重点。因此，在东南沿海地区反袭扰斗争是人民空军防空作战的中心任务。从 1954 年初至 1958 年 6 月的 4 年多时间里，国民党空军出动飞机 1100 多架次，对东南沿海要地和军事设施轰炸扫射达 400 多次，在沿海和进入大陆侦察的各型飞机达 3100 架次。

驻东南沿海地区的空军高射炮部队，对进入大陆空袭、侦察的国民党空军飞机进行了有力的打击。1954 年 1 月至 1958 年 5 月，地面防空部队击落敌机 43 架、击伤 155 架。尤其是空军高射炮兵第 516 团 2 连，在 5 个月的机动作战中，取得了九战七捷，击落敌机 2 架、击伤 5 架的胜利。

1958 年 7 月，空军航空兵部队进驻福建、粤东地区，经过 3 个多月的战斗，夺取了福建、粤东地区的制空权，从此，国民党空军停止了对沿海地区的轰炸，而主要活动是实施侦察，东南沿海的防空作战也转入了以反侦察为主的阶段。

国民党空军对东南沿海地区的侦察，1959 年前主要使用 RF-84 和 RF-86 型飞机，从 1960 年开始使用 RF-101 型飞机。RF-101 型飞机是由 F-101 型战斗机改装的。其特点是低空和垂直机动性能好，加速快，最大时速可达 1900km，装有 6 部航空相机，垂直、倾斜、高空、低空照相侦察均可实施。该型飞机于 1960 年 1 月 8 日首次出动侦察，至 1961 年 7 月，先后窜入大陆沿海地区 9 次，侦察了汕头、晋江、厦门、龙田、路桥、宁波等地。1960 年 3 月 30 日和 1961 年 6 月 27 日，在福建龙田被空军高射炮兵第 521 团击伤 2 架，未能将其击落。主要是它采取 150m 左右低空飞越台湾海峡，大速度通过目标实施航空照相，在目标上空活动时间极短，雷达难以掌握它的行踪，致使歼击机不能及时截击，高射炮也来不及开火。

为有效地打击敌机，驻东南沿海地区的空军指挥机关和作战部队，把打击 RF-101 型侦察机作为中心课题，发动群众提方案、定措施、加强训练。经过对 RF-101 型飞机历次活动情况详尽的分析研究，调整了沿海的一些雷达阵地，发挥低空探测性能。歼击航空兵和高射炮兵部队，研究了以快制快的作战方法。1961 年 8 月 2 日，高射炮部队速战速决，击落 1 架 RF-101，从前沿观察哨发现目标到将其击落仅用 200s。

1965 年 3 月 18 日，空 18 师副大队长高长吉驾歼 6 飞机，在汕头附近击落 RF-101 型侦察机 1 架。

RF-101 型飞机先后被击落 3 架（包括海军航空兵部队在路桥击落的 1 架）、击伤 2 架后，国民党空军即改用 RF-104 型飞机继续对大陆沿海地区实施航空侦察。

（二）在大陆纵深打击夜间窜扰的敌机

中华人民共和国成立后，国民党空军飞机开始夜间窜入大陆活动。初期使用 B-24、B-26、C-46 等型飞机主要进行空投特务、散发传单等活动。1955 年 8 月，国民党空军成立第 34 中队，更换装备，以 B-17、P-2V 型飞机为主，夜间深入大陆进行电子侦察活动。

1954 年以前，夜间进入大陆的国民党空军飞机每年有 100 架次左右。当时，人民空军的歼击机飞行员能够执行夜间作战任务的较少，保障条件差，未获战果。从 1955 年开始，人民空军大力加强夜间训练，击落击伤敌机 3 架。其中航空兵第 12 师 34 团团长鲁珉驾驶米格-17 型飞机于 6 月 23 日在江西广丰上空击落国民党空军 B-17 飞机 1 架；8 月 23 日凌晨和 11 月 10 日夜间，航空兵第 2 师 6 团领航主任张文逸、第 3 师领航主任张滋分别在浙江舟山、肖山地区上空击落美军 P4M-1Q 型电子侦察机，初步建立了以作战基地为中心的雷达情报网。1956 年夜间作战颇有成效，击落国民党空军的 C-46 型飞机 1 架。这 3 次成功战斗都是中空、月夜在地面引导下，飞行员目视发现敌机进行攻击而取得的战果。

从 1957 年开始，国民党空军主要使用经过改装的 B-17 型飞机进行电子侦察，并且由月夜、中空活动，改为暗夜、低空活动。B-17 型飞机原是美国的活塞式轰炸机经过改装以后，作为侦察机使用，低空性能好，续航时间长达 17h。

1957 年，B-17 型飞机进入大陆侦察 53 架次，人民空军出动米格-17 波爱夫型飞机 69 架次截击，无一次成功。尤其是 11 月 20 日夜间，1 架 B-17 型飞机低空飞越大陆 9 个省，接近北京地区，在大陆上空活动 9h，未遭打击，引起党和国家领导人的高度关注。周恩来总理当晚指出："我们应用一切办法将蒋机击落。"随后毛泽东主席发出了"全力以赴、务歼入侵之敌"的指示。

1959年5月29日夜间，1架B-17型飞机从雷州半岛上空进入大陆后，飞至粤桂边界山区，高度150~300m，雷达掌握目标时断时续。驻广州航空兵第18师值班指挥员、副师长李宪刚果断指挥中队长蒋哲伦驾驶米格-17波爱夫型飞机起飞拦截。在距离目标3.2km发现，2km截获，两次开炮，将这架B-17型飞机击落。飞机残骸坠入广东恩平县境内，机上国民党空军少校飞行员胡平山等15人全部毙命。这是空军装备机载雷达的截击机第一次在夜间低空、复杂气象条件下击落敌机。在组织指挥、情报保障、空地协同，飞行员正确使用机上雷达等方面，都取得了宝贵的经验。

国民党空军的B-17型飞机被击落后，将近9个月未敢动。1960年2月以后改用P-2V型飞机，继续进入大陆纵深活动。

P-2V型飞机原本是美国海军反潜巡逻机，低空性能、航行设备优于B-17型飞机，航程5000多千米，续航时间15h左右，巡航时速340km。经过加装电子侦察、警戒和干扰设备，不但可侦察地面防空部署、雷达性能、空地指挥，而且能干扰对方地面和机上的雷达设备。1958年4月17日夜间首次出动，到1961年10月进入大陆84架次。空军部队先后出动400多架次飞机截击，都未取得战果。其原因主要是，截击机的机载雷达受到P-2V型飞机的电子干扰，使飞行员难以在雷达上发现和跟踪攻击目标。

为了对付敌机电子干扰，空军各截击机大队，在战斗出动中，实施隐蔽指挥，当接近敌机一定距离时突然接通机上雷达，使它来不及使用干扰设备，并按此要求进行专门训练。此外，还在截击机上加装雷达等，同时调整了机动高射炮群的作战部署，压缩开灯、开炮距离，对付敌机的干扰。

1961年11月6日夜，高炮部队在辽东首次击落P-2V型电子侦察机1架，机上13人全部毙命。

1963年6月20日凌晨，驻南昌的空24师副大队长王文礼又击落1架P-2V型飞机，机组14人全部毙命，人民空军授予王文礼"夜空猎手"的荣誉称号。

1954—1966年，人民空军夜间作战共击落敌机6架、击伤2架。1966年以后，国民党空军飞机停止夜间对大陆的侦察活动。

（三）地空导弹部队机动设防打敌高空侦察机

自1959年起，国民党空军先后使用美制RB-57D、U-2型高空侦察机，深入大陆纵深活动，由于高度较高（实用升限均在20km左右），使用歼击机拦截十分困难，人民空军使用当时仅有的几个地空导弹营，在全国范围内进行机动设伏。

1959年10月7日，1架RB-57D飞机从浙江温岭上空进入大陆，越过沿途歼击机的层层拦截，到达北京通县，导弹二营营长岳振华下达射击命令，3发导弹腾空而起，当即把RB-57D飞机击落。这次战斗开创了中国空军和世界防空作战史上第一次使用地空导弹击落敌机的先例。国防部予以通令嘉奖，给导弹二营记集体二等功。

国民党空军的RB-57D型飞机被击落后，对大陆的高空侦察间断达2年零3个月之久，直至1962年1月U-2飞机恢复侦察活动。U-2飞机是美国情报机关使用的高空侦察机，续航时间长达9h，航空照相可摄取大面积地面目标，并装有较先进的电子侦察设备。

1962年9月9日，导弹二营在南昌击落U-2飞机1架，该营荣立集体一等功。

1963年1月9日，导弹二营又在江西广丰击落U-2飞机1架，国防部授予岳振华"空军战斗英雄"称号，国防部授予二营"英雄营"荣誉称号。

1964年7月7日，导弹二营又在福建漳州击落第3架U-2飞机。地空导弹二营四战四捷，战功卓著。7月23日，毛泽东、周恩来、彭真、李先念等党和国家领导人，在北京人民大会堂亲切接见了地空导弹二营全体指战员。

1965年6月10日，地空导弹一营在包头击落U-2飞机1架，这是地空导弹部队第一次夜间击落敌机，国防部为该营记一等功。

1967年9月8日，地空导弹十四营首次使用国产红旗-2型地空导弹击落U-2飞机1架。

U-2飞机进入大陆110架次，被击落5架，生俘飞行员2名。从1968年起，国民党空军被迫停止派遣U-2高空侦察机进入大陆纵深活动。

（四）西南、中南地区反美机入侵

1964年8月初，美国制造"北部湾"事件，悍然向越南北方发动空袭，中国西南、中南地区上空经常出现美机活动。从1964年8月中旬开始，美机对越南北方进行侦察，出动战术战斗机在北部湾、海南岛附近上空频繁活动，并不断入侵中国领空。在美国发动侵越战争期间，美国入侵中国领空的主要是无人驾驶侦察机和战术战斗机，中国空军对其进行了有力打击。

1964年11月5日，空1师中队长徐开通驾驶歼6飞机利用动升限跃升攻击，首次击落无人驾驶侦察机。

1965年1月2日，空1师副大队长张怀连驾驶歼6飞机击落无人驾驶侦察机1架。

1965年4月3日，航空兵第18师54团1中队中队长董小海驾驶歼6飞机，在广西崇左县上空击落美军无人驾驶侦察机1架。此次战斗是航空兵第18师54团1中队自组建以来击落、击伤的第13架敌机。周恩来总理接见了董小海等作战有功人员。5月3日，国防部发布命令，授予该中队"航空兵英雄中队"荣誉称号。

1964年8月至1969年底，美国无人驾驶侦察机共入侵中国领空97架次，被击落20架（航空兵击落14架，地空导弹部队击落3架，海军航空兵击落3架）。

1965年10月5日，美4架F-4C战斗机掩护1架RA-3D侦察机入侵我国领空，空9师4架歼6飞机迎击，一举击落RA-3D型飞机1架。

1966年4月12日，空26师飞行员李来喜驾驶歼6飞机在雷州半岛上空击落美A-3B攻击机1架。

1966年4月24日至8月21日，中国空军三战三捷，击落美机6架，第一仗是4月24日美F4-B型战斗机从板兴入侵中国领空，被高射炮部队击落1架，另1架被空26师中队长宋义民驾驶歼5飞机击落。

1964年8月至1968年8月，我军共击落美国战斗机8架、击伤3架，击落17架无人驾驶侦察机，共计击落美机25架、击伤3架。

六、援越抗美作战

1964年8月，美国借口越南鱼雷艇攻击美国"马德克斯"号驱逐舰，制造了"北部湾"事件，对越南北方实施轰炸。而后美国采取"南打北炸""逐步升级""以炸逼和"的手段，于1965年5月突破北纬20°线，将空袭地区扩大到整个越南北方。在英勇抗击美机轰炸的同时，越南政府请求中国政府派防空部队支援。为此，中国政府决定派高射炮兵部队入越，与越南防空兵部队并肩作战，保卫越南北方的交通线。

中国空军从 1965 年 8 月 20 日奉命派出首批高射炮兵部队入越到 1969 年 3 月 14 日最后一批部队撤回，在 3 年零 7 个月的时间里，先后共有 8 批 7 个高炮师、26 个高炮团、8 个高炮营、9 个探照灯营和 14 个雷达连参加了援越抗美作战。他们执行的主要任务是保卫克夫、宋化、谅山等地交通设施。这一段交通线两侧多山，有利于空中飞机隐蔽接近和退出，而高射炮部队作战和转移却很不方便。当时美军的装备多是 20 世纪 60 年代末的新式飞机，而中国空军高射炮兵部队使用的武器，多是三四十年代的火炮。由于作战条件差，对手强，打仗打得非常艰苦、激烈。中国空军高射炮兵部队共作战 558 次，取得了击落美机 597 架、击伤 479 架的光辉战绩，自己也遭受了一些损失，战损火炮 15 门、炮瞄雷达 4 部、指挥仪 2 部、探照灯 2 部、280 人英勇牺牲、1166 人光荣负伤。在战斗中涌现出一大批英雄模范人物，创立了许多可歌可泣的壮烈事迹。

七、参加对越自卫还击作战

中越两国山水相连，本是兄弟之邦。在越南人民抗击帝国主义侵略战争年代，中国人民节衣缩食，给予了无私、巨大的援助。抗美战争结束以后越南当局推行"印度支那联邦"计划，并于 1975 年 6 月侵占柬埔寨威岛，1977 年底集中大批兵力入侵柬埔寨。中国政府坚决反对越南当局的地区霸权主义政策，越南当局即反目为仇，不断在中越边境挑起军事冲突。1974 年至 1979 年初，越军侵犯中国广西和云南边境地区，制造流血事件达 3200 多起。越南还公然派兵侵占中国南沙群岛的一些岛屿。中国政府一直采取克制态度，再三向越南当局提出规劝和警告，但是越南当局不仅没有收敛，反而继续扩大事态，经常进行武装挑衅。中国政府忍无可忍，于 1979 年 2 月 27 日被迫进行了自卫还击。

中国空军奉令参加了这次对越自卫还击作战的行动。整个作战期间，中国空军在中越边境中方一侧上空巡逻警戒，随时准备打击入侵的越南空军飞机，同时做好了支援边防部队作战的准备。1979 年 2 月 17 日，中国边防部队发起自卫还击作战后，中国空军前线机场的歼击航空兵部队进入战备状态，从黎明到黄昏，从傍晚到清晨，在广西、云南国境线中国一侧上空进行巡逻，警惕地注视着越南空军的行动。自卫还击作战的第一天，中国空军航空部队即出动飞机 170 批、567 架次。在整个自卫还击作战期间，中国空军歼击航空兵部队警戒巡逻出动飞机 3131 批、8500 架次。轰炸、强击航空兵部队每天处于战备状态，随时准备支援边防部队作战。中国空军的行动，对越南空军起到了威慑作用，使其不敢轻举妄动。

在自卫还击作战中，中国空军运输航空兵部队发挥了重要作用。他们为协助其他航空兵部队紧急转场，把参战边防部队急需的物资、弹药、人员及时送到前方，先后共出动各型运输机 228 架次，运送人员 1465 人、物资 151t。

空军高射炮、地空导弹部队日夜严阵以待，随时准备打击敢于进犯的越机。雷达部队严密掌握着越南空军的活动情况。驻守在广西友谊关附近金鸡山上的雷达 6 连，阵地位于三面受敌的突出部位，在 1979 年 2 月中旬到 3 月上旬的二十几天里，在只有 0.077km² 的阵地上，越军打来 300 多枚重型炮弹，到处布满弹坑。该连干部战士怀着"人在阵地在，人在天线转，人在情报通"的战斗意志，冒着越军的炮火开机工作。自卫还击作战的第 6 天，越军集中炮火猛轰 1 号雷达阵地，天线接连中弹，停止了转动。他们立即派出对空观察哨，严密监视空情，并在修复之前，用人力拉动天线转，使雷达继续工作。入夜后，迅速把天线修好，又恢复了工作。战后，上级领导机关为6连记了集体一等功，广州军区授予6连"钢铁雷达连"荣誉称号。

在这次对越自卫还击作战中，中国空军虽然没有与越南空军直接交战，但各个环节都是按照实战要求进行，所有参战的机关、部队都受到了一次很好的锻炼，为中国空军今后参加大规模的作战行动取得了不少有益的经验。

1979年，对越自卫还击战后，越南侦察机不断入侵，但时间很短，最多十几分钟。

1984年3月28日，我军击伤1架米格-21侦察机。

1987年10月5日，我军地空导弹部队击落米格-21侦察机1架，越南空军大尉飞行员陈尊跳伞后被俘，中央军委通令嘉奖，中国空军授予该营"神威导弹营"荣誉称号。

人民空军建立以来，一贯坚持用马列主义、毛泽东思想、邓小平理论、江泽民关于"三个代表"的重要思想和党的路线、方针、政策，以及习近平总书记关于国防和军队建设的重要论述教育部队。广大指战员能够自觉地与党中央在思想上和政治上保持一致，服从命令，听从指挥。60多年来，人民空军英雄辈出。20世纪50年代涌现出一级战斗英雄王海、刘玉堤、赵宝桐、孙生禄、张积慧，一级功臣杜凤瑞；60年代涌现出战斗英雄岳振华，爱兵模范王裕昌，机械师尖兵夏北浩；70年代涌现出忠诚战士陈修文，一心为革命的好飞行员孙安定；80年代涌现出科研试飞英雄滑俊、王昂，全心全意为人民服务的好干部范生文，反劫持英雄蓝丁寿、张景海，学习雷锋的光荣标兵朱伯儒，试飞英雄黄炳新，共和国卫士周家柱、游德高；新时期的科研试飞英雄邹延龄、抗洪英雄高建成等大批英雄模范人物，充分体现了空军的精神面貌。

人民空军还特别重视作风建设。在各项工作中，非常强调高标准、严要求，培养英勇顽强、雷厉风行、令行禁止、准确迅速的战斗作风。新中国成立以来，中国空军先后参加了抗美援朝、京沪防空、剿匪平叛、支援地面部队进军西藏、解放一江山岛、入闽轮战、封锁金门、援越抗美、对越自卫还击作战等一系列战事，还参加了开国大典及多年国庆受阅，都坚决圆满地完成了任务，受到中央军委和总部的好评。截至1987年，取得击落敌机1474架、击伤敌机2344架的辉煌战绩，为祖国和人民立下了功勋。

人民空军遍布全国各地，与各族人民建立起了血肉联系。他们在加强自身建设的同时，积极开展拥政爱民、军民共建精神文明活动；积极参加社会主义经济建设，全力以赴进行抢险救灾。人民空军还把培养少数民族飞行员作为团结和联系各族人民的纽带，目前，在我国50多个少数民族里，已有30多个少数民族有了自己的飞行员。

人民空军的光荣说明的是过去，留给我们后人的是力量和榜样。在新的历史条件下，尤其是在高技术战争条件下，人民空军的现在和未来，靠我们新一代去再创辉煌！

第四节　我国飞行教育训练发展史

一、中国早期的军事飞行教育

从美国莱特兄弟驾驶自行研制的飞机飞行成功，开创历史上第一次成功飞行开始，人类进入了航空时代，航空事业特别是军事航空事业以迅猛的速度不断向前发展。伴随而来的飞行实践，我国早期的飞行教育也应运而生，并不断地为航空事业培养飞行人才。

（一）航空学校建立情况

中国的第一所军事航空学校。在欧、美、日一些国家开始培养军事飞行员不久，1913年，北洋军阀袁世凯为了镇压农民起义军和对付反对派，在北京南苑创办了中国历史上的第一所航空学校。当时还没有空军，学校的培养目标是为陆、海军培养航空人才。学员主要来自陆、海军机关和部队中的青年军官与青年学生。普通班进行基础航空理论教育和使用"高德隆"飞机进行起落航线训练；高级班除了继续学习航空理论以外，主要进行航行、转场、特技、编队和夜航等难度较高的课目训练。南苑航空学校形成的一套教学制度、训练程序、训练方法、训练组织形式及学员招收、筛选等过程已经比较完善，符合当时的科技发展水平和飞行教育训练的规律，有些做法甚至一直沿用至今。南苑航空学校不愧为中国航空教育事业的发源地，中国航空的摇篮。

创办了中国第一所航空学校以后，各省竞相兴办航空学校，培养飞行和其他航空人才。广东军事飞行学校，历时 12 年，培养的学员以后大多成为国民党空军的骨干；张作霖父子非常重视培养航空人才，在奉天（今沈阳）东塔机场开办了航校。选派青年军官出国学习国外的先进飞行经验和航空技术，聘请外籍飞行人员和南苑航空学校的飞行员为教官，从国外购置飞机装备。通过招聘、培训和出国留学等途径提高飞行员素质，当时东三省有 100 多名飞行人员，各种飞机 150 多架，已形成一定的教育训练和作战规模。军阀混战时期的中国海军也曾先后在福州马尾、上海等地进行军事飞行教育，标志着海军航空事业的萌发。

我军第一所航空学校——东北老航校。抗日战争胜利后，为筹建人民空军，提前进行人才储备，党中央果断做出了在东北建立航空学校的决定。1946 年 3 月 1 日，东北民主联军航空学校即东北老航校在通化正式成立。航校刚刚成立，国民党即大举向东北进攻，企图把刚建成的航校扼杀在摇篮里。为了保存实力，航校于 4 月下旬向牡丹江迁移，并克服困难投入飞行教育训练。在飞行教官培训期间，学员开始航空理论学习，在既无成熟的教官，又无现成教材，学员文化程度低的情况下，大力开展形象化教学，掌握了航空理论，为飞行训练打下了基础。东北老航校在历时 3 年零 9 个月的训练中，共培养出飞行学员126 名，领航学员 24 名，通信学员 9 名，他们成为建设人民空军的栋梁之材。东北老航校的实践，为我军飞行教育留下了一笔宝贵的人才和精神财富。

（二）早期军事飞行教育的主要特点

一是教育训练不稳定，发展缓慢。新中国成立以前的 30 余年，是我国历史上的战乱年代。在这样一个复杂多变的特殊年代中形成的军事飞行教育，不可能存在于稳定和平的环境之中。二是教学模式与当时世界先进水平比较接近。我国早期的飞行教育，几乎与世界先进国家的航空教育同步进行，尽管办学条件不如西方，但在师资、飞机装备及教学内容、方法上，与先进国家基本接轨，训练水平处于与当时国际水平最为接近的一个时期。三是打破常规，敢闯新路。我国早期的飞行教育，由于受经济、社会等条件的限制，办学十分困难，无法完全照搬西方经济发达国家的一套组织训练方式，只有结合客观实际，想出新的办法，才能培养出飞行人才。例如，当时教官少、学员多，为了提高教学效率，多出人才，就采用分组施训的教学形式。最早的南苑航校一个飞行教官同时带教 6 名学员，每 2 名为一组，分成 3 个组，其中一个组由教官空中带飞，一个组放单飞，另一个组进行飞行前地面准备，各组递次循环进入新课目练习，教学组织得很严密，充分发挥了教官的作用，提高了教学效益。在东北老航校，由于初级教练机很少，只有日式"九九"高级教练机，按常规无法训练。东北老航校的教学员硬是反复研究试验，反复地面准备，取得了学员不经过初、中级训练，直上高教机的教学试点成功，第一名放单飞的学员只带飞 12h 就放了单飞。东北老航校还想出了以酒精代替汽油做飞机燃料的办法，想出了用自行车气筒给飞机轮胎打气的办法，在保障条件十分简陋、十分匮乏的情况下，培养出了很多飞行人才，办出了我党我军前所未有的事业。

二、新中国成立初期的飞行教育

1949 年 11 月 11 日，中国人民解放军空军在经过了思想、组织准备，人才储备并组建了统率机关以后正式诞生，开始培养飞行员和其他各类人员。

（一）航空学校的成立和发展

中央军委批准了由苏联帮助我国创办 6 所航校的方案之后，空军提出了"一切为了办好航校"的工作方针。第一批航校相继在哈尔滨、长春、锦州、沈阳、济南、北京、牡丹江成立。上述航校依次定名为中国人民解放军第一至第七航空学校。航校初创时期，在对飞行员的挑选上一度存在分歧。苏联专家要求选中学以上学历的学生，而我们根据当时的实际，认为打过仗的战斗骨干更适合当飞行员，事实证明这批从陆军选调的学员，在空战中多数表现得勇敢顽强、机智灵活，并能较快地掌握空战战术和指挥方法。但是，由于飞行员文化水平太低，也为此付出了代价，飞行事故率很高，影响了战斗力的进一步提高。

不断扩大各航校培训规模。新中国成立不久，退踞台湾的国民党空军飞机对我国东南沿海不断轰炸袭扰，面对抗美援朝战争以及要地防空和准备解放台湾的紧迫任务，需要迅速扩大培训规模。一是扩大各航校的训练团数量；二是紧急从陆军中选调学员，先从连排干部中选，后来又从陆军的营、团级干部中选调学员，为使学员毕业后到航空兵部队担任领导指挥一个团、一个师的工作，组建大批航空兵部队培养了一批既会飞行又会指挥的骨干人才。

空军新建第二批航校。随着航空兵部队的发展，需进一步采取措施加快飞行人才的培养。按照中央军委批准的方案，在 1952 年底和 1953 年初，又先后在陆军的基础上建立了第十一、第十二航空学校。十一航校当时在陕西阎良成立，十二航校校址则为山西临汾。刚成立时两所航校的任务都是培养歼击机飞行员，十一航校后来改为训练飞行干部和培训改装任务，校址迁往河北沧县。

海军成立航空学校。1950 年下半年海军分别成立了第一航空学校和第二航空学校，分别培训各类空勤人员和地勤专业人员。首批任务是培训一个飞行团所需的各类人员，学员都是来自部队的工农战斗骨干。采取专科速成的办法组织训练，主要由苏联专家带教，边建校、边学习、边教学，毕业后组成了海军航空兵第一师第一团。

（二）新中国成立初期飞行教育的主要特点

航校创建受到中央高度重视。党中央、中央军委采取了一系列措施，调集全军优秀干部担任各航校校长、政治委员和其他领导干部，从陆军抽调很多优秀人才学习飞行。1949—1950 年，仅毛泽东、周恩来、刘少奇、朱德等领导人批阅关于创办航校的请示和报告就有 49 件。毛泽东同志在访问苏联归来途经沈阳时，还专门召见了空军第四航校的校长。1953 年，毛泽东主席、朱德副主席曾亲临参观空军航校教具模型展览。中央领导对创办航校的关怀和重视，对航校的迅速建成起了决定性作用。

引进苏军办学模式。第二次世界大战后，苏联具有世界一流的飞机装备和培养大批军事飞行人才的实力。党中央、中央军委决定全面学习苏军办航校的经验，使中国军队航校一建立就在教学装备和训练水平上处于世界先进水平。我军航校创办初期几乎照搬了苏军航校的体制编制、教学制度、条令条例、教学方式和方法，飞行员使用的飞机驾驶手册和各类专业保障人员使用的操作规程也是全面翻译苏军航校的版本。对在各航校工作的苏联专家全部委以顾问之职，他们当中的大多数人主要担负着在教学第一线培养飞行教官、航理教官和各类专业技术干部的任务。1951 年苏联专家开始陆续回国时，我们的学员大部分已经能独立工作，1952 年我们已经能独立培养米格–15 等飞行教官，基本上全面掌握了苏军办航校的模式。

采取突击速成式教学。由于受抗美援朝和国土防空形势所迫，空军各航校成立后采取了突击速成的办法，把当时在东北老航校训练的学员分配到各航校组成速成班，进行为期 6 个月的改装苏式作战飞机的速成训练。由于学员多，教官少，时间紧，飞机、航材不足，飞行训练非常紧张艰巨。

三、飞行院校的建设发展时期

抗美援朝战争后，摆在各飞行航校面前的任务很多，其中最重要的一条就是开展正规化教育训练，使之进入巩固加强、整体提高、稳步发展的历史时期。

（一）飞行院校建设发展时期的基本情况

飞行院校办学规模达到空前水平。这一时期，在四川新津组建了空军第十四航校，负责培养中国民航系统的飞行人员；在陕西户县组建了空军第十六航校，负责空中领航、通信、射击人员训练。这样，除了有专门为飞行航校进行预科教育的两所航空预备学校以外，空军有 11 所飞行航校，有 8 个航校还新增加了训练团。

飞行教育体制编制逐步完善。这一时期，对每种招生调学对象、培训目标、训练定额、训练期限、训练内容都作了明确规定。对飞行人员和航空兵部队指挥干部确定了飞行员、飞行大队长、团和师以上指挥干部三级培训体制。在管理体制上，设置了空军军事学校管理部。在航校内部编制上，除了增加训练团数量外，还成立了理论训练机构。

办学水平不断提高。各航校在办学实践中，逐步加深对飞行教育规律的认识，不断总结经验、改善办学条件，使教育训练水平不断提高。在航空理论教育中推广了 3 个阶段、6 个教学原则的经验；在飞行训练中推广了 6 个阶段和 6 条教学经验。其中管教合一，因人施教，教练结合、突破难关，前后连贯，放得稳、放得准，平衡进度、全面照顾 6 条飞行的训练经验对提高训练质量曾起过很好的作用。空中教学的"示范、提示与帮助、放手"的三步教学法，被选入中国《教育大辞典》的条目。这一时期，空军加强了条令、教材的编写。在空军统一领导下，开展了大规模编写条令教材的工作。共完成数百本条令、教材，形成了性质区分清楚、内容完整、互相衔接的空军条令教材体系。同时，还产生了《航校初级飞行操典》等练习操典和《歼击航空兵战术教程》等战术教程，以及各类教科书、各类讲义。由于条令、教材编写质量高，为提高教学质量提供了重要的物质基础和理论依据。

培训外国飞行人员。从 1952 年开始，空军航校克服重重困难，为第三世界国家培训了大批飞行人员。培训方式有两种，一是受援国派留学生来中国受训，二是派专家去受训国进行培训。有几所飞行院校曾派军事专家出国执行外训任务，帮助受援国培训教学和管理骨干，为增进国际友谊做出了贡献。

(二) 飞行院校建设发展时期的主要特点

非常重视教育理论和教材建设。20 世纪 50 年代末、60 年代初，空军开展了一场具有全局性、创造性、大规模的教育理论建设系统工程。成立了空军条令教材编审小组，这次编写工作，领导力量之强、决心之大、集中人员之多、编写时间之长，是空军建设史上空前的，它所产生的教育理论和教材建设成果，对空军的发展产生了深远的影响。

教学改革搞得有声有色。空军航校在继续学习苏联空军经验的同时，认真总结自己的经验，不断推行教学改革，初步形成了具有中国飞行教育特色的教学体系。首先是明确了训练期限。基本确定了学员在飞行航校训练期限为 2 年半左右，其中航空理论教育 4~6 个月，飞行训练 2 个机型，初教机和高教机各 1 年。其次是改革了训练内容。增加了每个课目、练习的带飞时间，增加了攻击课目训练，增加了单飞前的偏差练习，规定了可根据实际情况灵活掌握课目、练习的顺序。最后是改革了训练组织方法。为了提高训练效益和飞行日利用率，采用了旺季多飞、课目穿插飞、上下午两班飞、昼夜双班飞、左右航线同时飞、内外层空域飞、空域上下层飞、一域三机制（一个空域三批飞机轮流使用，有作练习的、有返航的还有即将起飞的）等办法，提高了飞机、场道、空间和天气利用率。

飞行安全形势较好。这一时期，飞行教育由航校初创时期的突击速成训练逐步走上了正轨，由于各种规章制度不断充实完善，正常的教学秩序得以建立，教学能力、保障能力稳步提高，学员训练质量和飞行技术水平有了很大提高。同时，空军把提高训练质量，保证飞行安全作为训练方针的出发点和落脚点，强调正确处理飞行训练的时间、进度、质量与安全的关系。为飞行安全工作奠定了良好的基础。60 年代，空军飞行航校严重飞行事故万时率降到 0.086。1962 年、1963 年、1966 年等没有发生过严重飞行事故。

"文化大革命"时期，受林彪、"四人帮"干扰，飞行训练受到了很大影响。学员学制由 2 年零 4 个月缩短至 1 年，初级教练机和高级教练机训练各半年，航空理论教育由 4 个月缩短为 8 天。甚至取消文化和航空理论教育。办学思想混乱，训练极不规范，飞行训练改革半途而废。直到粉碎"四人帮"之后，飞行院校才进入了一个新的历史发展时期。

四、全面恢复发展时期的飞行院校教育

经过一段起伏，进入 20 世纪 80 年代后，迎来飞行院校教育全面恢复发展时期。1983 年，首期飞行学员大学本科试点班在预校开训。1986 年 6 月，根据全军院校体制改革、精简整编方案，空军和海军各航空学校改称为飞行学院，标志着飞行教育提高到了一个新的较高的层次。

(一) 全面恢复发展时期飞行院校教育的基本情况

从整顿中起步，多出合格飞行人员。为肃清林彪、江青反革命集团流毒的影响，彻底进行拨乱反正，飞行教育训练开始进行全面整顿。包括领导班子、规章制度、军事训练、战备工作、政治工作、纪律、航空工程机务工作、后勤工作、机关和作风 10 个方面，称

为"十大整顿"。树立以教学为中心的思想，理直气壮地抓训练，使训练能力有了大幅度提高。各飞行航校普遍提前完成训练任务，毕业人数有所增加。

建立质量标准，全面打好学员基础。这一阶段提出了从政治思想、作风纪律、飞行技术、航空理论和身体素质5个方面，分选飞阶段、预校训练阶段、航空理论教育阶段、初教机训练阶段和高教机训练阶段5个阶段全面、全程打好飞行学员基础的要求。

继续抓训练改革，不断提高训练能力。1980—1982年，进行预校学员检验性飞行试点，共检验飞行28批、2026名学员，停飞率为21%，试点获得成功。1990年以后，检验性飞行改在各航校进行。各航校在以往改革的基础上，进一步扩大改革范围，从组织指挥、训练方法、教学手段、机务维护体制等方面进行改革；进一步深化了"梯次开训、一备双飞、课目穿插、轮班飞行、云上（云中）带飞、增加空域、昼夜双班、统筹法定检"8项改革，大大提高了飞行训练的效率，为多出合格飞行员提供了有力保证。

正规化建设力度加大，开始把现代管理科学引入教育训练管理。1982年，空军党委发布了《大力加强院校正规化建设》的指示，要求"院校在正规化建设上必须走在部队前面，起示范作用"。1986年，总参谋部推广了一飞院"教育思想现代化、教育工作制度化、院校管理科学化、日常生活条令化、营院环境园林化和培养良好校风"的"五化一风"经验。空军从1982年开始陆续举办了院校领导干部教育理论和管理理论集训班，并开始把系统论、控制论、信息论运用于管理工作。各飞行院校开始把现代管理理论引入教育训练，掀起了学习现代教育、管理理论的热潮，开始由经验管理向科学管理转化。

院校调整，撤销两所飞行航校。按照全军体制改革精简整编的方案，空军院校进行了调整。1985年撤销了第九、第十两所航空学校和10个航校训练团。同时，空军第十一航空学校不再列入院校序列，改称为空军飞行战术技术训练研究中心。1986年，空军两所航空预备学校改称为飞行基础学校，空军有10所航空学校改称为飞行学院，它们分别是空军第一、二、三、四、五、六、七、八、十二、十三飞行学院。空军第十六航空学校改称为空军领航学院。海军航空学校改称为海军飞行学院。

（二）全面恢复发展时期飞行院校教育的主要特点

"打基础"训练抓得紧。针对"文化大革命"时期，飞行航校训练质量下降，技术基础打得不牢给部队战斗力成长带来了影响，空军在1978年至1982年4年多的时间里，连续召开了7次航校预校基础训练会议，下决心从基础训练抓起。通过反复学习和教育充分认识到，飞行训练是一种复杂的过程，飞行技术，尤其是一些基础性的课目、练习，需要扎实巩固，才能形成过硬的基本功；需要文化知识和航空理论作指导，加强航空理论的学习和系统教育是推动飞行技能提高的必经之路。飞行员有时会面临严峻、紧急、复杂、危险的局面，对其心理素质要求极高。为此，必须从技术、理论、心理三个方面打牢基础。

毕（结）业学员人数达到历史最高纪录。各项旨在提高训练效益的改革和打牢技术基础的质量措施，强有力地促进了航校训练能力的提高。各航校想方设法让学员多飞，想方设法提高飞行日利用率、飞机出勤率和机场使用率，很多航校和训练团都创造了历史上飞得最多、毕业人数最多的纪录。

教育层次进一步提高。1983年，首期飞行学员大学本科班在当时两所预校分别开学。两期本科学员是从两所预校的所有学员中严格挑选的。本科班教学员文化水平和开设的文化、航理课程与同期地方高等院校理工科大学本科的程度相当。1987年，飞行学员按动员系统招飞改为纳入国家普通高等学校招生计划，但由于录取分数线相对较低，学员文化程度仍然没有超过开办本科班初期的水平。1983—1985 年，空军进行了大学飞行学员培训试点，从空军地面院校和航空工业部所属航空院校的应届毕业生中招收了 306 名应届大学毕业生，其中有 109 名经过培训毕业，成为"双学位"飞行员。

教员队伍抓得有力。1981—1982 年，空军先后举办了 9 期航校教员集训班，共集训航校各类尖子培养对象 300 余人。1983—1984 年，各航校先后举办了 400 多期飞行教员和飞行指挥员集训班，把新飞行教员和新飞行指挥员全部轮训了一遍。并采取到军内外高等院校进修、参加各种学术活动等形式提高各类教员的知识水平。1983 年以后，预校开办本科班从地方高等院校特招了一批文化课教员，预校和航校从军内外院校陆续招收大学毕业生，使文化、航理教员队伍补充了新鲜血液，知识结构有了很大改善。1988 年以后，地面教员实行专业技术职务任命制，开始评定专业技术职务，对教员队伍的建设也产生了很大的促进作用。1985 年，空军实行了新的飞行等级制度、飞行补助金制度以及飞行人员的飞行最高年龄制度，进一步调动了航校飞行人员的积极性。

五、军队现代化建设新时期的飞行院校教育

进入 20 世纪 90 年代以来，全军各飞行院校认真贯彻执行中央军委新时期军事战略方针，以实现"两个根本性转变"，培养适应打赢现代技术特别是高技术条件下局部战争的合格飞行人才为目标，根据邓小平同志指出的"教育要面向现代化、面向世界、面向未来"的方针和江泽民同志对军队建设提出的"政治合格、军事过硬、作风优良、纪律严明、保障有力"的要求，围绕教育训练中心工作，出现了向较高层次迈进的可喜局面。

教学内容改革不断向纵深发展。科学技术在军事领域的广泛应用和国内外、军内外教育改革形势的加速发展，使教育训练发展的主导因素和客观基础发生了深刻变化。进入 20 世纪 90 年代，飞行院校上上下下叫得最响的就是"培养跨世纪的高素质飞行人才"。为此，深化院校教学改革便成了 90 年代飞行教育的主旋律。

深化改革的重点是教学内容的改革。1990 年和 1995 年，飞行院校两次启用新编修的基础教育训练、航空理论教育、初教机飞行训练、高教机飞行训练以及共同课目和体育训练大纲。1990 年的大纲是依据空军训练体制改革而编修的，它适应了"三级五阶段"训练体制对院校训练内容的要求。1995 年的飞行学院训练大纲，是贯彻总部和空军关于深化院校改革的精神，在教学内容改革上的具体行动。大纲注意正确处理学员第一任职需要和发展潜力的关系，贯彻了总部对院校教学"不仅要保证满足学员现有武器装备的需要，还要使学员具有相应的发展潜力，为以后掌握高新武器装备和提高现代作战指挥能力，奠定良好的基础"的要求。文化课和航空理论课，进一步突出了"三基"（基本理论、基础知识、基本技能）"三新"（新理论、新技术、新装备）的内容。在飞行学院训练大纲里，飞行时间虽略有减少，但训练节奏加快，训练难度没有降低。

飞行指教队伍和地面教员队伍建设得到进一步加强。1990 年，空军党委下发了关于加强飞行指教队伍建设的决定，经过 3 年的飞行指挥员、教员在职补训、分层施训、空军集训，空军飞行院校飞行指教队伍建设取得明显成绩。到 1995 年，达到三种气象指挥水平的指挥员、飞行教员干部比例大大提高。为了航理教员培训、提高纳入系统轨道，1991 年，空军在飞行院校成立航空理论骨干学科点，负责本学科教员的培训、提高和考核。

质量追踪和考评渐成制度。进入 20 世纪 90 年代，领导机关加强了对各院校教学质量的跟踪调查和考评。空军统一组织检查飞行学院毕业学员质量，调查走访航空兵部队、训练基地飞行团和师以上机关，专访各级领导，召开了座谈会，分析了好的方面和存在的薄弱环节，对各飞行学院的教育训练具有重要的指导意义。这一历史阶段，空军还多次组织了对基础教育训练和飞行训练阶段训练质量的考核检查。检查考核后空军机关发出通报进行分析讲评。

飞机装备有了发展。1998 年，教 8 飞机成为歼击机飞行学院换代的机型，6 月 2 日第一批飞机转场至十三飞院四团，6 月 16 日顺利、安全地组织了新机接装后的第一个飞行日，目前全军已有 4 所飞行院校装备或开始装备训练。同时，轰炸、运输机飞行学院也开始了新机换装的准备阶段。

飞行教学保障体系逐步完善。从 1978 年开始兴起的电化教学，经历了最初的普及幻灯教学，发展到 20 世纪 90 年代已经达到相当深入的程度，现代技术特别是计算机、多媒体技术，为教学手段现代化铺平了道路。开发研制计算机软件，已成为广大教员教学准备的一项普通工作。

从 1980 年航空学校配发仪表飞行模拟练习器开始，发展到 20 世纪 90 年代，模拟训练已向规模化、系列化迈进。1986 年，空军机关开始抓飞行学院训练团"十室两场"（训练质量控制室、模拟训练室、指挥员专修室、电化教学室、飞行安全室、飞行讲评室、飞行综合专业教室、体育训练室、航理专修室、图书资料室和内场演练场、体育运动场）建设，到 1990 年初步完成。从 1993 年起，空军又先后对飞行院校训练团外场"四室一场"（飞行指挥室、飞行准备室、飞行模拟训练室、飞行讲评室和外场演练场）进行重点建设。从 1991 年起，空军对各飞行学院航空理论教学需要的军事专业教室进行改造建设工作，建立了空气动力、飞行力学、飞机构造、航空发动机、仪电、无线电、空中领航、航空气象、空中射击等军事专业教室，使飞行院校的教学环境和条件得到了很大改善，形成一个比较完整的飞行教学保障体系。

空军飞行学院体制进行了两次调整。20 世纪 80 年代中期，在全军裁员 100 万的特定背景下，为了加速我军现代化的进程，中央军委审时度势，成立了陆军航空兵。90 年代末期，在陆航某训练基地的基础上组建了陆军航空兵学院，以加速培养陆航所需的各类人才。陆军航空兵学院不仅培训直升机飞行员、工程机务人员、技术兵，还负责培训陆军航空兵部队的中级指挥干部，是一所综合型院校。

回顾军事飞行教育的发展历程，既有辉煌的业绩和成长的经验，又有前进中的曲折和引以为戒的教训，认真地总结历史的经验和教训，使我们得到以下几点启示：①培养全面合格的飞行员，满足部队战斗力成长需要，是飞行教育的神圣使命。飞行人员是空军战斗力的主体，是航空兵部队的骨干，而飞行院校是飞行人员成长的摇篮，在军队院校系统中具有重要的地位，飞行院校向部队输送全面合格的飞行员，对于巩固和提高我军整体战斗力具有重要作用。②贯彻中央军委、总部办校方针和空军"稳步前进"的训练方针是飞行教育健康发展的根本保证。教育方针，是党和国家在一定历史阶段教育思想和教育政策的科学概括；办校方针则是党和国家教育方针的具体化。而飞行训练方针，是遵循飞行训练基本规律，结合一定历史时期飞行训练的实际情况，为飞行训练发展而确定的总方向，是对飞行训练必须遵循的基本行动准则的总概括，它从宏观上指导着飞行训练工作的各个方面，制约着飞行训练活动的全过程。③坚持以飞行训练为中心，是飞行教育顺利发展的必然选择。飞行院校工作千头万绪、方方面面，但在工作安排上，必须以飞行训练为中心，优先安排飞行训练，这是由飞行训练的特点和规律决定的，是由飞行院校的根本任务决定的。④不断深化改革，是飞行教育持续发展的强大动力。从 50 多年的实践中我们可以看出，我国军事飞行教育的发展就是一部不断探索、不断完善、不断深化的改革史。在经历了创建初期照搬照抄苏联飞行教育的一套模式以后，飞行院校在继续消化苏联经验的同时，开始注意总结自己的经验，不断进行教学改革。几经曲折，逐步形成了具有中国特色的一套训练大纲、教材、组织实施训练方法和教学方法，以及教学规章制度等，开始走出一条自己办飞行教育的路子。⑤依法治训，是飞行教育不断发展的正确道路。所谓依法治训，就是通过建立健全训练法规以及对法规的执行、遵守和监督，养成良好的训练作风，培养造就熟练掌握武器装备、行为规范的军人，全面提高部队战斗力。以提高飞行人员飞行技能和战斗技能为目的的飞行训练，离开条令、条例、规章、制度和训练大纲的保证，就很难有条不紊地实施。⑥抓好指挥员、教员队伍建设，是飞行教育长远发展的根本大计。

飞行教育训练进入 21 世纪，面对空军军事斗争准备的紧迫需要，对飞行院校的人才培养提出了新的要求，这无疑对指挥员、教官队伍建设的要求更高更严。在新的形势下，飞行院校必须继承历史上重视指挥员、教员队伍建设的优良传统，克服急功近利的短期行为，把指挥员、教员队伍建设作为一项院校发展建设的战略基础工程和关键环节来抓，长远规划、分步实施，不间断、不松劲，才能真正使飞行教育事业达到新的水平。

第五节 航空理论教育发展史

我党的早期航空学校是抗战胜利后，于 1946 年 3 月 1 日在通化成立的东北民主联军航空学校，即东北老航校。同年 7 月开始训练，第一期学员于 1948 年 9 月毕业，共 12 人。老航校在历时 3 年零 9 个月的训练中，共培养飞行学员 126 名、领航学员 24 名、通信学员 9 名。东北老航校的成立，为我党、我军留下了宝贵的精神财富，其训练管理和模式有的至今仍在沿用。1949 年 11 月 11 日，中国空军成立，飞行院校的建设与发展遇到了第一个发展的黄金期，同年的下半年，在哈尔滨成立第一轰炸机航校、在长春成立第二轰炸机航校，在锦州成立第一歼击机航校，在沈阳成立第二歼击机航校，在济南成立第三歼击机航校，在北京成立第四歼击机航校，在牡丹江建立运输机航校。并于 12 月 20 日分别正式定名为第一至第七航空学校。在飞行学员的挑选上当时曾存在分歧，苏联要求选中学以上学历的学生，而我方根据当时实际，认为打过仗的战斗骨干更适合当飞行员，最终按我方的条件挑选飞行员，在战斗中都有较好的表现，但文化水平低，飞行事故率很高。1952 年底到 1953 年初，分别在陕西阎良和山西临汾成立第十一、十二航空学校，主要培养歼击机学员，十一航校后改为飞行干部和改装任务学校，迁至河北沧县。其中在 1950 年 1 月到 1953 年 6 月，为加快人才培养，空军共成立了 8 个航空预科总队，分别担负空、地勤学员的预科教育。1951 年开始培养了第一批女飞行员。1956 年，在四川新津组建了空军第十四航空学校，1958 年在陕西户县成立第十六航校，负责空中领航、通信、射击人员训练。航空预科教育统归至长春和保定两所航空预备学校。理论训练机构在各航空学校也相继成立。在"文化大革命"前，飞行教育训练体制改革一直处于向国外学习、仿建的阶段，从体制建设、教材编写、法规建设等方面，多是边学习、边建设，边建设、边改革，主要是一个学习和消化的过程。飞行员航空理论教育改革随着飞行院校和军事飞行教育的发展而不断进行，到目前大体可分为四个阶段。

一、无学历时期的航空理论教育

（一）飞行院校初创时期的航空理论教育

飞行院校创建初期的航空理论教育是在苏联专家的帮助下进行的。航空理论教育期限很不稳定，每期学员航空理论教育阶段的时间长短，根据当时形势发展需要和各期班学员具体情况来确定。由于当时空军速成班学员已有一定航空理论知识，航空理论教育时间仅为 1 个月，第一期甲班、乙班分别为 2 个月和 3 个月，而第二期学员却为 4 个月，1952 年的第六期学员增加到了 6 个月，到 1955 年第十一期学员时增加到了 1 年。

这一时期的航空理论教学内容与具体机型（种）结合得比较紧，教学内容的设置是根据培训飞行员所用飞机机型（种）和满足飞行训练一般性需要来确定的。歼击机飞行航校设有飞行原理、飞机构造、发动机、空中领航、空中射击、航空卫生、气象学、战术学、电讯、特设、降落伞等相关课程。轰炸机飞行航校除设有上述课程外，还设有轰炸学和空中照相侦察等。

（二）20 世纪 50 年代中期至 70 年代初期的航空理论教育

1956—1965 年，飞行训练阶段学制受各种因素影响仍然不稳定，但基本上限定在 2 年以上，航空理论教育期限逐步稳定在 5 个月左右。但这一时期各飞行院校仍无统一的航空理论教育大纲，也没有统一的教材。课程设置虽没有太大变化，但具体内容选取则根据期班训练期限确定，力求结合具体机型（种）满足当时飞行训练实际需要。

然而，航空理论对飞行训练的指导作用随飞行院校飞行训练课目、练习难度加大和质量要求的提高已日显突出，规范飞行院校航空理论教学内容尤其显得重要。为了适应这一需要，空军军校部于 1966 年 4 月，在总结多年教育训练经验的基础上颁布了空军飞行院校《航空理论教育大纲》，这是空军飞行院校建设史上第一部统一的航空理论教学大纲。此大纲规定飞行院校航空理论教育教学时间为 613 学时，并划归初教机和战斗（高教）机两阶段实施。其中要求在初教机开飞前进行为期约 3 个月的航空理论集中教育，战斗机开飞前进行为期约 1 个月的转机种教育，此次所规定的教学内容如表 1-1 所示。

表 1-1　1966 年规定的航空理论教学内容　　　　　　　　学时

学科	总学时	初教机		战斗机	
		开飞前	穿插	开飞前	穿插
飞行原理	168	90	22	26	30
航空领航学	120	86	16		18
空中射击学	52	48			4
航空发动机	78	28		48	2

表 1-1（续）

学科	总学时	初教机		战斗机	
		开飞前	穿插	开飞前	穿插
飞机构造	58	20		38	
特种设备	72	45	4	21	2
航空气象知识	16	16			
空军战术知识	35				35
复习	14	14			
合计	613	347	42	133	91

从表 1-1 中我们可以看出，此次所规定的教学内容涉及的知识面仍然较窄，与初创时期相比没有太大变化，而且大纲明确要求"贯彻少而精的方针""把教学重点贯穿在每个教学环节中，使学员的精力和较多的时间用于对重点内容的研究、消化和巩固，保证学员把每门课程中最关键、最有决定意义的东西真正学到手"。教学质量评定方面，仅要求对飞行原理和航空领航学进行考试，学员转初教机训练团之前，只要求对学员写出飞行原理、航空领航学、空中射击学三门课程的学习评语。可见，飞行院校史上第一部《航空理论教学大纲》仍未摆脱初创时期突击速成培训方式的影响，对学员全面掌握航空理论知识没有提出更高要求。

由于"文化大革命"爆发，刚产生的第一部飞行院校统一的《航空理论教学大纲》被搁置一边，飞行院校航空理论教育正常秩序被打乱。从 1967 年至 1969 年这段时间，航空理论教学内容已无学科性和系统性可言，各期班根据需要自行规定内容和教学时间，搞"急用先学""开门办学"，用"动作带原理，课目带原理"，甚至出现仅用 8 天时间完成整个航理教育的情况。其结果是学员只知道"是什么""怎么做"，而不知道"为什么"，学完后，不知道飞机升力是怎样产生的，飞机为什么会失速，发动机为什么会产生推力等，航空理论教学内容形同虚设。在这期间，就连专门从事航空理论教学的机构都被撤销了，航空理论教育已名存实亡，使飞行训练质量和飞行安全受到了严重影响。鉴于此，空军机关于 1970 年 2 月再次颁布了《航空理论教育大纲》，随后又重新恢复专门从事航空理论教学的机构。经过 1 年实践后，再次对飞行院校航空理论教学内容进行了调整，具体情况如表 1-2 所示。

表 1-2 1970 年、1971 年规定的航空理论教学内容 　　　　学时

学科	1970 年			1971 年							
	总学时	初教机	战斗机	第一大纲				第二大纲			
				集中	实习	初教机	高教机	集中	实习	初教机	高教机
飞行原理	102	81	21	114		14	20	17		14	20
航空领航	49	42	7	72		14	7	10		14	7
飞机学	98	53	45								
空中射击				40				64			

表1-2（续）

学科	1970 年			1971 年							
				第一大纲				第二大纲			
	总学时	初教机	战斗机	集中	实习	初教机	高教机	集中	实习	初教机	高教机
飞机构造				57	6		14	81	6		14
航空发动机				66	12	3	18	99	12	3	18
飞机特种设备				41	6		7	48	6		7
（航空）气象（知识）	10	10		12				24			
合计	259	186	73	402	24	31	66	343	24	31	66

从表1-2可以看出，1970年设置的航空理论教学内容仍然受林彪"教学内容要精简、要压缩，应该把那些次要的东西坚决砍掉"错误思想的严重影响，仅开设了飞行原理、航空领航、飞机学、气象四门课程。此次虽然对飞行院校航空理论教学作了统一规范，但在教学内容的体系和结构上却完全打破了1966年内容设置要求的系统性，如飞机学就包含了原大纲所规定的飞机构造、航空发动机、飞机特种设备三门学科的内容。取消了集中教育，整个航空理论教育分别在初教机和高教机训练阶段实施；仍然实行"开门办学"，教学活动的组织采取航理教员、飞行教员、机务大队共同负责的方法。

1971年，针对飞行院校预校基础教育被取消，飞行训练阶段预科教育规定8个月和1年期限两种情况，制定了适用于8个月预科教育的第一大纲和适用于1年期限预科教育的第二大纲。这次制定的大纲较1970年不仅增加了教学时数，而且比较注重教学内容体系和结构的完整性、系统性，并对空军飞行院校首次提出了统一教材的要求。但教学实施仍然实行"开门办学"，重点要求学过"摸、看、做"，学会飞机设备的使用方法，对如何提高学员航空理论知识水平，并灵活应用航空理论知识解决飞行实际问题，仍然没有提出质量要求。

二、中专学历时期的航空理论教育

1973年，中央军委颁布恢复航空预备学校命令，飞行院校各项教育训练功能开始逐步恢复，航空理论对实际飞行训练的指导作用，被逐步摆脱林彪严重错误思想影响的空军、海军机关和广大飞行教育工作者所认同。1973—1978年，飞行院校航空理论教学内容进行了两次调整，其具体情况如表1-3所示。

表1-3　中专学历时期的航空理论教学内容　　　　　　　　　　　　　　学时

学科	1974 年					1978 年				
	总学时	教练机		歼击机		总学时	初教机		歼击机	
		开飞前	穿插	开飞前	穿插		开飞前	穿插	开飞前	穿插
飞行原理	250	152	35	28	35	241	150	35	28	28
空中领航	133	98	21		14	133	98	21		14

表1-3（续）

学科	1974 年					1978 年				
	总学时	教练机		歼击机		总学时	初教机		歼击机	
		开飞前	穿插	开飞前	穿插		开飞前	穿插	开飞前	穿插
空中射击	60	6				88	67			21
飞机构造	81	36		45		91	35		49	7
航空发动机	129	48	7	60	14	112	49		63	
飞机仪电、无线电设备	67	60		7		77	63	7	7	
航空气象知识	28	28				35	28	7		
合计	748	428	63	140	63	777	490	70	147	70

空军飞行院校两次航空理论教学内容调整对教学方法和教学质量都提出了"实行启发式、讨论式，废止注入式，注重培养和提高学员分析问题和解决问题的能力"要求，并分别作出了"把好质量关，对接受能力太慢，航空理论学习成绩太差，不适宜飞行的学员，不要勉强送交飞行团"和"航空理论考试不及格的学员，可补考一次，仍不及格，不准送交飞行训练团"的规定，空军飞行院校还规定学员毕业时，由空军组织对飞行原理和空中领航两门学科进行考试。

三、大专学历时期的航空理论教学内容

飞行院校自1979年正式明确实行大专学历教育后，为适应培训层次提高的要求，空军、海军机关制订了一系列满足飞行教育训练需要的可行方案，先后出台了一些新的教育训练标准。但由于"文化大革命"结束不久，教学内容设置仍然受生源质量制约。1979—1981年，飞行院校航空理论教学内容仍然没有明显改变，执行的仍然是1978年制定的教学大纲，直至1982年才重新制定新的教学大纲。但当时正值飞行训练任务调整时期，而且当时招收的学员文化基础仍然不能满足因实行大专学历教育后，航空理论教学内容难度、深度加大的要求。为了适应这一新情况，1982年，由空军和原总参颁发了两个大纲。航空理论教学内容设置情况如表1-4所示。

表1-4　大专学历时期的航空理论教学内容　　　　　　　　学时

学科	1982 年（空军）					1982 年（原总参）				
	总学时	初教机		歼击机		总学时	初教机		歼击机	
		开飞前	穿插	开飞前	穿插		开飞前	穿插	开飞前	穿插
飞行原理	412	301	48	14	49	275	150	48	28	49
空中领航	277	211	36		30	157	98	36		23
空中射击	146	125			21	88	67			21
飞机构造	172	130		42		91	35		49	7
航空发动机	206	150		56		112	49		63	

表1-4（续）

学科	1982年（空军）					1982年（原总参）				
	总学时	初教机		歼击机		总学时	初教机		歼击机	
		开飞前	穿插	开飞前	穿插		开飞前	穿插	开飞前	穿插
飞机仪电、无线电设备	156	126	9	21		79	63	9	7	
航空气象知识	49	42	7			35	28	7		
合计	1418	1085	100	133	100	837	490	100	147	100

原总参和空军颁发的大纲课程设置完全相同。空军规定的航空理论教学内容针对当时训练任务调整，部分学员延长学制，加之当时仍有相当一部分学员文化基础仍不能适应教学内容难度和深度加大后的教学要求等实际情况。空军机关决定将部分期班教育期限延长至7个月。在7个月时间里，将对学员进行适当的文化提高补习。这个大纲的特点：一是部分课程教学内容的结构体系有较大变化。例如，飞行原理，打破了过去那种纯机型教育特色，内容编排按课程基本理论自身的特点，并结合飞机性能，由浅入深、循序渐进，有规律性。二是开始注重打好学员航空理论基础，进一步加大了基本原理比重，以培养学员应用航空理论分析问题和解决实际问题能力。三是增加了新知识含量，每门学科教学内容中，都不同程度地增加了新知识内容，以拓展学员飞行专业基础知识面。

1983年8月，原总参又颁布了《军事训练补充大纲》。此大纲要求飞行院校航空理论教学内容中增加"空军（海军）航空兵战术知识"。1986年，由于歼击机飞行院校装备的高教机发生了变化，用歼5、歼教5取代退役的米格-15飞机，因而航空理论教学内容也作了相应调整，各课程均增加了歼5、歼教5飞机内容。

四、本科学历时期的航空理论教学内容

飞行院校从1983年开始进行本科学历教育试点，为了满足飞行教育培训层次提高的要求，空军、海军机关组织有关专家，经大量科学论证，并参考外军飞行院校航空理论教学内容设置情况，于1985年形成了飞行院校建设史上第一部航空理论本科教学大纲，此大纲得到了国家教委的肯定，认为它达到了国家本科学历教育标准。此后，飞行院校教育训练计划作了几次调整，航空理论教学内容也分别在1985年、1990年、1995年作了适当调整，见表1-5。

表1-5　歼击机飞行学院本科学历教育时期的航空理论教学　　　　　　学时

学科	1985年	1990年	1995年
空气动力学	70	63	1995年，由于国家实行每周五天半工作日制（后改为五天工作日制），致使教学时间减少。根据这一情况，空军、海军对飞行院校航空理论教
飞行性能分析	49	189	
飞行动力学	158		
空中领航学	149	133	
空中射击学	101	77	
飞机构造（学）	91	84	

表 1-5（续）

学科	1985 年	1990 年	1995 年
航空活塞式发动机	35	126	学内容进行了再次调整，此次航空理论教育总体要求仍与 1990 年的要求相同，而且仍然沿用 1990 年版各科教材，但教学时数相应减少。
航空喷气式发动机	91		
飞机仪电、无线电设备	81	77	
空军战术知识	60	49	
航空气象学	35	42	
航空心理学	21	21	
航空生理卫生	42	28	
集中教育结业考试		14	
初教机结业考试		14	
高教机毕业考试			
毕业论文答辩	28	35	
合计	1011	952	

1985 年飞行院校航空理论教学内容共设 13 门课。教学内容无论其结构还是体系，都有了很大进步，专业基础理论、专业新技术、新知识充实到各学科中，有效地拓展了学员知识面，并对培养学员自学能力、创新能力、分析问题和解决问题能力起到了很好的促进作用。各学科安排多达 49 项试验、实习内容，大大提高了学员的实际操作能力和独立思考、分析和解决实际问题能力。高教机毕业，歼击机飞行学员要求在飞行动力学、飞行性能分析、空中领航学、空中射击学 4 科范围内，轰炸机领航学员要求在空中领航学、轰炸学、空中照相学、空中射击学 4 科范围内，应用航空理论与飞行实践相结合，写出毕业论文。这实际上是对学员掌握航空理论知识与应用情况的一种综合考试，也是对航空理论教学质量的一种综合检查，其实效是明显的。但由于内容设置过于偏重地方航空院校和空军、海军机务工程院校的内容，出现了某些课程偏深、偏难的问题，教学内容多、课时少的矛盾十分突出，给教学实施带来了一定难度。

1990 年设置的航空理论教学内容，是在飞行院校全面实行本科教育和严格规范学制，生源质量较前期有所下降的情况下进行的。这次对航空理论教学内容作了适当调整：一是明确集中教育阶段期限由 5 个月减少为 4 个月，教学总时数减少为 952 学时。各学科具体教学内容调整较大，一些涉及基础理论、基本原理内容尤其是公式推导，根据要求进行了适当删减处理，与 1985 年规定的教学内容相比，其涉及的知识面、深度和教学难度均有所降低。二是对学科设置进行了适当调整。将飞行动力学和飞行性能分析归并为飞行力学，将航空活塞式发动机和航空喷气式发动机归并为航空发动机。轰炸机领航学员所开课程中，将空气动力学、飞行力学、飞机构造、航空发动机归并为飞机学。三是为了保证教学质量，保证学员对航空理论知识的掌握具有连续性，要求学员在集中教育阶段结业和初教机结业时进行综合考试。与 1985 年大纲相比，对学员航空理论知识掌握的深度已适当降低了要求。

1995 年，由于国家实行每周五天半工作日制（后改为五天工作日制），致使教学时间减少，根据这一情况，空军、海军对飞行院校航空理论教学内容进行了再次调整。此次航空理论教育总体要求仍与 1990 年的要求相同，而且仍然沿用 1990 年版各科教材，但教学时数相应减少。为了保证教学质量，保证学员对知识掌握的连续性，此次教学内容调整除继承 1985 年、1990 年教学内容要求外，还要求学员高教机毕业时，进行航空理论综合考试。

航空装备的飞速发展和大量高新技术在现代飞机上的广泛应用，对飞行员培训提出了新的挑战。改善飞行学员专业知识结构，拓展知识面，培养适应时代发展要求的综合能力势在必行，改变教学内容长期以来存在的知识老旧，机型教育特色过浓，致使学员航空理论知识面过窄的状况已刻不容缓。为此，空军、海军机关要求其飞行院校在不增加教学时间情况下，所有学科均应不同程度地选编一些本专业高新知识内容充实到教学内容中去，并作为正式教学内容，从而改善教学内容的基础知识结构。

从 1998 年起，空军歼击机飞行学院装备的歼教 5 飞机逐步退出现役，由教 8 飞机所替代。装备的更新自然要求航空理论教学内容随之更新。1997 年形成了适用于歼击机飞行学院新型教练机的《航空理论教学大纲》。此大纲和以往大纲规定的教学内容相比有较大变化：一是课程设置更为科学规范，尤其是设备学科，由于新机及后续机型机载设备越来越先进，原来课程设置已不能科学地涵盖有关内容。二是专业基础知识、基本原理、高新知识渗透到具体教学内容中，尤其是各专业高新知识内容，几乎充实到每个章节。三是对整个航空理论教学内容的体系和知识结构作了较大调整。

近年来，随着三代机装备飞行院校后，航空理论教学内容也相应配套进行更新，按照适应空军转型建设和新机新装发展需要，遵循飞行人员成长规律，对照不同飞行训练阶段理论需求，明确了各阶段教学目标和教学重点，优化课程和内容设置，构建了系统完整的教育训练体系。

第二篇　航空理论教育主要课程

航空理论是指从事飞行的有关人员学习和研究的与其飞行活动有关的"人-机-环"等学科的知识和理论。航空理论自成立空军组建理论教育机构以来一直是一个专有名词。早期航空理论教育开设的课程的教学内容主要是飞行技术理论和环境理论，例如，飞行原理、空中领航、空中射击、飞机构造、航空发动机、飞机仪电、无线电设备和航空气象等课程。随着航空兵装备技术的发展，为适应建设现代化战略空军的需要，对飞行人才理论知识和能力素质提出了更高的要求，现行《空军军事训练大纲与考核》将航空理论范畴扩大，航空理论课程设置更加学科化和系统化。课程体系由空气动力学、飞行力学、空中领航学、航空气象学、飞行结构与系统、飞机动力装置、飞机仪表电气通信导航、机载武器与火控系统、战术基础、航空心理和生理等学科构成。本篇重点介绍航空理论核心课程的性质、地位、作用、课程目标和主要教学内容。

第一章　飞行原理

本章主要介绍飞行原理课程的性质、地位、作用、课程目标以及课程的主要内容和基本理论。

第一节　概　述

一、课程的性质、地位及作用

飞行原理是研究飞行器空气动力产生和变化及在空中运动规律，并运用这些规律指导飞行实践的科学。飞行原理是应用力学的一个分支，是航空基础和应用的理论综合，是飞行与指挥专业飞行学员必修的核心课程。

飞行原理主要包括飞机空气动力学和飞机飞行力学。基础理论教育阶段一般以飞机空气动力学、飞机飞行力学为名称设两门课程。机型教育阶段一般将本机型的飞行原理内容进行优化综合，以飞行原理为课程名称开展教学。

飞机空气动力学主要研究飞机与空气有相对运动时，空气受到扰动的运动规律和飞机与空气发生相对运动时力的产生和变化规律，并运用这些规律指导飞行实际的一门科学。

飞机飞行力学主要研究飞机的稳定性和操纵性基本理论，并应用其理论分析稳定飞行、起飞和着陆、机动飞行等飞行技术、战斗课目的操纵动作和停车迫降、扰动气流中飞行等各种偏差的处置原理和方法，也从理论上揭示失速、螺旋等影响飞行安全的特殊情况的产生机理、预防和处置方法，是一门基础理论和飞行技术的综合学科。

飞行原理主要用于指导飞行实践、保证飞行安全、解决疑难问题、分析飞行事故等方面。在飞机和直升机飞行人员培养上，能够有助于他们理解飞行原理理论，正确掌握飞行操纵要领，了解外界环境因素对飞行性能的影响，充分发挥飞机性能，提高飞行技术和处置特殊情况的能力，保证飞行安全。在飞行训练和作战中，飞行原理一直是飞行活动的理论指导。在机型改装过程中，能够使飞行人员更好地理解和尽快适应所飞机型的特点，掌握其驾驶要领。在战术训练过程中，能够使飞行人员正确分析飞机特点和飞行员飞行技术不足，提高自己的技、战术水平。在作战飞行中，能够使飞行人员充分发挥所飞机型的性能，取得良好的作战效果。

二、课程目标

飞行原理主要包括飞机空气动力学和飞机飞行力学，下面主要介绍这两个学科的教学目标。

（一）飞机空气动力学

熟知低速和高速气流特性；熟练掌握飞机上空气动力的产生原因和变化规律；能够理论联系实际，初步具备运用本课程所学知识分析解决飞行实际问题的能力；了解空气动力学专业前沿知识和技术。

主要目标如下。

1. 低速气流特性

能够清楚各概念的前提假设，解释物理意义，说明应用的范围；能够阐述一维定常流动的基本方程的数学表达式、各项含义、物理意义及使用条件。

2. 飞机的低速空气动力特性

深刻理解和记忆迎角、升力系数、阻力系数、侧滑与侧滑角、升阻比、涡升力、诱导阻力、翼根效应与翼尖效应、地面效应等重要概念，熟练掌握低速飞行时飞机升力的产生原因及随迎角的变化规律与原因，飞机阻力的分类及变化规律，诱导阻力的产生原因，后掠翼在大迎角下翼尖先失速的原因等重要原理，能够正确使用这些基本理论分析飞机低速飞行时升力、阻力、侧力的产生原因和变化规律，并应用于将来的飞行实际问题。

3. 高速气流特性

能够理解并记忆空气压缩性、声波与声速、马赫数、膨胀波、激波等重要概念，掌握一维绝热流动的能量方程的数学表达式、物理意义、使用条件以及气流静参数随马赫数的变化、超声速气流的加速特性和减速特性、流管截面积随流速的变化规律。能够运用一维绝热流动的能量方程及相关结论分析高速流场中气流参数变化规律。

4. 飞机的高速空气动力特性

能够阐述翼型的亚声速、跨声速、超声速空气动力特性，后掠翼与三角翼的跨、超声速空气动力特性，了解边条翼、鸭式布局、翼身融合体、前掠翼和自适应机翼等现代战斗机气动布局的主要气动优势。

（二）飞机飞行力学

熟练掌握飞机稳定性和操纵性基本理论，掌握起飞着陆、基本机动动作的操纵原理和基本方法，了解飞机飞行性能。使学员正确运用飞行原理理论，掌握飞行技术、发挥飞机性能，保证飞行安全，为飞行技术训练和战术训练打下扎实的理论基础。

主要目标如下。

1. 飞机的平衡

理解飞机重心的表示方法，正确描述飞机的姿态和绕各个轴的转动。掌握飞机上各种主要力矩的平衡情况，掌握收放起落架、襟翼对飞机纵向平衡的影响。

2. 飞机的稳定性

建立稳定性概念，掌握飞机的纵向、航向和横向静稳定性及其影响因素。了解分析飞机稳定性的方法，了解高速飞机的纵向和横航向静稳定性特点。

3. 飞机的操纵性

建立操纵性概念，掌握飞机的纵向、航向和横向静操纵性及其影响因素。了解分析飞机操纵性的方法，了解高速飞机的纵向和横航向静操纵性特点。

4. 稳定飞行

了解直线飞行中，飞机阻力的构成及随速度的变化掌握飞机主要平飞、上升、下滑性能的主要内容和确定方法。掌握改变飞机稳定状态基本操纵方法和操纵原理。

5. 起飞和着陆

能够弄清起飞和着陆的操纵动作及原理，掌握影响飞机起飞和着陆性能的因素及影响程度，掌握目测的一般原理和修正目测的一般方法，能够正确处置小速度离地和着陆跳跃等可能发生的特殊情况。

6. 机动飞行

能够掌握稳定盘旋、筋斗、水平快滚、慢滚、跃升、俯冲、急盘旋下降、急上升转弯、斜筋斗、半筋斗翻转、半滚倒转等操纵方法和操纵原理。

7. 失速和螺旋

能够掌握飞机失速和螺旋的成因、判断和改进方法。

8. 停车迫降

能够理解发动机停车后飞机上受力情况的变化和对飞机滑翔带来的影响，会正确地利用飞机的高度和速度，采用正确的方法操纵飞机在正确的迫降场尽可能准确地降落。

9. 扰动气流中飞行

能够说清扰动气流种类及特点，避免其危害的措施。

10. 现代飞机操纵技术

能够了解现代飞机的操纵系统，了解主动控制技术，能够描述放宽静稳定性的工作原理。

第二节　课程主要内容

一、飞机空气动力学

（一）低速气流特性

1. 气流的有关基本概念

连续介质假设。空气微团，是指含有较多空气分子的很小一团空气，表现出来的特性是整个空气的总体属性。把空气看成是由空气微团组成的没有间隙的连续体，这就是连续介质假设。

流场、定常流动与非定常流动。通常把运动流体所占据的空间称为流场。定常流动是指流场中任一固定点的全部状态参数均不随时间变化。

流线、流管和流谱。流线是流场中的这样一条曲线，在给定的某一时刻，质心位于该曲线上各点的流体微团的速度方向都与该曲线上微团所在处的切线相重合。由通过流场中任意一个非流线的闭合曲线上各点的流线围成的管子称为流管。包含流线和涡流等能反映流体流动全貌的图形叫作流线谱（简称流谱）。

2. 一维定常流动的基本方程

一维定常流动，就是指垂直于流动方向的各个流管截面上，流动参数（p、ρ、V、T等）都均匀一致且不随时间变化。

连续方程。连续方程，是指把质量守恒定律应用于运动流体所得到的数学关系式，故又称为质量方程。表达式有两个：一个是 $\rho VA = m$，物理意义为对于一维定常流动，单位时间内通过同一流管任一截面的流体质量都相等，适用可压缩和不可压缩流体。另一个是 $VA = C$，其物理意义是在不可压缩的一维定常流动中，单位时间内通过同一流管任一截面的流体体积都相等，其适用于不可压缩流体。

伯努利方程。其表达式为

$$p + \frac{1}{2}\rho V^2 = P_0（常数）$$

物理意义是低速一维定常流动中同一流管的各处全压相等。方程适用于一维定常流动不可压缩理想流体。

3. 低速边界层

黏性流体与理想流体。有黏性的实际流体称为黏性流体。黏性系数等于零的流体称为理想流体。

边界层的产生。由于物体表面不是绝对光滑且空气具有黏性，紧贴物体表面的一层空气受到阻滞，空气的流速减小为零。这层流速为零的空气又通过黏性的作用影响与之相邻上一层空气的流动，使上层空气流速减小。一层影响一层，在紧贴物体表面的地方，就出现了流速沿物体表面法线方向逐渐增大的薄层空气，这一具有黏性的薄层空气就是边界层。

边界层的特性。边界层内的空气层间相互牵扯作用强，空气的黏性不可忽略；空气沿物体表面流过的路程越远，边界层就越厚；边界层内沿物体表面法线方向各点的压力不变，且压力等于主流的压力。

边界层的分离。空气流过一固体曲面（如机翼上表面）时，从前缘起，主流流管逐渐变细，流速逐渐加快，压力逐渐减小，存在顺压梯度；主流向后流动至某一点，流管最细，流速最快，压力最小；再往后，流管变粗，流速减慢，压力又逐渐增大，存在逆压梯度。边界层底层的空气在逆压和摩擦的双重作用下，流速很快减小为零，记为 S 点，S 点后边界层气流开始从后往前倒流。倒流而上的空气与顺流而下的空气相遇，使边界层空气堆积拱起而脱离翼面，并被主流卷走产生大量旋涡。

（二）飞机的低速空气动力特性

飞机的升力、阻力和侧力统称为飞机的空气动力。

1. 升力的产生和变化

升力的产生。空气流过正迎角机翼前缘后分成上、下两股，分别沿机翼上下表面流过。机翼上表面的流线弯曲程度大，流管变细，流速加快，压力减小；下表面的流管变粗，流速减慢，压力增大。于是，机翼上、下表面出现压力差。上、下表面压力差在垂直于相对气流方向上的总和就是机翼的升力。机翼升力的作用点叫作机翼压力中心。

升力公式为

$$Y = C_y \frac{1}{2}\rho_\infty V_\infty^2 S$$

物理意义是翼型升力系数的大小取决于翼型形状和迎角。影响升力的因素有迎角、翼型、速度和机翼面积。

2. 阻力的产生和变化

阻力是阻碍飞机前进的空气动力。阻力的方向与升力的方向垂直，与飞行速度方向相反。

阻力的产生。摩擦阻力、气流与飞机表面发生摩擦形成的阻力叫作摩擦阻力。压差阻力，是由空气黏性间接造成的一种压力形式的阻力。诱导阻力是伴随实际三维翼飞机的升力的产生而产生的。

阻力公式为

$$X = C_x \frac{1}{2} \rho V^2 S$$

影响阻力的因素有迎角、飞机形状、表面光滑程度、相对气流动压和机翼面积等。

3. 侧力的产生和变化

侧力是在飞机出现侧滑时产生的一种空气动力。

侧力的产生。现以左侧滑为例说明侧力的产生原因。相对气流从飞机左侧前方吹来，在机身和垂尾左侧，气流受到阻挡，流管变粗，流速减慢，压力增大；而在机身和垂尾右侧，流管变细，流速加快，压力减小。于是，在机身和垂尾左右两边出现了压力差。压力差在垂直于相对气流方向的总和就是飞机的侧力（Z）。

侧力公式为

$$Z = C_z \frac{1}{2} \rho V^2 S$$

侧力系数综合表达了侧滑角、机身和垂尾形状等因素对侧力的影响，其大小取决于侧滑角的大小及机身、垂尾形状等。

4. 后掠翼与三角翼的低速空气动力特性

空气流过后掠翼的流动情形。空气从远前方流向机翼前缘，因受阻滞有效分速越来越小，平行分速则保持不变。越接近前缘，气流速度越慢，方向越来越偏向翼尖。过前缘后，在从前缘流向最低压力点的途中，有效分速逐渐加快，气流方向从翼尖转向翼根。随后，又因有效分速逐渐减慢，气流方向转向原来方向。于是，整个流线呈 S 形弯曲。

后掠翼的翼根效应。后掠翼的翼根部分上表面前段，流线向外偏斜，尽管与远前方相比流管变细，但与机翼中部相比流管扩张变粗；而在后段，流线向内偏斜，流管收缩变细。在低速条件下，翼根前段流管变粗，流速增加不多，压力降低不多，吸力减小；后段流管变细，流速加快，吸力增大。与此同时，因流管最细的位置后移，故最低压力点位置向后移动，这种现象称为翼根效应。

翼尖效应。翼尖外侧的气流径直地向后流去，而翼尖部分上表面前段流线向外偏斜，故流管收缩变细，流速增加得多，压力减小得多，吸力增大；在后段因流线向内偏斜，故流管扩张变粗，流速减慢，吸力减小。与此同时，因流管最细的位置前移，故最低压力点向前移动，这种现象称为翼尖效应。

后掠翼在大迎角下的空气动力特性。后掠翼在大迎角下容易形成翼尖边界层气流先分离，对后掠翼飞机大迎角下的稳定性会产生不利的影响。

后掠翼的低速升阻力特性。无限翼展后掠翼的升阻力特性只取决于垂直分速 V_n，而与平行分速 V_t 无关。

三角翼的低速空气动力特性。与后掠翼相比三角翼的后掠角更大，展弦比和厚弦比都小，在低速大迎角飞行中，三角翼上表面会形成脱体涡，产生涡升力。脱体涡的存在可以部分地弥补三角翼低速气动特性的不足，同时使得飞机的抖动迎角和临界迎角也较大。

脱体涡的形成。其形成应具备三个条件：①前缘后掠角大于 45° 时，从前缘分离的气流才能卷成稳定的脱体涡。②机翼前缘比较尖锐，前缘曲率半径较小。③机翼迎角通常在 3° 以上。

涡升力的产生及对升力系数的影响。细长三角翼的升力是由两部分组成的，一部分是翼面附着流所产生的升力，另一部分是脱体涡所产生的涡升力，涡升力系数与迎角呈非线性关系，且随迎角增加得较快（脱体涡破碎之前）。

5. 升阻比和飞机极线

升阻比。升阻比（K）就是同一迎角下升力与阻力的比值。同一机型的飞机，在低速飞行时，气动外形不变时升阻比也只随迎角变化。总空气动力相对于升力向后倾斜的角度（θ）叫作性质角，升阻比的大小与性质角有着一一对应的关系。

升阻比曲线。升阻比（K）随迎角（α）变化的关系曲线称为升阻比曲线。有利迎角时的诱导阻力系数等于零升阻力系数，其公式为 $C_x = 2C_{x0}$。

飞机极线。以阻力系数为横坐标，升力系数为纵坐标，迎角为参变量的曲线叫作飞机极线。可查出该型飞机的零升迎角、临界迎角、有利迎角及对应的升力系数、阻力系数；可看出升力系数、阻力系数、升阻比随迎角的变化规律。

6. 飞机的增升装置

襟翼的增升原理。放下简单襟翼，相当于改变了机翼的剖面形状，增大了翼型的相对弯度，各迎角下的升力系数普遍提高。放下分裂襟翼，机翼下表面气流更加受阻，压力增大，襟翼和机翼下表面后部之间形成涡流区，使机翼后缘附近压力降低，吸引机翼上表面气流加速流动。开缝襟翼，襟翼前缘与机翼后缘之间形成缝隙，空气从下表面通过缝隙流向上表面，可以吹除机翼后部的涡流，与无缝隙相比，可延迟气流分离。

放襟翼对飞机空气动力特性的影响。放襟翼后，同一迎角下的升力系数普遍提高，阻力系数、升阻比、压力中心、零升迎角、临界迎角、最大升力系数等也随之变化。

7. 地面效应

地面效应对飞机空气动力的影响。飞机贴近地面飞行时，有效升力增大，临界迎角减小，最大升力系数降低，同一升力系数下的诱导阻力减小。

8. 螺旋桨空气动力特性

螺旋桨的拉力。产生拉力的道理和机翼产生升力的道理相同。

螺旋桨的副作用。螺旋桨滑流，螺旋桨旋转时，空气向后加速流动，并向螺旋桨旋转方向扭转，叫作螺旋桨滑流。螺旋桨的进动，改变螺旋桨轴方向时，会由于螺旋桨的陀螺效应而产生陀螺力矩使机头绕另一个轴转动，叫作螺旋桨进动。螺旋桨的反作用力矩，螺旋桨在转动中，旋转阻力对桨轴形成的力矩，称为螺旋桨的反作用力矩。

9. 负拉力

产生负拉力的几种情况。油门位置不变的情况下增大飞行速度；收油门过多或收油门时忽视外界大气温度；螺旋桨桨叶结冰；发动机空中停车。

（三）高速气流特性

1. 高速一维定常流动

空气压缩性，是指空气的体积或密度在压力或温度变化时可以改变的特性。空气压缩性受温度的影响。

声波与声速。弱扰动波（声波），在扰动传播过程中，受扰动的空气与未受扰动的空气之间的分界面叫作扰动波。波面前后压力差微小的，称为弱扰动波；波面前后压力差显著的，称为强压力波。习惯上把弱扰动波叫作声波。声波的传播速度称为声速。

马赫数的物理意义：马赫数的大小可作为划分气流速度范围的尺度；马赫数的大小可作为空气压缩性影响强弱的标志；马赫数的大小决定弱扰动的传播范围。

一维绝热流动的能量方程。方程表达式有

$$\frac{1}{2}V^2 + 3.5\frac{p}{\rho} = 常数$$

$$\frac{1}{2}V^2 + 1000T = 常数$$

$$\frac{1}{2}V^2 + u + \frac{p}{\rho} = 常数$$

方程物理意义：在一维绝热过程中，流动空气的动能、内能和压力能之间可以相互转换，总和保持不变。

2. 超声速气流的加速特性和减速特性

流管截面积随流速的变化。超声速时，速度增大时流管截面积变大。产生超声速气流的条件，除气流必须通过先收缩后扩张的流管之外，进口与出口的压力比还要足够大。

膨胀波。气流经过扇形膨胀区后，流速有一定量的增加，压力、温度、密度变化是连续的，气流经过一个微小的外凸角，产生无数道膨胀波。气流每经过一道膨胀波，流动方向就改变一次，速度就增加一点，压力、密度、温度就降低一点。

激波。超声速飞行时，超声速气流受到机头和机翼前缘的阻挡将产生激波。气流通过激波后，气流参数将发生显著的变化。

头部激波或前缘激波的产生。超声速飞行气流受到机头和机翼前缘阻挡流速减慢很多，压力显著提高，形成一个强压力波。开始由于压力波强度大，波面前后的压力差比较大，压力波传播速度大，波面可以离开机翼前缘逆气流向前传播。但是，强压力波向前传播中，强度将逐渐降低，使压力差逐步减小，传播速度减慢。当压力波传播速度与气流速度相等时，压力波将相对于飞机保持不动，这就是激波。

超声速气流流过激波后气流参数的变化。不管是正激波还是斜激波，波后与波前相比，气流速度都突然减小，压力、密度、温度都突然升高。超声速气流通过正激波后为亚声速流，方向不变。超声速气流通过斜激波后，大小可能是亚声速的，也可能是超声速的。

（四）飞机的高速空气动力特性

高速气流流过飞机时，流场中的空气密度和压力等都发生显著变化，马赫数越大变化越大，空气压缩性的影响会使飞机的高速空气动力特性与低速时明显不同。

1. 翼型的高速空气动力特性

翼型的亚声速空气动力特性。马赫数增大，升力系数和升力系数曲线斜率增大；马赫数增大，临界迎角和最大升力系数减小；马赫数增大，阻力系数基本不变；马赫数增大，压力中心前移。

翼型的跨声速升力特性。升力系数之所以有如此起伏变化，是因为翼型上下表面出现了局部超声速区和局部激波。随着飞行马赫数增大，翼型压力中心先后移，接着前移，而后又后移。翼型的跨声速阻力特性。产生波阻，在跨声速范围，阻力系数随飞行马赫数的增大一直增加，迎角增大，临界马赫数降低，翼型表面也就更早地出现局部超声速区和局部激波，阻力系数开始急剧增长，马赫数也相应减小。

局部激波的产生。当飞行马赫数（来流马赫数为 Ma_∞）大于临界马赫数时，等声速点的后面，流管扩张，空气膨胀加速，出现局部超声速区。在超声速区内，压力下降，与翼型后缘处形成较大的逆压梯度，产生较强的压力波，逆着翼型表面的气流向前传播。压力波传到某一位置，其传播速度等于迎面的局部超声速气流速度时，压力波相对于翼型稳定在这一位置上，分界面就是局部激波。

局部激波的发展。飞机以正迎角飞行，飞行马赫数超过 Ma_{cr} 后，翼型上表面首先出现范围较小的局部超声速区和强度较弱的局部激波；飞行马赫数增大，等声速点前移，同时因形状类似于拉瓦尔管的流管进口和出口的压力比增大，大于激波的传播速度，迫使局部激波后移，稳定在新的位置；飞行马赫数再增大，翼型下表面也出现了局部超声速区和局部激波；飞行马赫数继续增大，翼型上下表面的等声速线都前移，局部激波都后移，局部超声速区都扩大，但下表面的局部激波比上表面的后移得快些，当飞行马赫数增大至一定程度，下表面的局部激波先移到后缘；飞行马赫数增大至接近 1 时，上表面的局部激波也移到后缘。此时，翼型后缘出现两道斜激波，称为后缘激波。此时，上下表面几乎全是超声速区了。飞行马赫数大于 1 以后，翼型前缘出现前缘激波，后缘激波更向后倾斜，这时已是超声速了。

平板翼型超声速升阻力的产生。当超声速气流以正迎角流过平板时，在上表面前缘，超声速气流绕外凸角流动，产生膨胀波，膨胀加速，压力降低，产生吸力。在下表面前缘，气流相当于流过内凹角的壁面，方向内折，产生斜激波，压缩减速，压力增大，产生正压力。吸力和正压力沿平板保持等值，平板的总空气动力（R）作用在平板弦线的中点，并与平板垂直，沿垂直来流方向的分力为升力（Y），沿平行来流方向的分力称为波阻。

平板翼型超声速升阻力特性。当飞行马赫数大于 1 时，升力系数、阻力系数和升力系数曲线斜率均随马赫数的增大而减小。

对称薄翼型超声速升阻力的产生。正迎角下，下翼面比上翼面气流转折角大，激波强度强，波后马赫数小，压力大。因而上下翼面产生压力差，压力差总和垂直于远前方来流方向的分力，就是升力；而平行于远前方来流方向的分力，就是波阻。

对称薄翼型超声速升阻力特性。对称薄翼型超声速空气动力特性与平板翼型超声速空气动力特性仅差别在波阻系数上。

2. 后掠翼和三角翼的高速空气动力特性

后掠翼的亚声速空气动力特性。在亚声速阶段，后掠翼的升力系数曲线斜率随飞行马赫数增大而增大。升力系数斜率还随后掠角（χ）增大而减小，随展弦比（λ）的增大而增大。当后掠角一定时，展弦比增大，翼尖涡对机翼上下表面均压作用减弱，致使升力系数曲线斜率增大。

后掠翼的跨声速阻力特性。飞行马赫数超过临界马赫数而进入跨声速后，即产生波阻，使阻力系数开始急剧增加。后掠翼的跨声速升力特性。与平直翼相比，后掠翼的升力系数随马赫数的变化也比较缓和；后掠角越大，升力系数变化越缓和。

三角翼的跨、超声速空气动力特性。空气以超声速流过三角翼，对于前缘圆钝的翼面，在亚声速前缘情况下，在机翼前缘附近上、下表面的压力差较大。在超声速前缘情况下，机翼前缘附近上、下表面的压力差是均匀分布的。无论是在超声速前缘情况下还是在亚声速前缘情况下，其升力系数和升力系数曲线斜率都是比较小的。阻力系数增长的趋势也较缓和，最大阻力系数也较小。

3. 现代战斗机气动布局

边条翼，鸭式布局，三翼面布局，隐身飞机气动布局，自适应机翼。

4. 空气动力干扰

机翼与机身的相互干扰，机翼对平尾的干扰。

二、飞机飞行力学

（一）飞机的平衡

飞机的平衡是指作用在飞机上的合外力和合外力矩都为零，飞机做等速直线运动。飞行中，飞机的平衡状态会受到许多因素的影响，飞行员根据这些因素对飞机平衡的影响，正确地操纵飞机，保持飞机原有的平衡，或从一种平衡状态改变到另一种平衡状态。

1. 飞机的坐标轴系

地面坐标轴系是以地面为基准，原点位于地面或空间任意选定的一个固定点，通过该点画三条互相垂直的坐标轴。机体坐标轴系是以机体为基准，通过飞机重心的三条互相垂直的坐标轴，根据机体坐标轴和地面坐标轴之间的角度关系，可以确定飞机在空间的姿态。飞机的俯仰角、坡度角和偏航角，这三个参数称为飞机的姿态角。气流坐标轴系也称为速度坐标轴系，是以飞行速度方向（或相对气流方向）为基准，通过飞机重心画出三条互相垂直的坐标轴。空气动力沿各轴的分力，分别称为阻力、升力和侧力。根据气流坐标轴与机体坐标轴之间的角度关系，可以确定飞机的侧滑角和迎角。根据气流轴系与地面轴系之间的角度关系，可以确定飞机的轨迹俯仰角和坡度。

2. 飞机的平衡

把飞机的平衡分为纵向（也称为俯仰）平衡和横航向（也称为侧向）平衡，而横航向平衡又分为横向（也称为横侧）平衡和航向（也称为方向）平衡。

飞机的纵向平衡。飞机的纵向平衡是指作用在飞机上的各作用力对飞机机体横轴的力矩之和为零，即 $\sum M_z = 0$，此时飞机绕横轴不转动或做等角速度转动。其主要研究升力所构成的纵向力矩的平衡问题。飞机纵向力矩公式表示为

$$M_z = m_z \frac{1}{2} \rho V^2 S b_A$$

飞机的航向平衡。飞机的航向平衡是指作用于飞机上的各作用力对飞机的机体立轴的

力矩之和为零，即 $\sum M_y = 0$，也就是说飞机的左偏力矩等于右偏力矩。此时，飞机绕立轴不转动或做等角速度转动。

飞机的横向平衡。飞机的横向平衡是指作用于飞机上的各作用力对飞机的机体纵轴的力矩之和为零，即 $\sum M_x = 0$，也就是说飞机的左滚力矩等于右滚力矩。此时，飞机绕纵轴不滚转或做等角速度滚转。

（二）飞机的稳定性

飞机的稳定性是指飞机在飞行中受到各种微小扰动，偏离原平衡状态后，扰动消失，自动恢复原平衡状态的特性。静稳定性是研究飞机受小扰动偏离平衡状态后，初始瞬间的恢复原平衡状态的趋势特性；动稳定性则是指飞机受小扰动后，恢复原平衡状态的过程特性。

1. 飞机纵向静稳定性

迎角静稳定性。迎角静稳定性（又叫过载静稳定性）是指飞机受微小扰动，迎角发生变化而飞行速度不变，在飞机上能产生俯仰稳定力矩，使飞机具有恢复原来迎角的趋势。飞机是否具有迎角静稳定性及稳定性的强弱，关键在于重心与焦点的相互位置。重心位置、迎角等都对迎角静稳定性有影响。

速度静稳定性。速度静稳定性（又叫定载静稳定性）是指飞机受到扰动，速度发生了变化而过载不变，飞机上有相应的纵向力矩产生，迎角相应变化，使飞机具有恢复原速度的趋势。

2. 飞机横航向静稳定性

航向静稳定性。航向静稳定性是指飞机受微小扰动产生侧滑（或侧滑角发生变化）后，飞机能产生航向稳定力矩具有恢复原航向平衡的趋势。

横向静稳定性。横向静稳定性是指飞机受微小扰动产生侧滑（或侧滑角发生变化）后，能产生横向稳定力矩，使飞机具有恢复原横向平衡的趋势。

3. 飞机的动稳定性

动稳定性是指飞机受小扰动后，恢复平衡状态的过程特性。也就是经过扰动运动最终恢复基准运动的特性。衡量飞机动稳定性的好坏通常用三种参数：半衰期或倍幅时间、摆动周期和振荡次数。

飞机纵向动稳定性。纵向阻尼力矩是飞机俯仰转动时产生的阻碍飞机俯仰转动的力矩。飞机纵向阻尼力矩大小可按下式计算

$$M_{zd} = m_{zd} \frac{1}{2}\rho V^2 S b_A$$

飞机横航向动稳定性。横航向运动包括飞机滚转、偏转和侧滑等运动。在分析横航向静稳定性时，将其分解为航向和横向两个方面，并认为互不影响。横航向阻尼力矩包括航向阻尼力矩和横向阻尼力矩，横航向的两个阻尼力矩不仅在飞机横航向动稳定过程中起作用，在飞机机动过程中，有偏转角速度或（和）有滚转角速度时，也会影响飞机的横航向平衡。

（三）飞机的操纵性

飞机的操纵性，是指飞行员操纵杆、舵、油门等，改变飞行状态的特性。

1. 纵向静操纵性

飞机纵向操纵性是指在飞行员推拉驾驶杆，改变升降舵或平尾偏角之后，飞机改变迎角、速度等飞行状态的特性。影响纵向静操纵性的因素有：重心位置、飞行马赫数等。

直线飞行改变迎角的原理。当升降舵偏转引起的附加操纵力矩与迎角增大引起的附加稳定力矩平衡时，飞机便稳定在新的迎角下。此时力矩平衡关系为

$$\Delta M_{zc} + \Delta M_{zs} = 0$$

曲线飞行中改变迎角的原理。曲线飞行中，纵向力矩平衡关系式是

$$M_z^{\delta_z}\Delta\delta_z + M_z^{\alpha}\Delta\alpha + M_z^{\omega_z}\omega_z = 0$$

曲线飞行与直线飞行比较，增加相同的迎角，由于还要克服纵向阻尼力矩，所以飞行员需多拉杆，多增加纵向操纵力矩，或者说，如果飞行员拉同样多的杆，曲线飞行时，对应增加的迎角要比直线飞行时小些。

2. 飞机横航向静操纵性

飞机横航向静操纵性通常分为航向和横向两个方面进行研究。航向与横向操纵是互相联系、互相影响的。

航向静操纵性，是指飞行员偏转方向舵改变飞机侧滑角的特性。影响航向静操纵性的因素主要是飞行马赫数。横向静操纵性，是指飞行员偏转副翼时，飞机在无侧滑的条件下，改变其稳定滚转角速度的特性。影响横向静操纵性的因素主要有：迎角、飞行速度和马赫数。横向操纵与航向操纵的关系：在实际飞行中，不论飞行员只压杆或只蹬舵，都将同时引起飞机滚转和偏转。

3. 飞机的动操纵性

飞机的动操纵性，是指飞机对飞行员的操纵反应，也就是指飞机在接受操纵后的整个过渡过程的品质及其跟随能力。飞机静操纵性的好坏，不能全面地说明飞机的操纵性。

4. 飞行员诱发振荡

飞行员诱发振荡是由于飞行员操纵而引起的持久的或非操纵的振荡。它是包含在由飞行员和飞机所构成闭环系统中的不稳定性问题。

飞行员诱发振荡的机理主要是飞行员的操纵运动与飞机本体运动的不良耦合。诱发振荡的预防和修正飞行员诱发振荡（主要是纵向摆动现象）是当前超声速飞机常见的一种现象。它虽然不对飞行安全构成严重威胁，但是对瞄准射击将产生不利影响。

（四）稳定飞行

飞机做等速、直线飞行称为稳定飞行，又称为定常直线飞行，它主要包括平飞、上升、下滑和直线下降侧滑。

1. 平飞

飞机作水平直线的飞行叫作平飞。平飞中最常见的一种运动是飞机在水平面内做既不带侧滑也不带坡度的等速、直线飞行，即飞机运动参数均不随时间变化，又称为稳定平飞。

平飞作用力。升力（Y）、阻力（X）、推力（P）和飞机的重力。飞机平飞时的作用力应在平行于运动方向上，推力与阻力相平衡；在垂直于运动方向上，升力与重力相平衡。

平飞所需速度。要保持飞机平飞，需要有足够的升力来平衡飞机的重力，其关系式为

$$V_\Psi = \sqrt{\frac{2G}{C_y \rho S}}$$

可得平飞阻力公式为

$$X_\Psi = \frac{G}{K}$$

它决定着需用推力。

平飞性能。把飞机的平飞需用推力（功率）曲线和可用推力（功率）曲线画在同一个坐标系中，称为平飞推力（功率）曲线。可用推力与需用推力之差，称为剩余推力（ΔP）；飞机平飞性能的主要指标包括平飞最大速度（V_{max}）、平飞最小速度（V_{min}）、有利速度（V_{kmax}）和平飞速度范围。

2. 上升

飞机沿向上倾斜的轨迹做增加高度的飞行，叫作上升。作用力有升力、阻力、推力和重力。等速上升和平飞各力分别取得平衡。即

$$\begin{cases} P = X + G\sin\theta_\text{上} \\ Y = G\cos\theta_\text{上} \end{cases}$$

上升性能。飞机上升性能的主要指标有最大上升角、最大上升率、上升时间和升限。

上升的操纵原理。飞行中，在飞机上升性能允许的范围内，可以用不同的速度上升，以获得不同的上升角和上升率。改变上升状态，常常是通过操纵油门和推拉驾驶杆来实现的。

3. 下滑

飞机沿向下倾斜的轨迹做下降高度的飞行，叫作下滑。根据发动机工作状态，将下滑分为闭油门下滑和带油门下滑。闭油门下滑是发动机在慢车状态工作时，推力近似等于零的下滑。在闭油门下滑中，作用在飞机上的力有：升力、阻力和飞机重力。需将重力分解为重力第一分力（$G_1 = G\cos\theta_\text{下}$）和重力第二分力（$G_2 = G\sin\theta_\text{下}$），与其相对应的力取得平衡。带油门下滑中，发动机的推力不为零，平衡关系中应包含拉力或推力。

下滑性能的主要指标包括最小下滑角、最小下降率、最大下滑距离和下滑时间。

4. 直线下降侧滑

飞机做带坡度和侧滑的等速、直线下滑，称为直线下降侧滑。直线下降侧滑能够在不增大速度的条件下，增大下滑角，缩短下滑距离。

直线下降侧滑的操纵原理。方法有两种：一种方法是保持下滑方向（即空速方向）不变，让机头偏转，使飞机对称面偏离空速方向；另一种方法是保持机头方向不变，让空速方向偏离飞机的对称面。

侧滑角、坡度和下滑之间的关系。在直线下降侧滑中，用最大的侧滑角做侧滑，对应的坡度也大。油门位置一定的直线下降侧滑中，侧滑角大，对应下滑角也大。侧滑角越大，阻力增大越多，下滑角也越大。大油门位置和迎角一定的情况下，一定的侧滑角，必然对应一定的坡度和下滑角。

（五）起飞和着陆

1. 起飞

起飞是指飞机从开始滑跑到离开地面，并上升到起飞安全高度（即起飞越障高度，一

般规定为 15m）的运动过程。滑跑、离地、小角度上升是该阶段的三个主要问题。

起飞性能。飞机起飞性能是飞机战术技术性能的重要指标。主要包括离地速度和起飞距离。影响飞机起飞性能的主要因素有：发动机特性、飞机构造参数、气动参数等。

2. 着陆

飞机从着陆进入高度（一般规定为 15m）下滑并降落于地面，滑跑直至完全停止的运动过程，叫作着陆。飞机着陆可以分为下滑、拉平、平飘、接地和滑跑五个阶段。

着陆性能。飞机的着陆过程，严格地讲，应包括进场和着陆两个阶段。飞机接地瞬间的飞行速度叫作接地速度。着陆距离等于着陆空中段距离（从着陆进入高度到飞机接地所经过的水平距离）与着陆滑跑距离（从接地到停止滑跑所经过的距离）之和。

3. 着陆目测

飞行员根据当时飞机的飞行高度、速度以及到预定降落地点的距离，不断进行目视判断，以便操纵飞机按预定的方向，以规定的速度，降落在预定地点的过程，叫作着陆目测（简称目测）。

目测的一般原理。着陆目测，实际上是从起落航线的第三转弯就开始并贯穿于第四边，第四转弯和第五边下滑，直至接地。保持好正常的下滑线，保持好规定的下滑速度，掌握好收油门的时机和快慢是做好着陆的关键。影响着陆目测的因素主要有风、气温。

修正目测偏差的方法。修正目测高有两种方法，一是保持投影点的位置不变，适当增大下滑速度；二是将投影点位置适当前移，保持下滑速度不变。

4. 风对起飞、着陆的影响及修正原理

飞机在大逆风和顺风中起飞、着陆的特点。飞机在大逆风中起飞，在滑跑前已具有相当于风速的空速，容易保持滑跑方向，所需滑跑时间少，滑跑距离短，抬前轮的时机提前。飞行员目测容易偏低，拉杆动作应注意柔和，特别要注意的是空速虽然比较大，但地速却比较小。

侧风对起飞、着陆的影响及其修正原理。地面滑跑时，侧风会使飞机出现侧滑。修正方法：飞行员应向着侧风反方向蹬舵，并向侧滑方向压杆。空中飞行时，侧风使飞机出现偏流。修正方法一般有三种：一是航向法，二是侧滑法，三是位置法。

5. 起飞和着陆过程中的特殊情况

小速度离地。飞机小于正常离地速度就离地升空的现象叫作小速度离地。飞机小速度离地的根本原因是两点姿势过大，使飞机的迎角超过了正常离地迎角。

着陆跳跃。飞机接地后又跳离地面的现象，叫作着陆跳跃。它是在飞机着陆时由于飞行员操纵错误而发生的偏差动作。

中断起飞。飞机在起飞滑跑过程中，由于某种特殊情况，而终止的起飞过程叫作中断起飞。

继续起飞。针对多发飞机，当一台发动机发生故障后，靠其他发动机能否安全升空问题。最大起飞质量和起飞决断速度。最大起飞质量是指飞机在某机场以及当时大气条件下，允许中断起飞和继续起飞的最大质量。

（六）机动飞行

机动飞行是指飞行员操纵飞机使飞机迅速改变飞行姿态、速度、高度或飞行方向等。最基本的典型特技动作有盘旋、筋斗、横滚、急上升转弯以及斜筋斗等，这些动作包含了机动飞行的基本原理。

1. 载荷因数。除了飞机本身的重力外作用于飞机各外力的总和，就是飞机所承受的载荷。载荷与飞机重量之比表明载荷的相对大小，称为载荷因数，也称为过载。

2. 盘旋

稳定盘旋，即飞机在不带侧滑的情况下，在水平面内作等速等半径的圆周飞行。坡度小于 45° 的盘旋叫作小坡度盘旋，坡度大于 45° 的盘旋叫作大坡度盘旋。

稳定盘旋动态分析。稳定盘旋中飞机作等高等速圆周飞行。稳定盘旋的载荷因数

$$n_y = \frac{1}{\cos\gamma}$$

飞机的坡度不同，飞机的旋转角速度不同，飞机的偏转角速度和上仰角速度也不同。

稳定盘旋操纵原理。其分为进入阶段的操纵原理，稳定阶段的操纵原理，改出阶段的操纵原理。

稳定盘旋性能。盘旋半径、盘旋时间和盘旋角速度的大小，是衡量飞机盘旋性能的重要标志。盘旋半径越小，盘旋一周的时间越短，盘旋角速度越大，说明飞机的盘旋性能越好。

3. 筋斗

筋斗是飞机在铅垂平面内沿近似椭圆形轨迹同时绕横轴仰翻 360° 的飞行。它是空战和飞行训练的基本动作之一。

筋斗的动态。在筋斗的前半段，飞行速度逐渐减慢，轨迹曲率半径逐渐减小；在筋斗的后半段，飞行速度逐渐加快，轨迹曲率半径越来越大。

筋斗的进入条件。进入筋斗要有一定的速度、足够大的载荷因数，进入筋斗的底边高度不能太高。

筋斗的操纵。前半段：加油门，顶杆增大速度，柔和有力地拉杆。随着高度升高速度减小，增大拉杆行程，拉杆力却逐渐减轻。后半段：顶点应收小油门，接近垂直俯冲位置时，需要适当减小拉杆行程。接近垂直向下位置时，应适当控制拉杆。飞行速度增大到规定的改出速度应柔和有力地拉杆，飞机改出俯冲。

4. 横滚

飞机绕纵轴滚转 360° 的飞行叫作横滚。

横滚动态分析。横滚的运动轨迹是一条上下起伏又向左或向右偏移的空间曲线。

横滚的操纵。一方面是尽量减小引起轨迹起伏和偏移的向心力，即在 45°~315° 坡度之间尽量减小升力；另一方面是尽量缩短向心力作用的时间，使飞机滚得快些。

横滚偏差分析。横滚中飞机纵轴方向不断变动，横滚轨迹是半圆形的空间曲线，机头在天地线上画一个整圈。

5. 跃升、俯冲和急盘旋下降

跃升。上升角大于最大稳定上升角的直线减速上升叫作跃升。跃升的操纵：进入阶段操纵的目的是取得规定的速度和迅速地达到规定的上升角，直线跃升阶段操纵的目的是保证规定的上升角（仰角），改出阶段操纵的目的是将飞机由跃升状态转为平飞。

俯冲。飞机沿较陡的倾斜轨迹向下作直线加速飞行叫作俯冲。俯冲的操纵：进入阶段，从平飞直接进入俯冲的方法是收油门、推杆。转弯进入俯冲的方法是，向转弯方向压

杆蹬舵，同时收小油门、推杆。直线俯冲阶段，由于速度逐渐增大，需相应地顶杆减小迎角，使升力与重力第一分力平衡，才能保持直线俯冲。改出阶段，改出俯冲时需柔和有力地拉杆增大迎角，增大升力，以（$Y-G_1$）为向心力使飞机向上做曲线运动。

急盘旋下降。飞机沿陡峭的螺旋线做加速的盘旋下降，叫作急盘旋下降。急盘旋下降的成因是飞机在俯冲状态下出现了滚转。在大速度、大俯冲角的情况下改出俯冲，更应当防止飞机滚转。改出急盘旋下降，必须首先收小油门，放减速板，杆舵一致地制止飞机滚转，并改平坡度，然后再柔和有力地拉杆退出俯冲。

6. 急上升转弯

飞机在迅速做180°转弯的同时，又尽可能地增加高度的飞行叫作急上升转弯。它是空战中经常使用的飞行动作。

急上升转弯的操纵。进入阶段，使飞机上升高度高，并保证改出速度不小于机动速度。转弯阶段，飞机在急上升转弯中迅速上升高度，并同时迅速转弯。改出阶段，提前一定方向角向转弯反方向压杆、蹬舵。

（七）失速和螺旋

失速和螺旋是在飞行中由于迎角超过失速迎角后，飞机自动进入的一种非正常飞行状态。

1. 失速

失速的定义。飞行中，当迎角达到失速迎角，机翼、平尾边界层大面积气流分离，导致飞机出现非操纵的异常状态变化，称为失速。

失速迎角由以下三种状态下的迎角最小者确定：①在给定的飞行速度（或飞行马赫数）下，法向过载（或 C_y）达到最大值的迎角，即临界迎角。②在给定的飞行速度（或飞行马赫数）下，飞机发生突然的非操纵的俯仰转动、偏转或滚转时的迎角。③在给定的飞行速度（或飞行马赫数）下，飞机出现使驾驶员难以忍受的抖振或结构抖振时的迎角（过载变化的幅度为±0.6~1）。

失速的动态。飞机抖动、摇晃，飞机自动变状态，飞机形成过失速旋转。

失速警告。失速警告就是飞机接近失速迎角时，出现的飞行员能清楚辨别，具有足够强度，并为这种状态所特有的一种信息。主要有自然警告、人工警告。

失速的预防和改出。根据表速拉过载，接近抖动时，拉杆要柔和、适量，并防止飞机带侧滑，出现失速后，要蹬平舵，推杆至中立。

2. 尾旋

尾旋是飞机迎角超过失速迎角后，发生的一种连续复杂的自动旋转运动。尾旋也称为螺旋。在螺旋中飞机沿着一条小半径的螺旋线轨迹急剧下降，同时绕纵、立、横三个轴不断旋转。

尾旋的成因。低速飞机是失速加滚转，高速飞机是失速加大侧滑。

尾旋的动态。尾旋初期，飞机轨迹的中心线在铅垂面上的投影接近一条抛物线。当飞机运动轨迹的中心线呈铅垂线时，飞机作小半径的曲线运动。飞机沿螺旋线轨迹运动中，在气动力矩和惯性力矩共同作用下，滚转、偏转和俯仰转动。

改出尾旋的基本原理，消除形成尾旋的内因和外因。即退出失速，制止旋转。现代高速战斗机改出尾旋的关键是制止偏转。改出尾旋的操纵方法：改出弱尾旋用弱操纵方法

（"平—中"），改出陡尾旋用中等强度操纵方法（"反—中"），改出强尾旋用"平—中—顺"的方法，改出意外尾旋的操纵程序用由弱到强操纵方法（"平—中—顺—反"）。

倒飞失速。飞机负迎角达到负失速迎角后，翼面大面积气流分离，引发非操纵的异常动态变化，称为倒飞失速。倒飞失速改出：蹬平舵（平），保持副翼中立情况下拉杆到中立稍后位置（中）。

倒飞尾旋。倒飞尾旋动态特点：从地面观看倒飞尾旋，其动态与正飞尾旋基本上是一样的。但座舱内的飞行员却感觉有以下特点：飞机反扣着旋转，视野小。飞行员承受负过载，人离座椅头发胀。滚转与偏转方向不一致对方向的判断带来困难。

倒飞尾旋的改出。其方法有："平—中""平—后""平—前""反—中""平—中—反"。意外进入倒飞失速螺旋时，可采用这种操纵程序，即首先蹬平舵，然后拉杆到中立稍后，若飞机延迟较多不停转或出现加快旋转，应反舵到底，飞机能迅速停转。

（八）停车迫降

发动机停车后，如果空中开车不成功，或者不具备空中开车的条件，就需要实施停车迫降。

1. 停车后的滑翔性能

发动机停车后飞机的滑翔性能，主要包括停车滑翔比、下滑角、下降率和滑翔距离。

2. 停车下滑速度的选择

停车后的远滑速度。发动机停车后，能够获得最远滑翔距离的速度，称为远滑速度。

停车后滑翔速度的选择。在实际飞行中，为保证飞机具有良好的操稳特性，进而为成功实施空滑迫降创造条件，一般选择比远滑速度略大的速度作为滑翔速度进行空滑迫降。

3. 停车转弯坡度的选择

实际实施迫降中，为了给修正转弯留有余地，另外，考虑到转弯过程中到迫降场距离的缩短，通常使用的坡度都小于45°，采用30°坡度转弯，有较大的机动余地。

4. 影响停车迫降目测的因素

高度，速度，风。

5. 停车迫降航线的建立和修正目测的方法

判断飞机能否滑回机场。有心算判断法和目视判断法。

停车迫降航线的建立。完整的迫降航线为：迫降航线的起点定在T字布上空作为第一检查点；当速度和进入高度正常时，以规定的坡度做连续的一、二转弯；在T字布正侧方作为第二检查点，检查速度和高度；飞行员对T字布的观察角为45°～50°时作为第三检查点，检查速度和高度，同时放下起落架，然后用规定的坡度做三转弯；三转弯改出后的高度正常，而后向四转弯点做直线下滑；在一定的高度和速度下放下襟翼，保持相应速度和进入高度，用一定的坡度进入四转弯；第四检查点一般放在四转弯改出后远距导航台的上空。

（九）扰动气流中飞行

大气扰动主要有动力的和热力的两种原因。飞机在扰动气流中飞行，如同船舶在风浪中航行、汽车在不平坦路面上行驶一样，由于随机性的外力作用，飞机的姿态和轨迹发生变化。

1. 颠簸飞行

颠簸的产生。飞机受阵风作用，迎角、侧滑角、气流速度以及有关的空气动力和力矩都会发生变化。空气动力的变化（主要是升力的变化），使飞机轨迹改变，产生颠簸，空气动力力矩变化，引起飞机俯仰或滚转、偏转。

颠簸飞行中的操纵特点。限制做大的机动动作，不必要严格保持俯仰角，不要使用调整片配平，轻度颠簸时不必改变当时的飞行速度和高度，飞行速度和高度经过选定后不必严格保持，适当改变高度或航线以便脱离颠簸区。

2. 低空风切变对起飞和着陆的影响及处置

低空风切变的概念和分类。风向和风速在特定方向上的变化叫作风切变。它是指在同一高度上或不同高度上的很短距离内，风向和风速发生变化，以及在较短距离内升降气流变化的一种现象。

风切变对空速、地速的影响。初遇逆风会使空速回降、地速逐渐减小，随后仍做稳定飞行。

风切变对起飞和着陆的影响。飞机着陆下滑遇到逆风切变，空速突然增大，升力增大，飞行员要及早收小油门，适量顶杆，使飞机的下滑线不要变化太大，并逐渐使下滑线恢复正常，还可利用侧滑或蹬碎舵方法来增大阻力，使飞机空速迅速回降。待飞机的下滑线和下滑角接近正常时，再补些油门，带些杆，保持飞机正常下滑，完成着陆。

3. 后机进入前机尾流的动态

飞机尾流的组成。发动机湍流，边界层湍流，尾涡。

前机尾流对后机飞行的影响。横穿前机的尾流中心，飞机会忽上忽下，出现颠簸，承受很大的正、负载荷变化。正好从前机正后方进入尾流，遇到较大的下降气流，使飞机下降（或上升率减小）和颠簸。从正后方进入前机的尾涡中心，一翼遇到上升气流，一翼遇到下降气流，会承受很大的滚转力矩而急剧滚转。

（十）现代飞机飞行控制技术介绍

1. 电传操纵

电传操纵系统是将飞行员的操纵信号转换成电信号，经处理后，以电信号的形式控制舵机的一种操纵系统。它是采用杆力或（和）杆位移作为输入指令，与飞机运动信息相叠加，经过机载计算机处理，输出指令，传送给有关舵机，由舵机驱动舵面（和矢量喷口），对飞机进行全时全权限操纵的一种闭环式飞行控制技术。电传操纵系统分为模拟式和数字式两大类。

电传操纵系统对飞机特性的影响。提高了飞机的性能，提供了大迎角和大过载的限制能力，提供了满意的稳定性品质和操纵性品质，结构和使用性能突出，座舱布局灵活性大。电传系统可采用侧杆操纵（例如，美国 F-16 飞机）方式，使得飞行员观察座舱仪表不受中央安装的驾驶杆的影响。

电传操纵系统的工作原理。当系统处于操纵状态时，飞行员的操纵信号经杆力（杆位移）传感器产生电指令信号与来自测量飞机运动参数的反馈信号比较，以其差值去驱动平尾，使其做相应的运动。当飞机的运动参数达到飞行员所期望的操纵值时，舵面停止偏转，飞机即保持飞行员所期望的运动状态。飞机做稳定飞行时，若受到扰动，运动状态被破坏，则速率陀螺和加速度计会有相应的信号输出，驱动舵面偏转，使飞机自动恢复到原运动状态。此时驾驶杆不动，舵面自动消除扰动的影响，这是机械操纵所做不到的。飞机高速飞行时，若飞行员粗猛拉杆，虽然瞬间飞机迎角不大，但法向载荷很大，以致可能造成飞机结构破坏，飞行员出现"黑视"，甚至丧失意识。为此，在杆力（杆位移）传感器后设置了一个非对称的限幅电路，以限制飞机可能出现的最大正（负）过载。飞机以较低速飞行时，若飞行员粗猛拉杆，虽然瞬间法向载荷不大，但迎角很大，可能导致飞机失速，甚至进入螺旋。为此，在迎角反馈回路中设置了迎角限制器，通过增加迎角反馈的强度，使迎角得到限制，保证飞行安全。

2. 主动控制技术

主动控制技术主要内容为：放宽静稳定性技术、直接力控制、机动载荷控制、阵风载荷控制、飞机颤振抑制、乘坐品质改善、边界控制等。

第二章　空中领航学

本章主要介绍空中领航学课程的性质、地位、作用和课程目标，以及空中领航学课程的主要内容和基本理论。

第一节　概　述

一、课程的性质、地位及作用

空中领航学课程是研究空中领航活动及其规律的学科。主要内容包括领航基础知识、领航基本原理和方法、空中领航设备的基本原理及使用、空中领航误差及修正原理、空中领航准备与实施的程序和方法等。它是如何引领飞机从地球表面一点准确地飞到另一预定地点（或目标）的一门实用学科，是航空飞行与指挥专业的飞行学员的一门专业必修课程。

基础教育阶段一般以空中领航学为课程名称开设课程，按学科结构设置教学内容，从知识与技能、过程与方法等方面考虑完整基本科学理论，综合开展教学的研究与组织实施，加强实践性教学环节的组织实施和理论学习与试验研究的有机结合，提高学员的动手能力和科学研究能力。机型教育阶段，根据飞机实际装备情况和飞行训练及作战需要，设置领航学科内容，一般以空中领航学设置课程，解决机型飞行训练作战中的领航问题。

二、课程目标

通过本课程的学习，使学员获得所需的领航基础理论，学会推测领航、地标领航和无线电领航等基本方法，掌握地图作业和领航计算等基本技能，能够熟练处置迷航、罗盘故障等特殊情况，为正确进行飞行前领航准备和空中领航实施打下必要的理论基础。学习领航学科科学研究的基本方法，发展自主学习能力，养成良好的思维习惯，能运用基本理论综合分析和解决飞行中遇到的领航实际问题，提高学员理论联系实际的能力。

主要目标如下。

1. 领航基本知识

熟知在航图上认读地物、判断地貌、确定地点的方法，熟练掌握航线概念、公式和确定航线距离、航线角、磁差的方法，掌握由真航线角求磁航线角的公式和计算方法。

理解罗差产生的原因及影响罗差正负和大小的因素，掌握航向、航向线、罗差的定义、范围、公式和换算方法，熟练掌握速度、距离、时间换算、单机转弯诸元换算以及表速与真速换算的尺形和计算技巧。

掌握飞机在有风情况下航行的规律，熟练掌握气象风向、航行风向、风速、航迹角、航迹线、地速、偏流、风角的定义、范围、公式和计算方法，熟知组成航行速度三角形的八要素并能用图解法进行计算，理解空速向量、风速向量变化影响偏流、地速变化的规律。

2. 领航方法

掌握推算应飞航向、预达时刻和飞机位置的原理与方法，了解推算位置的误差和提高推算位置准确性的措施。

熟知地标的分类和特征，掌握辨认地标、利用地标确定飞机位置、用显著地标选定飞行方向的方法，了解各种因素对地标领航的影响。

熟练掌握无线电领航元素的定义、范围、公式和表示的意义，理解和掌握飞行中无线电领航元素的变化规律，掌握利用"两个罗盘"判定方位、进入预定方位线、向电台飞行、背电台飞行，向定向台飞行的原理和实施方法。

3. 沿航线飞行的领航

熟练掌握初教机预先领航准备和直接领航准备的内容、方法与技巧，为空中领航实施创造有利的条件。

掌握飞向航线起点、进入航线、检查航迹、修正航迹以及返航的方法，熟练掌握直接修正法的原理和实施方法。

4. 空域飞行的领航

掌握飞向空域和返回机场的方法、保持空域位置的方法和空域中判定机场方位的方法。

5. 领航特殊情况

了解发生迷航的原因和防止迷航的措施，掌握迷航后的处置方法，掌握陀螺磁罗盘、无线电罗盘故障的判断和处置方法，熟知飞向备降场的实施方法，掌握判断和穿越雷暴区的方法。

6. 准时到达

掌握调整速度准时到达、改变距离准时到达、转弯绕飞准时到达的公式、计算和实施方法。

7. 编队飞行的领航

熟知编队集合、护航会合、疏开与紧缩、解散着陆的有关计算，掌握其实施方法。

8. 不同条件下飞行的领航特点

掌握夜间飞行的领航特点，熟知低、高空，山区，海上飞行的领航特点。

9. 仪表进近飞行程序

熟知起始进近、中间进近、最后进近的计算，加入航线方法、偏差判断与修正方法，了解仪表进近着陆的准备与实施。

熟知仪表离场航线、仪表离场方法和仪表离场加入航线的方法，熟知等待航线的构成、基本数据、加入和脱离等待航线的方法与等待的超障余度。

10. 单机穿云飞行的领航

了解云中、云上飞行的领航特点，掌握初教机按固定方向进入导航台穿云的实施程序、实施数据和穿云计算方法，熟练掌握转弯和穿云下降中方向偏差的判断及其修正方法。掌握利用定向台直线穿云的实施方法，掌握初教机按180°转弯大航线穿云的实施方法和无风数据的计算。掌握风对直线穿云的影响及其修正方法。

第二节　课程主要内容

一、领航基本知识

（一）航空图的使用

航空图是为航空需要而专门绘制的一种地图（简称航图）。

在航图上，地物是用一定的符号来表示的。按其特点，表示的符号可分为依比例尺、半依比例尺和不依比例尺三类。

地球表面自然起伏的形态称为地貌。在航图上表示地貌的方法有三种：①等高线法；②分层设色法；③标高点法。

飞机从地球表面的一点（起点）飞到另一点（终点）的预定航行路线叫作航线。沿航线的地面水平距离即航线的长度称为航线距离。

在航图或磁差图上连接磁差相等各点的曲线，叫作等磁差线。某一地点的磁差可以从航图或磁差图上查得。

飞行中是按以磁经线为基准的航线角即磁航线角（CHX）来确定飞行方向的。

（二）领航基本计算

1. 航向的换算，单机转弯诸元的计算

真航向与磁航向的换算：真航向与磁航向之间相差一个磁差，它们的关系是

$$CX = ZX - \Delta C$$

磁航向与罗航向的换算

$$LX = CX - \Delta L$$

转弯诸元。转弯坡度的关系

$$R = \frac{V^2}{g \tan \gamma}$$

转弯时间与转弯空速、转弯坡度、转弯角度的关系

$$t_{ZW} = \frac{2\pi}{360g} \frac{VZW}{\tan \gamma}$$

转弯弧长与转弯半径、转弯角度的关系

$$S_{ZW} = R \frac{ZW}{57.3}$$

转弯诸元可通过转弯诸元尺计算。

2. 表高与气压高的换算

$$\frac{H_压}{H_修} = \frac{T_H}{T_{H标}}$$

用空中气温修正气温误差的基本公式是

$$\lg H_压 - \lg H_修 = \lg\frac{273 + t_H}{288} - \lg(1 - 0.0000226 H_{标修})$$

3. 表速与真速的换算

（1）表速与真速的关系

$$V_真 = V_修 \sqrt{\frac{\rho_标}{\rho_H}}$$

（2）表速与真速的换算

可通过计算尺进行。

（三）风对飞机航行的影响

1. 飞机在有风情况下的航行

飞机在无风情况下航行时，将机头对向哪里，飞机就能飞到哪里。飞机在顺风中航行时，在方向上，飞机的航迹线与航向线一致，航迹角等于航向；在速度的大小上，地速等于空速加上风速。飞机在逆风中航行时，在方向上，飞机的航迹线与航向线仍然一致，航迹角等于航向；但在速度的大小上，地速却等于空速减去风速。飞机在侧风中航行时，由于飞机的运动方向与风的方向不一致，从而使飞机不能飞到机头所对的某地上空。飞机在侧风中航行时，方向上会发生偏离，航迹线与航向线不一致，航迹角不等于航向；在速度的大小上，地速常不等于空速。

2. 航行速度三角形

航行速度三角形的组成用公式表示为

$$\overline{W} = \overline{V} + \overline{U}$$

从航行速度三角形中可知，飞机在有风情况下航行时，在方向上，飞机的航迹线通常要偏离航向线（顺、逆风时不偏）。航迹角与航向的关系可用下式表示

$$HJ = X + PL$$

在速度的大小上，地速同空速也常常不相等（只在接近正侧风时相等），顺风和顺侧风时，地速大于空速；逆风和逆侧风时，地速小于空速。在方向上，航向常常不等于航迹。

3. 影响偏流、地速变化的因素

飞行中只要空速、航向、风速、风向这四个因素中有一个发生变化时，偏流、地速将随之改变。歼击机飞行员主要应当掌握航向、空速改变对偏流、地速的影响，从而了解飞机对地面运动的情形。

二、领航方法

（一）推测领航

1. 推算应飞航向

推算原理。如果已知磁航线角和偏流，应飞磁航向就可按下式计算

$$CX_{应}=CHX-PL$$

推算方法。可用图解法、计风仪法和心算法来求偏流。

2. 推算预达时刻

预计到达某一地点的时刻叫作预达时刻（$T_{预}$）。推算的方法有以下两种：①按应飞时间推算；②按无风时间推算。

3. 推算飞机位置

推算方法。按航迹、地速和飞行时间推算；按航向、真速和飞行时间推算；按无风位置和空中风推算。

（二）地标领航

飞行中，用航图同地面对照，按辨认出来的地标判定飞机位置和飞行方向，引领飞机航行的方法，叫作地标领航。地标领航通常不单独使用，而与其他领航方法相结合。

1. 地标的分类及特征

地标的分类：线状地标、面状地标和点状地标。

2. 辨认地标

准确地辨认地标，必须掌握预计到达时刻、对正航图、确定对照范围和寻找辨认四个基本环节。预计到达时刻，掌握开始寻找该地标的时机。对正航图，航图上各地标间的方位关系，才能同地面上相应的各地标间的方位关系相互一致。确定对照范围，以便集中注意力，用航图上的有限部分去同地面对照，缩短辨认地标的时间。寻找辨认，要迅速准确地辨认出预定地标，必须掌握好寻找地标的时机和学会寻找辨认地标的方法。

3. 利用地标确定飞机位置

飞机正好飞到了某地标的上空，辨认出该地标，飞机的精确位置就在这个地点上。

飞机从地标的一侧飞过，飞机的精确位置应根据飞机与地标的方位和水平距离来确定。为了简便起见，通常是待飞机通过地标正侧方时，目测出飞机到地标的水平距离来确定位置。

4. 用显著地标选定飞行方向

通常有两种方法：用平行于航线的线和向显著地标飞行。

5. 各种因素对地标领航的影响

我国大致可分为三类地区，第一类是有大量不同地标的地区，地标显著且各有不同的特征，便于进行地标领航。第二类是有大量相似地标的地区，在这类地区飞行，容易认错地标。第三类是地标比较稀少的地区，辨认和目测都比较困难。此外，影响地标领航的因素有：季节、昼夜和气象条件的影响；昼间和夜间的影响；飞行高度和速度的影响。

（三）无线电领航

利用无线电领航设备确定飞机位置和飞行方向，引领飞机航行的方法，叫作无线电领航。

1. 飞机与地面电台的方位关系

无线电领航元素及其关系见图2-1。

飞机与地面电台的方位关系，分别用电台相对方位角、电台方位角和飞机方位角来表示。这三个方位角称为无线电领航元素。电台相对方位角（DXF）、电台方位角（DF）和飞机方位角（FF）之间的关系是

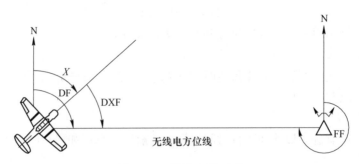

图 2-1 无线电领航元素

$$DF = X + DXF$$
$$FF = DF \pm 180°$$

飞行中无线电领航元素的变化。飞机保持一定航向飞行时，若电台在飞机的左侧，则电台相对方位角将逐渐减小，电台方位角和飞机方位角也随之减小；当飞机沿方位线作向、背电台飞行时，三个方位角都不变，但在飞机通过电台的瞬间，三个方位角均改变180°；当飞机位置一定或在同一条无线电方位线上，航向改变时，电台方位角和飞机方位角不变，但电台相对方位角将随航向的改变而变化；当航向增大时，电台相对方位角减小。

2. 利用无线电罗盘领航

（1）判定方位。具体方法有三种：用心算法判定、用对"0"法判定、用目测法判定。

（2）进入预定方位线。

$$DXF_{应} = DXF_{预} + (HX - X)$$

实施方法分为地面准备和空中实施。地面准备有画预定方位线、量预定电台相对方位角、标记预定电台相对方位角。空中实施有预计到达预定方位线的时刻、提前检查无线电罗盘是否准确调谐到预定电台、用当时保持的航向与航线角比较，心算出 $DXF_{应}$、保持好航向，观察无线电罗盘的指示，注意判断进入的瞬间。

（3）向电台飞行。不修正偏流向电台飞行，指飞行中始终保持无线电罗盘指针指向"0"位置上，使飞机纵轴前端对正电台，飞机终将飞到电台上空。修正偏流向电台飞行，保持无线电罗盘指针指在 $DXF = 360° + PL$ 的位置上（此时的航向正好是应飞航向）飞行。这种方法，叫作修正偏流向电台飞行。

（4）背电台飞行。背着位于航线起点或航线上的电台飞行，用磁罗盘配合无线电罗盘测出飞机的偏流，从而计算出应飞航向，引领飞机航行的方法，叫作背电台飞行。

3. 利用定向台领航

定向台是安装在地面的无线电定向设备，飞行员引领飞机做向定向台、背定向台飞行、进入预定方位线以及实施无线电定位等。

三、沿航线飞行的领航

沿航线飞行，是指飞机正确通过起点或转弯点后，使航迹沿着预定航线准时飞到预定地点的飞行。要使飞机沿航线飞行，需要通过空中实施来实现。

（一）飞行前领航准备

空中领航所必需的，在地面又能完成的工作，都应力争在地面做好。飞行前的领航准备，通常分为预先领航准备和直接领航准备两部分。初教机领航准备的内容如下。

1. 预先领航准备

预先领航准备是从受领任务后开始的。准备的内容应根据任务性质、当时情况和平时准备的程度而定。

预先领航计算。完成地图作业后，还应计算这些数据：计算总距离、计算总时间、计算剩油量、计算飞行安全高度。

填写领航卡片。通过地图作业和上述领航计算，将所得的有关数据、资料，按规定分别填入领航卡片中。

研究航线情况。研究航线后应熟知：沿航线的显著地标；沿航线的地貌状况；航行中可供利用的导航设备分布情况；定向台的联络方法；地面雷达的有效探测范围及准确程度。

制订飞行领航计划。主要内容应包括：起飞集合和飞向航线起点的方法；进入航线的方法；各段航线上检查航迹和修正航迹的方法；返航飞向着陆机场及解散着陆的方法；迷航后的复航措施和航行中可能出现的特殊情况的处置方法。

2. 直接领航准备

内容通常包括：了解当天航线附近的飞行活动情况、研究天气情况、计算应飞航向和应飞时间、检查飞机上领航设备等。

（二）空中领航实施

目的是使飞机沿预定航线飞行和准时到达预定地点，执行各项任务，并安全飞返预定机场着陆。

1. 飞向航线起点

飞向航线起点的方法如下。

①按航向、地标飞向航线起点。

②按预定时间转弯飞向航线起点。

③按无线电罗盘飞向航线起点导航台。

2. 进入航线

进入航线的方法如下。

①按应飞航向进入航线。

②利用平行于航线的线状地标进入航线。

③利用背电台飞行进入航线。

3. 检查航迹

检查航迹，就是检查飞机在方向上是否偏离航线，偏多少；在时间上能否按预计达到时刻飞到预定地点。有全面检查、检查方向、检查距离等形式。

4. 修正航迹

修正航迹方向。按直接修正法修正，是指飞机偏离预定航线后，在偏出地点重新确定应飞航向，使飞机直接飞向预定地点的方法。按固定时间切入法修正，是指飞机偏离预定航线后，为使飞机回到预定航线上飞行，歼击机有时采用按固定时间切入法修正航迹方向。

5. 返航

计算开始下降点。航线飞行的最后阶段是沿航线下降。为了在下降中节省油料和时间，在飞机到达降落机场前，应下降到某一预定高度上。

四、仪表进近飞行程序概述

仪表进近飞行程序的含义就是：根据导航设备提供的信息，按飞行仪表的指示操纵飞机，并对障碍物保持规定的最小超障余度所进行的一系列预定的机动飞行。仪表进近飞行程序包括仪表进近着陆、仪表离场和等待。

（一）仪表进近着陆

仪表进近着陆是根据导航设备提供的信息，按飞行仪表的指示操作飞机，并对障碍物保持规定的最小超障余度所进行的进近着陆飞行。仪表进近着陆从规定的进场航线开始，到飞机完成着陆为止，并且包括不能继续进近着陆时的复飞。

（二）仪表离场和等待

飞机按仪表的指示飞离起飞机场的航线叫作仪表离场航线。飞机沿仪表离场航线的飞行叫作仪表离场。等待航线是飞机等待进一步飞行指令时保持在指定空域内的机动飞行航线。飞机沿等待航线的飞行叫作等待。

第三章　飞机结构与系统

本章主要介绍飞机结构与系统课程的性质、地位、作用和课程目标，以及飞机结构与系统课程的主要内容和基本理论。

第一节　概　述

一、课程的性质、地位及作用

飞机结构与系统是研究飞机机械设备和工作系统基础理论的课程。它主要包括构成飞机的主要装置、主要系统，例如，起落装置、操纵、管路、救生等系统的功用、组成、工作原理和在飞行过程中出现特殊情况的机理和处置方法。飞机结构与系统是飞行人员必须要掌握的专业基础理论和应用理论课。属于飞行人员专业方向类课程。

基础教育阶段分为基础理论和初教 6 机型两部分开展教学。

机型教学一般将本机型的结构和系统的特点与应用进行优化综合。以飞机结构与系统为课程名称开展教学。

飞机结构与系统提供了飞机机械设备的工作原理理论知识和使用方法及特殊情况处置等技能，是掌握飞机驾驶技术和发挥飞机战技性能的基础。对保障飞行安全和实现飞行人才培养目标具有重要的意义。

二、课程目标

掌握飞机结构与系统的基本理论知识，正确使用飞行机械设备，预防、判断和处置飞行中的特殊情况。

主要目标如下。

1. 飞机概述

了解飞机的分类；理解飞机的基本组成；掌握飞机的性能评定。

2. 飞机结构

了解载荷、过载、飞机结构强度、飞机结构刚度、安全因数，能够描述各个部分的结构受力情况；能够解释在实际飞行中飞机结构和受力的掌握对飞行的影响。

3. 飞机操纵系统

理解飞机操纵系统的基本性能和要求，掌握飞机主操纵原理、传动比、传动系数、中央操纵机械、液压助力器使用、气动平衡装置的使用方法和实际飞行中飞机操纵系统对飞行的影响。

4. 收放系统

理解飞机收放系统的原理、气压和液压传动特性，掌握收放机构的使用方法。

重点掌握起落架、襟翼的使用，重点掌握收放系统的检查。

重点掌握收放系统的特情处理。

5. 飞机着陆减速系统

掌握飞机着陆减速系统的基本规律和飞机刹车动作。能够复述飞机刹车减速的原理、气压和液压传动特性；刹车机构的使用方法。能够解释在实际飞行中飞机着陆减速系统对飞行的影响。

6. 飞机座舱空气调节系统

掌握飞机座舱空气调节基本规律，理解飞机座舱空气调节的原理、大气特性，掌握调温转换电门的使用方法和在实际飞行中飞机座舱空气调节系统对飞行的影响。

重点掌握座舱失密及座舱冒烟的处置方法。

7. 救生系统

掌握飞机弹射救生系统设备使用的基本规律，理解救生系统的原理和特性，掌握飞机弹射救生系统设备的使用方法和实际飞行中飞机弹射救生系统对飞行的影响。

第二节　课程主要内容

一、飞机概述

(一) 出现和发展

第一代歼击机最大飞行马赫数仅为 1.3 左右，机翼为后掠翼，动力装置为带有加力燃烧室的涡轮喷气发动机。第二代歼击机最大飞行马赫数发展到 2~2.5。机翼特征为小展弦比、薄翼型机翼、三角翼或者变后掠翼。动力装置仍以带有加力燃烧室的涡轮喷气发动机为主，但推力增大，发动机推重比提高。第三代歼击机最大飞行马赫数为 2。采用了边条机翼、机动襟翼、翼身融合、近距耦合鸭式布局等先进技术。普遍采用了电传操纵系统和主动控制技术中的放宽静稳定性技术。

当前军用飞机的主要特点。第四代歼击机突出隐身性能、超声速巡航、超声速和非常规机动、短距离起落性能以及良好的维修性。可能采用前掠翼以及综合考虑减少雷达散射截面积的外形隐身设计等先进的气动布局。动力装置将采用低涵道比涡扇发动机或变循环发动机，并将采用全功能数字式电子调节系统、推力矢量喷管等先进技术。

未来军用飞机的发展趋势。第五代歼击机在经济发达国家已经开始研究，主要特征是高度智能化。

分类。军用飞机是指用于直接参加战斗、保障战斗行动和进行军事训练的各种飞机的总称。主要有歼击机、轰炸机、强击机、歼击轰炸机、反潜机、军用教练机、预警机、电子对抗机、空中加油机、侦察机、军用运输机、军用直升机等。

（二）性能评定

基本性能包括平飞性能（最大平飞速度、最大平飞马赫数和最小平飞速度）、升限（静升限、动升限等）、续航性能（航程、续航时间和作战半径）。

机动性是指飞机改变其飞行高度、速度和方向的能力。反映机动性的主要指标有最大上升率、使用过载，俯冲最大允许速度、最小机动速度、水平加减速性能和盘旋性能等。

飞机的敏捷性是指由一种机动飞行状态转入另一种机动飞行状态的能力。它包括横向敏捷性、俯仰敏捷性和轴向敏捷性。

使用性能包括可靠性、维修性、保障性和测试性。

二、飞机机体结构

（一）飞机飞行中的载荷及过载

飞机飞行中的载荷。飞行中，作用于飞机的载荷主要有飞机重力、升力、阻力和发动机推力（或拉力）。对飞机结构影响最大的是升力。

飞机飞行中过载。飞机飞行中的过载是飞机在某飞行状态时的升力与飞机重量的比值，即 $n=Y/G$。过载越大，表示升力比飞机重量大得越多，也就是飞机的受力越严重。

（二）飞机结构强度

飞机结构在载荷的作用下抵抗破坏的能力称为飞机结构强度；飞机结构在载荷的作用下抵抗变形的能力称为飞机结构刚度；设计载荷 $P_{设计}$ 与使用载荷 $P_{使用}$ 的比值叫作安全系数确 f。

（三）机翼的载荷与结构

机翼的载荷。飞行中作用于机翼的外部载荷有：空气动力、机翼的结构质量力和部件的质量力。

机翼在空气动力、机翼的结构质量力和部件的质量力作用下主要产生剪切、弯曲、扭转变形，对应其内力有剪力、弯矩和扭矩。

机翼的结构。机翼通常由翼梁、桁条、翼肋和蒙皮等构件组成。机翼结构中承受剪力、弯矩和扭矩的基本构件是翼梁、桁条和蒙皮。剪力要使截面外端的机翼沿垂直方向向上移动。弯矩要使机翼产生向上的弯曲变形。

（四）机身的载荷与结构

机身的载荷。机身承受由机翼、尾翼、起落架等部件的固定接头传来的集中载荷，同时承受机身上各部件的质量力，以及结构本身的质量力。

机身的结构。机身通常由大梁、桁条、隔框和蒙皮组成。机身的结构形式，早期低速飞机普遍采用构架式机身，现代飞机则广泛采用了薄壳式机身。薄壳式机身分为桁梁式机身、桁条式机身、复合薄壳式机身。

（五）副翼、尾翼与机体整流结构特点

副翼结构形式及特点。副翼是连接于机翼外侧后缘的操纵面，主要保证飞机的横侧操纵性。小型飞机一般为左右各一块副翼。大、中型飞机左右机翼一般各有内、外两块副翼。现代大型客机采用内外混合副翼。有些高速三角翼飞机上采用全动翼尖副翼代替副翼的功能。未安装水平尾翼的三角翼飞机，将升降舵与副翼合并为升降副翼。

尾翼结构形式。飞机尾翼一般由垂直尾翼与水平尾翼组成。垂直尾翼由垂直安定面与方向舵组成。水平尾翼由水平安定面和升降舵组成。

机体整流结构。保证机体流线光滑而减小阻力及气流分离，一般在迎风部件头部加整流罩，在部件连接的顺气流区加整流包皮，在机身与机翼、尾翼及尾部发动机连接区，采用整流罩或包皮流线过渡。机身尾部的背鳍与腹鳍，既有整流作用，又能增强飞机航向稳定性。

三、飞机主要系统

（一）飞机操纵系统

飞机操纵系统是用来供飞行员操纵飞机绕纵轴、横轴和立轴转动，以改变或保持飞机的飞行状态。

1. 操纵系统

飞机操纵系统由主操纵系统和辅助操纵系统组成。主操纵系统舵面包括副翼、升降舵和方向舵，用于操纵飞机绕三个转轴的运动。辅助操纵系统包括增升装置、增阻装置和水平安定面。增升装置包括后缘襟翼、前缘襟翼和缝翼，主要用于飞机在低速飞行时产生足够的升力，保证飞机顺利地起飞和着陆。增升装置仅应用于飞机的起飞和着陆过程。

2. 操纵系统机构

飞行员手或脚直接操纵的部分称为操纵机构。手操纵机构有驾驶杆式和驾驶盘式两种，脚操纵机构有脚蹬平放式和脚蹬立放式两种。

传动机构的作用是将操纵机构的信号传送到舵面或液压助力器。传动机构通常有软式、硬式和混合式三种。

3. 主操纵系统

飞行中操纵升降舵，飞机会绕横轴转动，后拉驾驶杆机头上仰。飞行中操纵副翼，飞机会绕纵轴转动，左压杆飞机向左倾斜。飞行中操纵方向舵，飞机绕立轴转动，蹬左脚蹬，向左偏转。

在操纵系统中，加装助力装置即称助力操纵系统。液压助力操纵一般由助力供压部分和液压助力器组成。

4. 辅助操纵系统

辅助操纵系统的操纵面包括减轻操纵力的补偿与平衡装置、增升装置、减速装置、发动机反推装置，以及保证飞机横侧、俯仰、方向操纵性与稳定性并提高操纵效率的有关装置——扰流片、增稳装置与配平装置。

调整片的操纵有机械式与电力式两种，其操纵动作方向与驾驶杆操纵方向一致。配平调整片一般用于小型飞机的全动平尾及舵面配平操纵。大型飞机一般通过感力定中配平机构实施副翼、方向舵的配平操纵。

（二）收放系统

收放系统包括起落架和襟翼收放系统，按收放系统的动力来源又可分为气压系统和液压系统两类。

利用气压能进行工作的一套设备称为气压系统。利用压缩空气作为工作介质的气压系统，习惯称为冷气系统。冷气系统包括供压部分和工作部分。供压部分用以制造并储存具有一定压力和容积的冷气。冷气传动部分主要包括冷气动作机构和冷气开关。

利用液压能来传动机件的一套设备叫作液压系统。液压系统按用途可分为主液压系统和应急液压系统，由供压部分和传动部分组成。供压部分的功用是保证在各种状态下都能及时向各传动部分供给具有一定流量和压力的液压油。传动部分的功用是根据飞行人员的操纵使供压部分输来的高压油液按预定要求传动部件。

1. 起落装置收放系统

起落装置包括起落架和改善起落性能的装置两大部分。起落架由承力结构、减震器、机轮和收放机构等组成。改善起落性能的装置主要用来缩短飞机的起飞和着陆滑跑距离，主要包括增升装置和着陆减速装置两部分。

起落架的配置形式有后三点式、前三点式、自行车式。

起落架减震装置。起落架的减震装置由轮胎和减震器两部分组成。其功用是：减小飞机在着陆接地和地面运动时所受的撞击力，并消除飞机因撞击而引起的颠簸。

前起落架的结构特点。前起落架装有中立机构和减摆器。飞机上使用的减摆器多是油液式减摆器，有活塞式和旋板式两种。基本原理是利用油液流过节流孔的摩擦作用，消耗前轮摆振的能量，来减轻摆振的。中立机构用来使前轮离地后和接地前始终保持在中立位置，以便顺利地收入起落架舱和接地时保持方向。

起落架收放机构。收放机构通常用高压油液、冷气或电力作为动力。主要由收放动作筒、收放位置锁、协调装置以及信号设备等组成。起落架信号设备有电气信号、机械信号、着陆放起落架的警告设备等。

增升装置和着陆减速装置。增升装置通过提高机翼的升力系数（有时同时增大机翼面积）减小起飞离地速度和着陆接地速度，缩短起飞、着陆滑跑距离。着陆减速装置通过增大着陆滑跑过程中的减速度缩短着陆滑跑距离。飞机上使用的增升装置有襟翼、前缘缝翼和机翼边界层控制装置三类。减速装置除机轮刹车装置外，还装有着陆减速伞、减速板、反推力装置等其他形式的减速装置。

2. 襟翼收放系统

飞机上的襟翼通常安装在机翼上，并且左右对称。在起飞以及着陆过程中起到增加升力或阻力的作用。起飞、着陆襟翼放下的角度不同，着陆时的角度大。在起飞过程中起到增加升力的作用；着陆过程中起到增加升力和阻力的作用。襟翼收放动力来源分为液压和气压两种。

3. 刹车减速原理与刹车方式

飞机机轮上采用的刹车装置，主要有弯块式、胶囊式和圆盘式三种，刹车动力为冷气或液压，现代歼击机主要采用胶囊式和圆盘式两种。常用的刹车方式有正常与防滞刹车、自动刹车、备用刹车。

（三）飞机座舱空气调节系统

通风式气密座舱，由密封、供气和座舱压力自动调节装置等组成。

通风式气密座舱内装有座舱压力调节装置，由座舱压力调节器不断将座舱内的空气放出，带走飞行人员排出的二氧化碳和水蒸气，以保持舱内空气流动和新鲜。

座舱空气调节系统特情有飞机座舱失去密封和飞机座舱内冒烟两种。

温度调节系统的主要附件有空气式冷却器、涡轮式冷却器、分流活门、调温转换电门。座舱温度调节的实质，就是控制冷、热空气的流量比例，使座舱温度保持在调定温度。

座舱空气压力调节是按照预先确定的规律自动地调节座舱的空气压力，满足选择的余压、座舱高度及其变化速度要求，同时防止超压、消除负压，确保飞行员舒适安全。

座舱压力的调节是通过座舱压力调节器控制排出座舱的一定空气量来实现的。分为直接作用式和间接作用式两种类型。

（四）弹射救生系统

弹射救生系统是在飞行中遇到某些特殊情况而确实无法保全飞机时，飞行员使用它将座椅连同自己一起弹离飞机，打开降落伞安全着陆。飞机弹射救生系统一般包括：弹射通道清除系统、弹射座椅系统、救生伞系统、个体防护装备、生存和自救设备等。对现代高速飞机来说，弹射救生一般过程可大致分为 7 个主要阶段：弹射准备、抛掉座舱盖、弹射离机、稳定减速、人椅分离、打开救生伞、安全着陆。

弹射座椅由座椅主体、弹射动力系统、约束系统、人椅分离系统、稳定减速系统、弹射操纵控制系统、救生伞系统 7 部分组成。弹道式弹射座椅是利用"滑膛炮"原理把人连同座椅作为"炮弹"一起以某一初速度弹离飞机座舱。弹道式弹射座椅主要由座椅（座椅主体）、安全带、弹射器、自动解脱装置和保险装置等部分组成。弹射过程中，人体会受到弹射过载、制动过载、高速气流吹袭和旋转等因素的影响。

自动开伞器是控制救生伞开伞的时间、高度或其他参数的重要部件，能保证跳伞时在预定的时间和高度自动打开降落伞。高度时间组合式开伞器由时间机构、高度机构和牵引机构等组成。

现代飞机采用的先进弹射救生技术包括：弹射程序控制技术、安全高度预警技术、高速气流防护技术、双态伞。

第四章　飞机动力装置

本章主要介绍飞机动力装置课程的性质、地位、作用和课程目标，以及飞机动力装置课程的主要内容和基本理论。

第一节　概　述

一、课程的性质、地位及作用

飞机动力装置是飞机发动机以及保证发动机正常工作必需的系统和设备的总称。飞机动力装置课程是研究飞机动力装置工作规律，分析性能变化，探讨使用方法的学科。主要内容包括航空活塞发动机和航空喷气发动机的基本原理、性能评定、各工作系统的工作原理、相关设备的使用、特殊情况的判断与处置等。飞机动力装置是飞行与指挥专业飞行学员的必修课程，属于专业方向类课程。

飞机动力装置是飞行器的动力源泉。飞行人员只有掌握了飞机动力装置课程的理论知识和使用技能，才能实现现代战机的高机动性、高敏捷性和高综合作战能力的良好发挥，才能保证飞机飞行性能的完美体现，圆满完成飞行训练和作战任务。对保证飞行训练安全和实现军事飞行人才培养目标具有重要的意义。

二、课程目标

通过本课程学习，使学员获得飞机动力装置的基本工作原理；了解动力装置的结构特点与性能特点；熟练掌握动力装置机械设备使用的基本知识和技能；具备运用航空发动机原理知识综合分析和解决飞行中遇到的实际问题，提高飞行中特殊情况的判断和处置能力；关注航空发动机技术的现状和发展趋势；发展自主学习能力，养成良好的思维习惯，强化创新意识，改善素质结构，提升自我发展的能力，以适应飞行训练和完成作战任务的需要。

主要目标如下。

（一）航空活塞式发动机

1. 航空活塞式发动机概述

了解航空活塞式发动机的类型，理解航空活塞式发动机特性，掌握评定航空活塞发动机的主要性能参数。

2. 活塞6甲发动机的组成和工作原理

理解活塞发动机的组成和工作原理及发动机转速调节，掌握活塞发动机主要性能参数和变距杆的使用。

3. 活塞6甲发动机工作系统

了解各系统的组成、工作情形、工作原理，掌握主要系统和装置的检查、使用和特殊情况的判断及处置。

4. 活塞6甲发动机的开、关车

理解暖机和冷机，掌握开、关车方法及注意事项。

5. 活塞6甲发动机的特殊情况

掌握发动机"气喘"、液压撞击、发动机超转和空中停车等情况的处置。

（二）涡轮喷气发动机

1. 涡轮喷气发动机概述

掌握涡轮喷气发动机推力产生和影响因素，理解涡轮喷气发动机推力性能、经济性能和使用性能，了解典型燃气涡轮发动机的组成和工作。

2. 发动机主要机件

了解主要机件的工作原理，掌握主要机件特殊情况的判断及处置。

3. 发动机工作系统

了解发动机各工作系统的工作原理和特性。

4. 发动机的使用限制

理解为确保发动机稳定工作和强度所进行的限制。

第二节　课程主要内容

一、航空活塞式发动机

（一）概述

航空活塞式发动机是利用汽油与空气混合，在密闭的容器（汽缸）内燃烧，通过气体膨胀推动活塞做功的热动力装置。活塞式发动机带动螺旋桨，由螺旋桨产生拉力。

1. 航空活塞式发动机的类型

按发动机使用的燃料种类可分为轻油发动机和重油发动机；按形成混合气的方式可分为汽化器式和直接喷射式；按混合气着火的方法可分为点燃式和压燃式；按冷却发动机的方法可分为气冷式和液冷式；按汽缸排列的方式可分为直列型发动机和星型发动机；按空气进入汽缸以前是否增压可分为吸气式和增压式。

2. 评定发动机的主要性能参数

发动机功率。发动机工作时，用来转动螺旋桨的功率叫作发动机的有效功率（发动机功率）。影响发动机功率的主要因素有进气压力、转速和余气系数等。

进气压力的大小可通过油门手柄改变节气门的开度来进行调节。推油门时，进气压力增大，发动机功率增大。进气压力受飞行高度的影响，油门不动、飞行高度升高时发动机的功率减小。发动机转速增大,发动机功率增大。

发动机每小时所消耗的燃油的重量叫作燃油消耗量。发动机产生 1PS 的功率,在 1h 内所消耗的燃油的重量叫作燃油消耗率。燃油消耗率越小,经济性越好。

发动机比重是指发动机重量与发动机最大功率的比值。

航空活塞式发动机特性。航空活塞式发动机的有效功率和燃油消耗率随发动机转速、进气压力和飞行高度等变化的规律叫作发动机的特性。

当进气压力最大时,发动机的有效功率和燃油消耗率随转速变化的规律,叫作发动机的负荷特性;转速增大时,有效功率起初是随之增大的,但当增大到一定数值以后,又逐渐减小。燃油消耗率是随着转速的增大而一直增大的。

在转速保持不变的条件下,发动机有效功率和燃油消耗率随飞行高度变化的规律,叫作发动机的高度特性;随着高度的升高,有效功率一直减小,燃油消耗率则不断增大。

增压式发动机,在保持转速不变的条件下,有效功率和燃油消耗率随进气压力变化的规律,叫作发动机的增压特性;当转速保持不变时,有效功率随着进气压力的增大而一直增大;燃油消耗率则随着进气压力的增大先是减小,而后增大。

（二）发动机的组成和工作原理

1. 发动机的组成

发动机由主要机件和工作系统两部分组成。发动机的主要机件包括汽缸、活塞、连杆、曲轴、机匣和气门机构等。航空活塞式发动机一般都具有燃油、点火、润滑、冷却和起动等工作系统。主要工作状态:①额定工作状态是在设计时所规定的发动机的基准工作状态。②起飞工作状态是起飞时所使用的工作状态,也可用于飞机离地后的起始爬高阶段。③巡航工作状态是飞机做巡航飞行时,发动机使用的工作状态。④慢车转速是指在地面,油门杆在最后位置时发动机的转速。

2. 发动机的工作原理

发动机工作时,燃料和空气的混合气经过进气门进入汽缸,在汽缸内被活塞压缩后,由电火花点着进行燃烧,放出热能。高温高压的燃气剧烈膨胀,推动活塞做功,并将热能转换为机械能。最后,工作完毕的废气经排气门排出到大气中。四行程是指进气行程、压缩行程、膨胀行程和排气行程。多汽缸发动机各个汽缸的点火按一定的次序均匀错开,发动机的运转较为平稳。

（三）航空活塞式发动机的转速调节

1. 螺旋桨的有关知识

螺旋桨由桨毂、桨叶、桨叶套、配重和变距机构等组成。

改变桨叶角叫作变距,增大桨叶角叫作变大距;减小桨叶角叫作变小距。

2. 调速器调节转速的原理

螺旋桨用液体压力变小距、用螺旋桨上装置的配重所产生的离心力（称为配重离心力）变大距,这种螺旋桨所配用的调速器叫作正向液压式调速器。

发动机上设置了调速器,飞行员可以通过操纵变距杆选定各种不同的转速。

（四）发动机工作系统

1. 燃油系统

燃油系统的功用:向发动机供给适当的燃油,并促使燃油雾化、汽化,以便与空气均匀地混合，组成余气系数适当的混合气，满足发动机在各种工作情况下的需要。燃油系统由汽油箱、消耗油箱、单向活门、防火开关、汽油滤、汽油泵、汽化器和手摇泵等组成。

发动机工作时，曲轴带动汽油泵工作，将汽油箱内的汽油抽出。汽油经消耗油箱、单向活门、防火开关和汽油滤进入汽油泵，经汽油泵提高压力后送到汽化器与空气组成混合气。当汽油从汽油箱内流出时，为了使汽油箱内的压力不至于变小，在左、右汽油箱和消耗油箱的上端，均设有通气孔，以保证汽油能顺畅地从汽油箱流出。

汽化器是汽化器式燃油系统的主要附件。在薄膜式汽化器上都设有慢车装置、加速装置和高空调节装置等辅助装置。发动机工作时，曲轴带动燃油泵的转子旋转，为燃油增压。当燃油泵故障时，连续摇动手摇泵手柄，便可不断地将燃油箱内的燃油抽出，送往汽化器。

发动机工作时，燃油系统的供油情况通过汽油压力（汽油泵出口压力）的大小来检查。汽油箱内剩余油量的多少，是通过油量表来检查的。

油门的使用：推油门时，发动机功率增大。在使用中，推油门动作必须要柔和，而且中间不能停顿。油门由最后推至最前位置应按规定时间进行，防止发动机过贫油。

加温杆的使用：进气温度是指汽化器进口处的空气温度。前推加温杆升温，后收降温。

高空杆的使用：当飞行高度升高时，高空杆适当向前推；当飞行高度降低时，后收高空杆。

2. 滑油系统

滑油系统的功用：发动机工作时，使滑油循环流动，对各摩擦面进行润滑和散热。

发动机的滑油系统，由滑油箱、滑油滤、滑油泵、收油池、滑油散热器、冲淡开关和检查滑油系统工作情况的仪表等组成。

滑油温度不正常：可操纵散热风门开关进行调整。左拧散热风门开关，滑油温度降低；右拧散热风门开关，滑油温度升高。若散热风门开关已到极限位置仍不能恢复到正常数值，则应报告指挥员，进行处置。若开大或关小散热风门时，温度表指示不变，则可能是滑油温度表有故障。这时可参考汽缸温度表飞行，并报告指挥员。

滑油压力不正常：飞行中发现滑油压力表指示不正常时，首先应判明是仪表故障还是系统故障。

3. 点火系统

点火系统的功用：产生高压电，并按点火次序将高压电输往各汽缸去点燃混合气。

点火系统由磁电机、电嘴、磁电机开关和控制电门等组成。

飞行中，应将磁电机开关对正"1+2"位置。磁电机开关上的"1"和"2"位置是机务人员试车时用来检查磁电机性能的，在地面磁电机开关转柄应对正"0"位置。

避免电嘴挂油的方法是：没有必要时，不要让发动机在小转速工作过久，以免电嘴积炭很多；起飞前或关车前，应该先烧电嘴。

4. 散热系统

散热系统的功用：保持发动机温度在适当范围内，以保证发动机正常工作。

散热系统由散热片、导风板、整流罩和鱼鳞片（也叫百叶窗）等组成。

飞行员可通过鱼鳞片开关，操纵鱼鳞片开度，左拧开关，降温；右拧开关，升温。

5. 起动系统

起动系统的功用：供给起动时所需的汽油和高压电，并利用冷气压力和混合气点火燃烧后的爆发力，来起动发动机，使之迅速转入正常工作状态。

发动机的起动系统由注油唧筒、电磁阀门、冷气分配器、起动电门、起动按钮和起动线圈等组成。

（五）发动机的特殊情况

1. 发动机"气喘"

"气喘"时发动机会出现短时间的爆发间断，转速下降，发动机声音不正常等现象。严重时造成熄火停车。发动机"气喘"主要是由于混合气过分贫油和电嘴挂油积炭而造成的。

预防"气喘"：注意保持汽缸温度和进气温度在适宜范围内；加油门不要太快；起飞前，必须按规定烧电嘴。

2. 液压撞击

发动机下部汽缸内，如果流入滑油或汽油，当活塞上行压缩时，由于液体占据了一部分燃烧室容积，并且不可压缩，汽缸内气体压力大大超过正常情况下的压力。继续工作，气体就会阻止活塞向上死点运动，迫使曲轴停止运动，这种现象称为液压撞击。

造成液压撞击的因素有两个：一是汽缸内要有一定数量的积油；二是活塞要有一定运动的速度。

预防液压撞击：开车时按规定使用注油唧筒；停车时按规定冷机；机务人员按规定做好发动机的停放工作。起动前手扳螺旋桨排油，将汽缸内积油放净，如果发现下部汽缸积油过多，应查明原因，彻底排除。

3. 发动机的超转

发动机超过最大允许转速的现象，叫作超转（也叫作飞转）。

发动机超转的原因是调速器超过调速范围，不能正常工作。

超转的预防方法：飞机俯冲时进气压力不得过大，飞行速度不得超过一定值。当发现有超转趋势时，应及时改出俯冲。冬季长途飞行中，应每隔一定时间，在规定转速范围内操纵几次变距杆，以防止超转。

4. 发动机空中停车

飞行中，发动机各个汽缸内出现混合气不爆发（或爆发时断时续）的现象，叫作发动机空中停车。空中停车一般分为两类，一类是故障性停车，另一类是非故障性停车。

非故障性停车的原因主要有：操纵油门过猛"气喘"停车；误推高空杆贫油停车；误拉防火开关断油停车；注油唧筒未锁住富油停车；磁电机开关位置不正确熄火停车；未充分暖机。故障性停车的原因主要有：主要机件故障；汽油系统故障；滑油系统故障；点火系统故障。

遇到空中停车应按下述方法处置。

①报告飞行指挥员飞机的位置、高度和停车情况。②以有利的速度150km/h对正机场或迫降场下滑。③迅速检查：磁电机开关、防火开关、高空杆和注油唧筒位置是否正确，若有差错立即纠正，使发动机恢复正常工作。若螺旋桨已不转动，不能进行空中开车，应根据具体情况进行迫降或其他应急处理。若螺旋桨仍在转动，应打手摇泵或注油唧筒注油供油，并柔和地前后活动油门，尝试空中开车。④若开车成功，应充分争取高度，对向机场迅速返航；若发动机仍不能恢复工作，应根据具体情况迫降或其他应急处理。

二、燃气涡轮喷气式发动机

（一）概述

喷气式发动机是把燃料的热能转换为气体的动能，使气体从发动机高速喷出，从而产生推力的一种热力机。

1. 推力

气体流过发动机内部，经过压缩、燃烧和膨胀后，气体由流入发动机时的飞行速度 V 增大到喷气速度 C_9。发动机内部对气体施加了向后的作用力，反作用力就是发动机的推力。

发动机的推力公式

$$F = W_a(C_9 - V)$$

推力大小取决于气体流过发动机时的空气流量和速度增量。

2. 性能评定

性能评定从推力性能、经济性能、使用性能方面评定。

发动机的使用性能通常包括耐久性、工作可靠性、可操纵性、可维修性。

3. 典型燃气涡轮喷气发动机介绍

涡轮喷气发动机。它的主要机件有进气道、压气机、燃烧室、涡轮和喷管。工作系统主要有燃油系统、滑油系统和起动系统。

空气由进气道进入压气机，经压气机压缩后，空气的压力增大、温度升高。随即进入燃烧室，并与喷嘴喷出的燃油混合燃烧，燃气流入涡轮进行膨胀，涡轮便在高温、高压气体的推动下旋转，从而带动压气机旋转。燃气经涡轮最后进入喷管，在其中继续膨胀，把部分热能转换为动能，从喷口以很大的速度向外喷出，使发动机产生推力。

涡轮风扇发动机。它又称为内外涵涡喷发动机。内涵核心机是由高压压气机、主燃烧室和高压涡轮组成。核心机前、后分别安装上风扇和低压涡轮就构成了低压转子。

涡轮风扇发动机工作时，由内外涵同时产生推力。

涡轮风扇发动机的主要优点：起飞推力大；经济性好；噪声低；加力涡轮风扇发动机推力性能好。

涡轮螺旋桨发动机。主要机件包括：进气道、压气机、燃烧室、涡轮和喷管，以及螺旋桨和减速器。

发动机工作时主要由螺旋桨产生拉力。

涡轮轴发动机。它是直升机动力装置，除了具有涡轮喷气发动机的主要机件外，在涡轮后面还有一个自由涡轮，用于带动直升机旋翼。

（二）发动机主要机件

1. 进气道

进气道是指由飞机进口（或发动机短舱进口）到发动机的压气机进口这段管道。进气道的功用：把足够数量的外界空气，以较小的流动损失，顺利地导入压气机。此外，在飞行速度大于压气机进口气流速度时，还可以提高压气机进口的空气压力。

$Ma<1.5$ 的飞机，通常采用亚声速进气道，一般采用收敛和扩散两种形式。

$Ma>1.5$ 的飞机，都采用超声速进气道。

2. 压气机

压气机的功用是提高空气压力，为膨胀做功创造有利条件，提高热效率，改善发动机的经济性，增大发动机的推力。

现代发动机都采用轴向式压气机，它由若干个单级压气机组成。由一排工作叶片构成了叶轮，各级叶轮组成压气机的转子。由一排整流叶片构成了整流环，各级整流环与机匣固定在一起组成压气机的静子。

压气机主要特殊情况是压气机发生喘振。压气机发生喘振时，发动机会出现振动，并发出低沉的噪声，喷气温度也会升高。发动机工作不稳定。

结构设计防喘措施有：压气机的中间级放气；调整进口导流叶片和静子叶片角度；采用双转子结构。

容易出现压气机喘振的情况有：推油门杆过猛；进气道喘振；进入螺旋；双转子互相卡住。

飞行中防止喘振要注意操纵油门动作应柔和，不要过猛；操纵飞机应柔和，避免飞机姿态变化过大，尤其避免猛拉杆。

3. 燃烧室

发动机燃烧室包括主燃烧室和加力燃烧室，是燃料与空气混合并进行燃烧的地方。

涡轮喷气发动机的燃烧室，可分为筒形燃烧室、筒环形燃烧室和环形燃烧室。

燃烧室的核心问题是保证稳定燃烧。

影响稳定燃烧范围的因素有飞行高度、飞行速度、发动机转速；飞行高度越低，飞行速度越大，转速越大，稳定燃烧范围越大。有利于稳定工作。

飞行中容易造成燃烧室熄火的几种情况：高空使用小转速飞行；操纵油门动作过猛；操纵飞机动作过猛。

燃烧室熄火的预防：高空避免长时间使用小转速；操纵飞机和油门的动作必须柔和适量，尤其在高空。

4. 涡轮

涡轮的功用是将燃气的一部分热能转换成机械能，带动压气机和其他附件工作。

涡轮的组成。涡轮一般都是采用多级涡轮，单级涡轮的基本组成部分是导向器和工作叶轮。

涡轮的主要特殊情况是涡轮叶片断裂。

涡轮叶片断裂的原因：推油门过猛；超转；使用最大转速时间过长。涡轮叶片断裂的预防：加速时，操纵油门应柔和；连续使用最大转速的时间不得超过规定。

5. 喷管

喷管的功用是使气体继续膨胀，从发动机高速喷出获得推力；通过喷管来改变发动机的工作状态或改变推力的大小和方向。

现代发动机的喷口多为可调式，其功用是为发动机工作的每个状态提供最恰当的喷口面积。

（三）发动机工作系统

发动机工作系统主要由燃油系统、滑油系统和起动系统组成。

1. 燃油系统

燃油系统的功用是在不同的条件下供给发动机不同压力和流量的燃油，以使发动机获得所需要的推力。燃油系统由供油部分、操纵部分和调节部分组成。

稳定状态调节系统包括：流量调节系统，转速调节系统。

转速调节系统的基本工作原理有偏离原理和补偿原理两种类型。

过渡状态调节系统：加速过程；减速过程；起动过程。

燃油系统特殊情况有：发动机超转；发动机超温；发动机转速悬挂或转速随意变化。

2. 滑油系统

滑油系统的功用：把数量足够、黏度适当的滑油循环不断地输送到各摩擦面上，使机件得到良好的润滑和冷却。

燃气涡轮喷气发动机的滑油系统一般为闭式的循环系统。

滑油系统特殊情况包括：滑油温度不正常和滑油压力不正常。

3. 起动系统

发动机转子由静止状态加速到慢车转速的过程，叫作发动机的起动过程。起动系统的功用是保证发动机在地面和空中可靠地进行起动。

起动系统由起动机、供油与点火装置、几何调节装置、补氧装置、起动控制装置、慢车转速调整装置等组成。

发动机起动由起动电气系统自动控制上述附件工作，以顺利起动发动机。

（四）发动机的使用限制

限制项目包括：为确保部件稳定工作进行的限制；确保发动机各部件强度不超过允许值所进行的限制；发动机工作状态使用限制区域。

为确保压气机稳定工作的限制包括：对飞行条件进行限制；对使用试车的限制；对发射武器的限制。

为确保进气装置稳定工作所进行的限制包括：超声速飞行时，禁止发动机转速减小到低于最大状态；禁止高空、高速飞行时断开加力。

为确保燃烧室稳定燃烧所进行的限制包括：对高空收油门的限制；对加力状态使用的限制；对空中起动使用的限制；为防止出现振荡燃烧所进行的限制。

确保发动机各部件强度不超过允许值所进行的限制包括：对最大转速和最高涡轮前燃气温度的限制等。

第五章 机载设备原理与应用

本章主要介绍机载设备原理与应用课程的性质、地位、作用和课程目标，以及机载设备原理与应用课程的主要内容和基本理论。

第一节 概 述

一、课程性质、地位及作用

机载设备是飞行器上安装的用于提供给驾驶员驾驶信息、保障飞行安全和辅助飞行所需要的电子和控制设备的统称。机载设备原理与应用课程主要研究各种电子和控制设备的工作性质、特点和原理，并运用这些规律和特点指导飞行人员及时准确获取飞行驾驶信息。机载设备原理和应用是仪表、电气、通信、导航和控制等学科理论教育与实践应用的综合，是航空飞行与指挥专业飞行人员的专业基础理论教育和专业实践教育的必修课程。

机载设备的研究对象是飞行器高度、速度、姿态、导航、通信和飞行器自身参数等驾驶信息的获取方法，及其控制和显示设备的工作原理和操作处置方法。专业基础理论教育阶段一般以"机载设备原理与应用"和"综合航空电子系统原理"为名称设两门课程。在机型教育阶段一般将本机型的机载设备应用内容进行优化综合，以"飞机仪表电气通信导航设备"为课程名称开展教学。

机载设备原理与应用是专业理论与实践应用的学科，主要任务是使飞行员熟练掌握准确获取驾驶信息的方法和相关控制设备的操作方法、工作原理及处置原则。帮助飞行员能够及时对飞机的飞行状态进行判断，最大限度地提高飞机飞行性能，为完成飞行任务和保障飞行安全提供有力的数据和技术支持。在飞行训练和作战中，机载设备的应用是飞行活动的主要环节和关键性环节；在机型改装过程中，能够使飞行员尽快掌握驾驶信息的获取方法和操作方法及处置原则，为在战术训练和作战飞行等任务的完成提供有效的技术支持和实践理论指导。

二、课程目标

掌握机载设备的基础理论，正确掌握典型机载设备的使用方法，理解机载设备的工作原理和典型机载设备性能特点、使用方法、故障判断及处置原则，为保证完成飞行训练打下良好的专业理论基础。熟悉现代军机机载设备基本原理，建立机载设备整体性概念。理解现代军机机载设备的基本原理、技术性能和使用特点，能够综合运用有关知识、技能与方法，分析和解决飞行中的实际问题。

主要目标如下。

1. 测量高度、速度的仪表与系统

了解各物理参数的概念和航空仪表的功用与组成，正确理解其相互关系和工作原理，掌握全静压管、压力传感器、总温传感器等的测量原理。

2. 测量飞机姿态的仪表与系统

了解各物理参数的概念和航空姿态仪表的功用与组成，正确理解其工作原理，掌握其使用方法、故障判断和处置原则。

3. 测量飞机航向的仪表与系统

了解各物理参数的概念和航空航向仪表的功用与组成，正确理解其工作原理，掌握其使用方法、故障判断和处置原则。

4. 电源系统和灯光信号照明设备

了解各物理参数的概念和电源系统与灯光信号照明设备的功用及组成，正确理解其工作原理，掌握其使用方法、故障判断和处置原则。

5. 机载通信设备

了解无线电波的概念、发射过程、传播规律和各波段电波的传播特点，了解发射机、接收机和机载数据传送设备的组成、功用，理解发射机、接收机的工作原理和机载通信设备主要战术技术指标，熟知主要通信设备的使用方法、故障判断与处置原则，熟知机内通话器的使用特点、使用方法及注意事项。

6. 无线电导航设备

了解无线电导航设备的功用和组成，正确理解其工作原理，掌握其使用方法、故障判断和处置原则。

7. 飞行控制系统

了解无线电导航设备的功用和组成，正确理解其工作原理，掌握其使用方法。

8. 惯性导航系统、飞行参数记录系统和告警系统

了解惯性导航系统（简称惯导系统）和飞行参数记录系统（简称飞参系统）的功用、组成和基本原理，了解告警系统的功用、告警方式和基本原理。

9. 座舱显示设备的综合使用

了解座舱显示设备综合使用的一般方法和座舱显示设备相互代用的一般方法。

10. 航空电子综合化系统

了解机载综合电子显示系统现状、主要设备的工作原理，熟悉座舱综合显示与基本控制方法，掌握综合显示与控制系统的组成及结构，熟知机载计算机系统结构及航空数据总线的基本特点和通信方式。

第二节 课程主要内容

一、测量高度、速度的仪表与系统

（一）大气传感器

压力传感器按被测压力性质，可分为绝对压力传感器和相对压力传感器；按被测参

数，可分为全压、静压、动压等传感器。

全静压管通常分为亚声速全静压管、超声速全静压管和补偿式全静压管。

全静压管把收集来的大气压力参数输送到各种设备中去，各设备可采用不同的压力传感器来测量、转换并指示出相应的结果。

空速传感器是将飞机相对于未被扰动的大气的飞行速度，转换成确定的电参量输出的测量装置。

（二）气压式高度表

根据测量高度时所选取的基准面（零高度面）不同，飞行中使用的飞行高度有：相对高度、真实高度、绝对高度、标准气压高度。

目前飞机上测量高度的方法有两种：一种是通过感受气压的大小来测量高度；另一种是利用无线电波的传播特性来测量高度。气压变化，高度表指针的指示也随着变化，所以高度表实质上是一个气压表，也叫作气压式高度表。

气压式高度表用来测量飞机的相对高度和标准气压高度。

（三）空速表和马赫数表

在海平面标准大气条件下，测量动压而得到的空速，叫作指示空速。指示空速又称为表速，测量指示空速的仪表，叫作指示空速表。把飞机相对空气运动的实际速度叫作真空速。指示空速与真空速的关系为

$$V_{真} = V_{指} \sqrt{\frac{\rho_0}{\rho_H}}$$

指示空速表就是根据海平面标准大气条件下空速与动压的关系，通过测量动压来表示空速的。

马赫数表用来指示飞行中飞行马赫数的大小。马赫数是表示真空速与飞机所在高度的声速的比值，其表达式为

$$Ma = \frac{V_{真}}{a_H}$$

（四）升降速度表

升降速度表用来测量飞机的上升率和下降率，即飞机上升和下降的垂直速度。

升降速度表就是通过测量气压的变化快慢来指示升降速度的。

升降速度表在测量过程中，升降速度的大小是由毛细管两端的压力差决定的。飞机上升时，毛细管内端气压大于外端气压，故仪表指示上升。

（五）迎角及载荷因数的测量

常用的迎角传感器有风标式和零压式两种。

载荷因数表通过测量沿飞机立轴方向的加速度，指示飞机的载荷因数。测量加速度的仪表一般分为指示仪表和信号传感器两类。前者指示飞机的载荷因数，后者向导航系统、自动驾驶仪等提供飞机的加速度信号。

（六）大气数据系统

大气数据系统以大气数据计算机为核心，用来测量、提供和指示与飞机周围大气参数有关的飞行参数。

大气数据系统一般由原始参数传感器、解算装置或计算机、显示装置三大部分组成；

可分为机电模拟式大气数据系统、数字式大气数据系统、混合式大气数据系统。数字式大气数据计算机由传感器、输入接口、中央处理机和输出接口等部分组成。

与大气数据系统交联的主要系统和设备有：仪表指示系统、飞行控制与管理系统、导航系统、空中交通管制应答设备、发动机控制系统、起落架控制系统、襟翼控制系统、增稳系统、火控攻击系统、雷达设备和飞机参数记录系统等。

二、测量飞机姿态的仪表与系统

（一）陀螺

陀螺是指能高速旋转且旋转轴能改变方向的物体，有两自由度陀螺和单自由度陀螺。

两自由度陀螺具有进动性和稳定性。两自由度陀螺保持其自转轴相对惯性空间方位稳定的特性为陀螺的稳定性。陀螺的稳定性具有定轴和章动两种表现形式。

陀螺的自转轴在干扰力矩作用下发生进动而逐渐偏离它在惯性空间的初始方位的现象称为陀螺漂移。陀螺相对地球的运动称为陀螺的自走。

在惯性导航系统中，陀螺平台是一个基准平台，飞机相对该平台在方位上的偏角反映了飞机的航向，在水平两个轴上的偏角反映了飞机的俯仰角和坡度。所以，陀螺平台可以代替地平仪、罗盘、航向姿态系统的功能。

（二）俯仰角与坡度的测量原理

利用液体摆和两自由度陀螺模拟地垂线，利用修正系统保持陀螺自转轴地垂，利用托架随动系统保证陀螺三轴垂直。

在飞机上测量俯仰角和坡度的仪表叫作地平仪，是通过表壳与球形刻度盘之间的相对转角来表示飞机的俯仰角和坡度的。它主要由两自由度地垂陀螺、球形刻度盘、小飞机和坡度刻度盘组成。为了指示飞机的俯仰角和坡度，在地平仪中模拟了"三面一线"，即人工地平面、人工子午面、人工纵轴和人工对称面。人工纵轴与人工地平面之间的夹角就是飞机俯仰角，人工对称面和人工子午面之间的夹角就是飞机坡度。

（三）直读地平仪

地平仪从开始通电到陀螺转子转速上升，再到额定转速、自转轴稳定在地垂方向的过程叫作起动。在地平仪里设置了起动装置，用来在通电前减小陀螺自转轴相对地垂线的偏离角，缩短起动时间。

飞机有加速度时，液体摆对陀螺进行错误修正，使得自转轴偏离地垂线方向，地平仪的指示便产生误差，这种误差称为加速度误差。加速度误差分为纵向加速度误差和盘旋误差两种。

空中指示特点主要是：飞机俯仰角不为零时，在改变坡度的过程中，球形刻度盘抖动，并出现较明显的坡度误差。当飞机做垂直机动动作时，如果飞机俯仰角为90°左右并带有侧滑，球形刻度盘会突然转动90°。

（四）远读地平仪

远读地平仪是指地垂陀螺与指示部分分开组装的地平仪。远读地平仪比直读地平仪显示更为真实和精确，其指示器俯仰刻度盘上蓝下棕，飞机俯仰角超过90°时又自动换向，"小飞机"和俯仰刻度盘翻转180°，使指示的真实性大大加强。

（五）转弯侧滑仪

转弯侧滑仪的核心部件是单自由度陀螺。当飞机转弯时，陀螺力矩的方向和大小反映了飞机转弯的方向和转弯角速度。转弯侧滑仪就是利用陀螺力矩这一特性，来实现其功能的。

侧滑仪工作原理：侧滑仪由横向安装的弧形玻璃管和一个可在管内自由滚动的小球组成，玻璃管内装有透明的、不易冻结的液体，对小球的运动起阻尼作用，使它的指示具有一定的稳定性。飞机在平飞过程中，如果出现倾斜，就会向倾斜方向侧滑。小球滚向侧滑仪外侧，表示转弯过程中飞机外侧滑。

三、测量飞机航向的仪表与系统

（一）磁罗盘

飞机上铁磁物质和电气设备所产生的磁场叫作飞机磁场。在飞机上，地球磁场水平分量与飞机磁场水平分量合成的磁场的方向线叫作罗子午线。罗子午线与飞机纵轴在水平面上的夹角叫作罗航向，磁罗盘在飞机上指示的是罗航向而不是磁航向，使磁罗盘指示产生误差，这种误差叫作罗差。

测量磁航向必须具备以下三个条件：能够准确地测量出磁子午线的方向；能够表示出飞机的纵轴；具有一个稳定的水平面，使感受磁子午线方向的敏感元件始终位于水平面内。

飞行中，当飞机右转弯时，刻度环应向右转动，指示的航向增大；当飞机左转弯时，刻度环应向左转动，指示的航向减小。飞机转弯时，由于罗盘随飞机一起倾斜，罗盘内的磁条将会受地磁垂直分量作用而发生偏转，使磁罗盘的指示产生误差，这种误差叫作转弯误差。

（二）陀螺半罗盘

陀螺半罗盘是利用两自由度陀螺特性来测量航向的仪表。陀螺半罗盘主要由两自由度陀螺、刻度盘、航向指标等组成。两自由度陀螺自转轴受水平修正器控制，被稳定在水平位置上。刻度盘固定在陀螺的外框轴上，被陀螺自转轴稳定。航向指标代表飞机纵轴，与飞机相固连。当飞机转弯时，陀螺自转轴方位不变，刻度盘被陀螺稳定而不随飞机转动，航向指标则随着飞机一起转动。航向指标相对于刻度盘的转角，就是飞机的转弯角度。

（三）陀螺磁罗盘

由磁罗盘和陀螺半罗盘组合而成的罗盘叫作陀螺磁罗盘。在陀螺磁罗盘中，磁罗盘又叫作磁传感器。磁传感器有磁条式和感应式两种，具有磁条式磁传感器的陀螺磁罗盘，称为磁条式陀螺磁罗盘；具有感应式磁传感器的陀螺磁罗盘，称为感应式陀螺磁罗盘。

陀螺磁罗盘利用陀螺机构直接控制指示器指示飞机转弯角度，磁传感器通过协调陀螺机构间接控制指示器指示飞机的航向，用适当的协调速度使飞机平飞和转弯时都能比较正确地指示航向。

（四）航向姿态系统

航向姿态系统是一套新型的测量飞机航向和姿态的仪表，它可以输出各种航向、姿态信号给机上某些设备，还可以与机上某些设备交联，显示某些参数的变化情况。

航向姿态系统由航向和姿态两个系统构成。航向通道有正常工作和应急工作两种状态，每种状态又分为磁修正和半罗盘两种情形。系统处在半罗盘工作状态时，航向通道是以全姿态组合陀螺中的航向陀螺作为传感器，通过随动系统直接控制各航向指示器指示航向和输出航向信号；系统处在磁修正工作状态时，是利用磁航向传感器通过随动系统对航向传感器进行控制，使各航向指示器指示飞机的磁航向，磁修正总是在飞机匀速直线水平飞行时进行。

姿态通道有三种工作状态，即"正常""右""应急"。前两种情况由航向姿态系统的全姿态组合陀螺中地垂陀螺部分控制地平指示器的指示，并可以向机上某些设备输出姿态信号。在"应急"状态时，由另外一个应急地垂陀螺传感器输出信号，专门控制左驾驶员主地平指示器指示飞机姿态情况，以保证飞行安全。

（五）航空时钟

航空时钟是用来供飞行员掌握时间的。

四、电源系统和灯光信号照明设备

飞机电源系统是电能产生、调节、控制、保护和转换部分的总称，它包括从电源设备到电源汇流条之间的全部设备。此外，一套输配电系统（这个系统叫作飞机电网），它包括从电源汇流条到机载用电设备端部之间的全部设备。电源系统与飞机电网组合在一起，叫作飞机供电系统。

在夜间飞行时，为保证飞行员能够正常地驾驶飞机，飞机上还装有灯光照明设备和灯光信号设备。

（一）直流电源系统

在直流电源系统中，主电源由直流发电机、电压调节器、反流割断器和过电压保护器等构成。

应急电源是蓄电池，其功用是：飞行中，当发电机不能供电时，应急向飞行所必需的用电设备供电；在地面，在没有机场电源的情况下，作为起动电源起动发动机。

直流发电机的功用是将发动机一部分机械能转变为直流电能，向飞机上所有用电设备供电。

大多数直流发电机在发动机起动的最初阶段，作为起动电动机用，带动发动机转子加速旋转；当发动机起动完毕，作为发电机用，向机上输送27V直流电。

蓄电池也称为电瓶，是一种化学电源。航空蓄电池按其用途不同，可分为飞机蓄电池和地面蓄电池两种。飞机蓄电池的主要功用是，飞行中，当发电机不能供电时，应急向飞行所必需的用电设备供电。地面蓄电池用于地面检查飞机用电设备和起动发动机。

直流电源系统有一些辅助设备，它包括测量和信号装置、滤波装置、电路控制和保护装置等。

（二）交流电源系统

飞机交流电源系统有变频交流电源系统、恒速恒频交流电源系统和变速恒频交流电源系统三种类型。

恒速恒频交流电源系统交流发电机的转速、输出的交流电的频率都恒定。常见的恒速传动装置有三种：电磁机械式恒速传动装置、液压机械式恒速传动装置、气动机械式恒速传动装置。变速恒频交流电源系统交流发电机的转速是变化的，而输出的交流电的频率是恒定的。变速恒频交流电源按变换器的构成可分为交交型和交直交型。

变频交流电源系统交流发电机是由发动机直接传动的，交流发电机的转速是变化的，因此交流发电机输出交流电的频率也是变化的。交流电源系统的基本参数包括电压、频率、相数、电源容量。

（三）飞机电源系统应用

采用直流电源系统，其主电源主要由直流发电机、电压调节器、反流割断器和电流限制器等组成，应急电源是航空蓄电池，二次电源是变流机。此外，为了在地面起动发动机和检查飞机用电设备，还设有地面电源插座。

电源系统主要设备包括：发电机、蓄电池、电源调节盒、伏安表、发电机断电信号灯、滤波器、"地面电源、蓄电池"电门和"发电机"电门。

电源系统供电有地面电源供电、电池供电、发电机供电三种情况。

（四）飞机灯光信号照明设备

飞机灯光信号照明设备包括座舱内部照明设备和座舱外部照明设备，灯光信号设备主要是指座舱外部的灯光信号设备。

灯光信号设备的功用是保证飞机在飞行、空中集合以及根据任务要求而进行的编队飞行中的安全。此外，还用来在飞机之间、飞机与地面之间建立灯光信号联系，以及用于飞机停放和滑行时的灯光显示。它主要包括航行灯、轮廓灯、闪光灯、起落架放下信号灯和编队飞行信号灯等。

五、机载通信设备

无线电通信是利用无线电波将语言、文字、符号、图片和活动影像等信号，从发信一方传递到收信一方的一种手段，是目前远距离通信的一种普遍方式和重要手段之一。

（一）无线电基础知识

电波在空间传播时，其电场是按照一定的规律变化的，电波的电场方向称为电波的极化方向。若在传播过程中电场方向垂直地表面，称其为垂直极化波；若在传播过程中电场方向平行地表面，则称其为水平极化波。

两平行导线相当于一个电容器，通电后导线之间的电场与电容器两极板之间的电场相似。当加给导线的是高频交流电时，电路就从电容器电路演变为天线电路；当高频电流在天线中流动时，产生磁力线，随着高频电流的不断变化，使电力线不断产生，相互排挤而推向空间，向远处传播，形成电磁波的发射。

无线电波是电磁波中频率最低的部分。按照频率或波长可以对无线电波波段进行划分。无线电波在均匀媒质中以恒定的速度直线传播，在不均匀媒质中传播时，除了传播速度变化外，还会引起反射、折射、绕射等现象，传播方向将会改变。在传播过程中，电波的能量将逐渐减小，场强将逐渐减弱。

电波的传播方式主要有地面波传播、空间波传播和天波传播三种方式。长波和超长波传播的方式以表面波和天波为主。中波波段是国内广播电台用的主要波段，中波的表面波比长波的传播距离近，中波广泛地应用在中程导航和广播方面。短波传播的方式以天波为主。短波在无线电传真以及民用的电报、电话和广播等方面应用也很多。超短波的传播方式以视距传播为主。

（二）机载通信设备原理

机载通信设备主要是机载电台，包括收发机、控制盒、终端设备等，用来完成飞机与飞机之间、飞机与地面之间的通信联络。传递的消息根据需要，可以是话音、图像，也可以是数据、传真、电传打字等。在飞行过程中，飞行员还可以利用通信设备监听罗盘、信标机、导弹截获和应急告警信号。

无线电发射机用来把声音、图像、符号等信息变换成无线电波，并通过天线发射出去。一部无线电发射机，主要由振荡部分、调制部分和放大部分三个基本部分组成。振荡部分的任务是产生频率稳定的等幅高频振荡。振荡部分主要包括振荡器、缓冲放大器、倍频器和混频器。调制部分的功用是把声频信号附加到载波上去。按载波信号的不同，调制方式分为连续波调制和脉冲调制；按调制信号的不同，分为模拟调制和数字调制；按调制载波参数的不同，分为幅度调制、频率调制和相位调制；按调制器的传输函数不同，分为线性调制和非线性调制。常用的一些调制方法有调幅、调频、调相。通常实现调频的方法，有直接调频法和间接调频法两种。

无线电接收机用来把接收到的无线电波，还原成声音、图像、符号等信息。一般由天线、高频放大器、混频器、中频放大器、检波器和低频放大器等组成。根据无线电接收机对高频信号的处理方式，可分为直接放大式接收机和超外差式接收机两种类型。

机载通信设备主要战术技术指标包括通信距离、波道间隔；发射机的技术参数有发射功率、调制深度、调制失真；接收机的技术参数有灵敏度、选择性、可靠性和维修性。

数据传送是指将指令或情报信息转换成数字编码并通过无线电发射出去的一种通信方式。通常机载数传设备主要由天线、收发机、数传终端机、控制盒和码声器等组成，与其配套工作的还有平显等设备。

（三）机载超短波电台

电台用来供飞机与飞机之间、飞机与地面之间的通话联络。

（四）机内通话器

机内通话器用来供前、后舱飞行员进行通话联络，并转接电台和罗盘的声频信号。

机内通话器是一个晶体管声频信号放大器。机内通话时，送话器输出的声频信号经放大后输给耳机，使对方听到讲话。

六、无线电导航设备

导航是指飞机在飞行过程中确定其位置和方向的方法或过程。常用的导航方法有：地标导航、地磁导航、天文导航、惯性导航、无线电导航。

（一）无线电导航的基本知识

无线电导航是利用电子设备接收和处理无线电波获得导航参量，从而保障飞机安全、准确到达目的地的一种手段。

飞机相对于地面导航台或地面导航台相对于飞机的各种几何参数，叫作导航参量；例如，电台相对方位角（DXF）、电台方位角（DF）、飞机方位角（FF）。

无线电导航利用无线电波在不连续的媒质的界面的反射性质发现目标，利用电波的直线传播性质测定辐射无线电波的波源或反射无线电波的目标的方向，利用电波的恒速特性确定目标的距离。

　　无线电导航系统按用途可分为航行导航、空中管制及机场调度指挥、盲目轰炸、盲目着陆、辅助航行设备。按位置线形状可分为测向、测距、测距差、综合系统；按导航参数与电波参数之间的关系分为振幅式导航、相位式导航、频率式导航、时间（脉冲）导航系统；按作用距离分为远、中、近三类；按独立性分为他备式导航、自备式导航系统。

　　（二）近距导航系统

　　近距导航系统一般是指作用距离在 500km 以内的导航系统。

　　1. 导航台-无线电罗盘系统

　　导航台-无线电罗盘系统利用机载无线电罗盘与地面导航台配合工作，测出飞机相对于地面导航台或广播电台的方位角，用于飞机进入预定方位或定位。

　　机载无线电罗盘主要由测向部件、接收机和指示器等组成，是利用垂直天线和环形天线配合来完成自动定向的。在导航台发射功率不变、导航台到天线的距离也不变的条件下，把天线中的感应电势与电波来向之间的关系曲线叫作天线方向图。垂直天线方向图是一个圆，它本身没有方向性；环形天线的方向图是一个"∞"字形；复合天线是由具有方向性的环形天线和没有方向性的垂直天线组成的，两者复合后能得到一个心脏形的方向图。

　　常见的定向误差产生的原因有地面台的环境误差、山地效应、夜间效应、海岸效应、导航台盲区、干扰（电台干扰、天电干扰、工业干扰和人为干扰），针对这些误差产生的原因，可以采取一些减小误差的方法。

　　2. 导航台-无线电罗盘系统机载设备

　　目前飞机上用来测量电台相对方位角的设备主要是无线电罗盘。

　　无线电罗盘又俗称无线电全罗盘（简称全罗盘），用来接收地面导航台或广播电台发射的无线电波，并根据电波的来向连续自动地测量和指示电台相对方位角。

　　无线电罗盘一般有调谐、定向、检查三种工作状态。

　　3. 测向测距系统

　　塔康系统是目前广泛应用的测向测距系统，具有测距和测向功能。塔康系统包括塔康地面信标和塔康机载设备两部分。

　　塔康地面信标是实现系统定位的基点，用于接收来自塔康机载设备的测距询问信号，并按特定的技术要求向其工作区域辐射方位信号、测距回答信号和信标识别信号，以供塔康机载设备进行测向、测距和识别。

　　塔康机载设备用来测定飞机相对于塔康信标的位置。它按特定的技术要求发射测距询问信号，并接收来自塔康信标的测距回答信号、方位信号和信标识别信号，通过信号处理电路和测量电路，显示塔康信标的方位和距离。识别信号送到耳机，以判别所选的塔康信标是否正确。

　　（三）远程导航系统

　　远程导航方式很多，有无线电导航、天文导航、多普勒导航、惯性导航、卫星导航等。通常无线电导航系统分为近距无线电导航系统（500km 以内）和远程无线电导航系统（500km 以上）两种。

　　无线电远程导航的基本方法，是通过测量由地面上的两个固定点发射无线电波到飞机处的时间差，来确定出距离差和目标位置线。

罗兰系统是一种最早付诸实用的双曲线导航系统。

实际中使用的罗兰系统是罗兰-C，是美国最先开发建设的一种中远程精密无线电导航系统。其主要功能是确定飞机的位置，保持飞机按一定轨迹飞行，确定地速和偏流角。该系统分为地面发射设备，地面同步监测与控制设备，机上或船上用户设备三部分。

（四）无线电高度表

无线电高度表是用来测量飞机距地面真实高度的设备。测量飞机真实高度的高度表有调频式和脉冲式两种。

调频式高度表采用调频方式来测量高度。它由收发机、发射天线、接收天线和指示器等部分组成。

脉冲式高度表测量真实高度原理是根据回波对应的落后时间 Δt，求出飞行高度 H。

脉冲式高度表主要由发射电路、接收电路、高度计算和指示电路等部分组成。

（五）进场着陆导航系统

仪表着陆系统由地面设备和机载接收机两部分组成。简单式进场着陆系统能够给出降落飞机的着陆航向，并指出某几个点到跑道始端的距离，在垂直面上的飞行控制是根据机载信标机和机载无线电高度表来实现的。系统的主要地面设备是两部地面导航台和两部无线电指点信标台。

微波着陆系统是一种全天候精密进场着陆系统，根据时间基准波束扫描原理工作。其地面设备由方位台、仰角台、拉平台和远地监测控制设备组成。

（六）机载雷达原理

雷达是一种利用无线电波发现并测定目标位置的电子设备，它不仅能测量目标的距离、方位和仰角，而且还能测量运动目标的速度，跟踪目标的行迹，识别目标的类型，并从目标回波中获取更多有关目标的信息。测定目标的坐标系有直角坐标系、极坐标系、圆柱坐标系。通过脉冲雷达可以进行目标斜距、目标角位置、相对速度的测量。

机载雷达种类很多，按用途分类，可分为航空预警雷达、航行雷达、火控雷达等。

航空预警雷达是预警机的主要电子设备，用于空中警戒和指挥引导，以及空中交通管制等。它已成为现代防空体系的重要组成部分。与地面对空情报雷达相比，它的盲区小，发现低空、超低空目标的距离远，机动性强。

用于航空航行的雷达主要有三类，即多普勒导航雷达、航空气象航行雷达和地形跟踪与回避雷达。

七、飞行控制系统

（一）自动驾驶仪

自动驾驶仪是一个典型的反馈控制系统，它代替飞行员控制飞机的飞行。它由敏感元件、放大计算装置和执行机构三部分组成。自动驾驶仪从信号的产生，经过综合、放大直到执行机构带着舵面转动，这样一条传递途径称为通道。一套完整的自动驾驶仪包括俯仰通道、倾斜通道、航向通道。

自动驾驶仪与飞机处于正常状态的控制功能包括自动保持三轴稳定、给定任意航向或俯仰角、自动保持飞行高度、自动爬高或俯冲；辅助功能包括允许驾驶员具有超控的能力、自动回零功能、BIT 功能、马赫数配平功能。

自动飞行控制系统的许多功能的实现都是依靠自动驾驶仪与各种机载航空电子设备的交联来完成的，例如，与大气数据系统、导航系统、雷达系统、火控系统、飞行管理系统等系统的交联。

自动驾驶仪按控制律可分为比例式自动驾驶仪与积分式自动驾驶仪，按主要部件能源可以分为气动式、气动液压式、电动式和电动液压式；按处理信号，可分为模拟式与数字式两种。

（二）电传操纵系统

电传操纵系统是一个全时间、全权限的"电信号+控制增稳"的飞行操纵系统。电传操纵系统可分为模拟式和数字式两种，数字式是发展方向。

电传操纵系统的优点：减轻了操纵系统的重量，减小了体积，节省了设计和安装时间，提高战场生存力，改善精微操纵信号的传递，实现主操纵系统与其他系统的交联，可采用小侧杆操纵机构，改善飞机操稳特性。电传操纵系统的缺点：单通道电传操纵系统的可靠性不够高，电传操纵系统的成本较高，系统易受雷击和电磁脉冲干扰影响。

（三）飞行自动控制系统

飞行高度控制系统是自动控制飞机在某一恒定高度上飞行的系统。飞行高度控制系统有两种基本工作状态：定高状态、预选高度状态。飞行高度控制系统是在飞机纵向姿态控制系统的基础上再加上高度敏感元件构成的。在该系统中，飞行高度及其相应的变化率信号都由大气数据系统提供，在低空或近地飞行时所需要的精确高度信号的测量多由雷达高度表来完成。

自动地形跟随与自动地形回避技术实现了飞机自动进行地形跟随与地形回避飞行。地形跟随是指保持飞机的航向不变，靠纵向机动能力随地形起伏改变飞机高度，使飞机尽量贴近地面，达到飞越障碍物的目的。地形回避则是指保持飞机高度不变，通过改变飞机航向，使飞机绕过山峰等地面障碍。

八、惯导系统、飞参系统和告警系统

（一）惯导系统

惯导系统利用惯性元件测量飞机相对于惯性空间的加速度，并在给定运动初始条件下，由导航计算机算出飞机的速度、距离、位置等导航参数，以便引导飞机顺利完成预定的航行任务。

惯导系统由加速度计、陀螺稳定平台、导航计算机、控制显示器和电源装置组成。

（二）飞参系统

飞参系统能记录模拟量、数字量、频率/周期量、开关量和同步器信号等参量，并对采集和记录的各种参量进行实时处理后，再按特定的格式记录在存储器上。记录在机载记录器中的数据可在飞行结束后由机务人员利用专用设备卸载后，再通过相配套的飞参地面数据处理软件将数据还原。

飞参系统主要由机载设备、数据装订卸载设备、数据处理设备和专用检测设备等组成。

（三）告警系统

告警系统包括故障告警、极限告警（失速告警、超速告警、超温告警、过载告警）、气压高度告警（预置高度告警、决断高度告警、低高度告警）、真实高度告警、警戒告警。

告警系统一般采用灯光告警、文字告警、音响信号告警、语音告警、雷达告警、激光告警以及组合化告警等告警方式。

告警系统一般由传感器、信号处理器、终端设备三大部分组成。

九、座舱显示设备的综合使用

（一）座舱显示设备综合使用的一般方法

以观察地平仪为中心，在地平仪指示正常的情况下，有次序地观察其他仪表。

（二）座舱显示设备相互代用的一般方法

1. 空分制座舱显示设备相互代用的一般方法

座舱显示设备的相互代用是设备在特殊条件下的综合使用。

座舱显示设备的代用，要经过判明设备是否发生故障、实行代用和设法使设备恢复正常工作三个步骤。

相互代用的一般方法有直接代用和间接代用。在实行代用的同时，应采取可能的措施，设法使故障设备恢复正常工作。常见代用有：高度表发生故障后，可由升降速度表的指示了解高度的变化；空速表故障后，可用转速表的指示，推算空速的数值；陀螺磁罗盘发生故障后，可根据磁罗盘了解航向。利用无线电罗盘并配合地面定向台，也可以求出飞机航向。还可参看转弯侧滑仪和地平仪的指示，以了解航向是否变化。无线电罗盘发生故障后，保持陀螺磁罗盘的指示等于定向台告知的电台方位角，飞机便可飞向电台。

2. 时分制座舱显示设备相互代用的一般方法

时分制座舱布局在保留原有部分主要仪表的基础上，广泛采用了抬头显示器、下视显示器以及多功能显示器。飞行中如果一种显示器发生故障，飞机自动将故障显示器上的主要信息在其他显示器上显示出来。以时分制座舱布局为主的座舱显示系统，十分方便飞行员在某一设备或某一分系统故障时的相互代用。

十、航空电子综合化系统

（一）座舱综合显示与控制

综合显示与控制系统主要由显示控制处理机、显示器、控制器、视频摄像机、视频磁带记录仪等部分组成。

综合控制系统是航空电子系统的控制和管理中心，主要功能如下。

航空电子系统（简称航电系统）的管理与控制；飞行员可以通过综合显示与控制系统单独启动或成组启动航空电子各子系统；综合显示与控制系统的显示控制处理机是多路传输数据总线舵控制器（BC），控制和管理数据总线的通信；确定整个航空电子系统的操作状态以及各子系统的操作状态；航电系统与飞行员接口的管理通过综合显示与控制系统中各开关、旋钮和按键，飞行员输入自己的要求，实现对航电系统的控制与管理，再从相关显示器的显示画面和控制板的信号灯指示中得到各种信息；视频信息的处理与控制；机内自检测（BIT）。

显示控制处理机是综合显示/控制系统的主要控制部件，也是航空电子系统的控制和管理中心，它是一台高效能的机载计算机。

（二）机载计算机与航空数据总线

机载计算机是飞机上各种计算机的统称。它包括导航计算机、火控计算机、大气数据计算机、飞行控制计算机、飞行管理计算机、任务计算机、雷达数据计算机、显示控制计算机、通信计算机、非航电监控处理机和通用综合处理机等。

航空数据总线是航空电子综合系统中的关键技术之一，用于实现机上各设备之间（包括子系统）的协调工作，随时掌握和处理瞬息万变的数据信息，最大限度地利用各设备和子系统的功能，做到资源共享，使整个航空电子综合系统高效可靠的工作。常用的航空数据总线有 ARINC429 和 M2L-STD-1553B 总线。

（三）航空数据链

数据链作为 C^4ISR 系统框架的基本组成部分，在传感器、指（挥）控（制）单元和武器平台之间实时传输战术信息，是满足作战信息交换需求的有效手段。数据链紧紧围绕提高作战效能的需要，以实现共同的作战目的为前提，将各种作战单元链接起来形成一个有机整体，数据链装备是数据链功能和技术特征的物化载体。

数据链组网关系服从战术共同体的需要，以实现同一战术目的为前提，以专用的数字信道为链接手段，以标准化的消息格式为沟通语言，将不同地理位置的作战单元相组合，构成一体化的战术群，能够在要求的时间内，以适当的方式，把准确的信息提供给需要的指挥人员和作战单元，形成"先敌发现、先敌攻击"的决策优势和作战优势，从而协同、有序、高效地完成作战任务。

典型的战术数字信息链有 4 号数据链（TADIL-C/Link-4）、11 号数据链（TADIL-A/Link-11）、16 号数据链（TADIL-FJ/Link-16）和 22 号数据链（TADIL-FJ/Link-22），以及可变消息格式（VMF）数据链等。数据链链接了 C^4ISR 系统与武器平台，是 C^4ISR 系统功能的延伸和决策优势的体现，是将信息优势转化为战斗力的关键装备和有效手段。

第六章 机载武器与火控系统

本章主要介绍机载武器与火控系统课程的性质、地位、作用和课程目标，以及机载武器与火控系统课程的主要内容和基本理论。

第一节 概　述

一、课程的性质、地位及作用

机载武器与火控系统是研究飞机机载的各种武器与火力控制系统空中瞄准投射，并使投射的武器准确命中目标和有效地摧毁目标作战应用的学科。机载武器主要研究用航空机关炮、航空火箭弹、导弹、航空炸弹等机载武器，对空中、地面（水上）目标所进行的射击轰炸。主要内容是空中射击瞄准原理、机载武器装备、平视显示/武器瞄准系统及其使用方法、对空中目标的瞄准方法、对地面目标的瞄准方法等理论和知识。机载火力控制系统的基本任务是控制机载武器的发射方向、时机、密度和持续时间，引导作战飞机或武器沿最佳航线接近、搜索、识别和跟踪目标，测量目标与载机的运动参数，进行火控计算，选择武器类型、控制发射方式和数量、对制导武器进行发射前的参数装定和发射后引导武器命中目标。

机载武器与火控系是航空飞行与指挥专业飞行学员的必修课程，是航空兵战术技术训练的基础，战斗机飞行员必须深入研究和熟练掌握机载武器与火力控制系统的特性和操纵技能，认识和掌握空中使用武器的规律，对在未来空中作战中充分发挥武器性能有着非常重要的意义。

二、课程目标

通过本课程学习，了解机载武器、火控系统的基本组成和工作原理，掌握其使用方法，理解并熟练掌握修正角的概念与计算，理解前置跟踪、热线、连续计算命中点、连续计算投放点和导弹瞄准原理。熟练掌握光学瞄准具的基本工作原理和使用方法，了解平视显示器的通用字符，掌握平视显示/武器瞄准系统的工作状态。

主要具体目标如下。

1. 机载武器

了解非制导武器、航空机关炮、航空火箭弹的基本组成及基本性能。

掌握制导武器的分类和组成、近距格斗导弹工作原理、中距拦射导弹基本工作原理。了解常用导弹、空地导弹的发展情况。

了解航空炸弹、航空炸弹分类、常规炸弹、精确制导炸弹、航空炸弹的发展情况。

了解现代主战飞机武器配置。

2. 空中射击瞄准原理

熟练掌握前置跟踪、前置跟踪瞄准原理、相对运动瞄准原理。

熟练掌握热线瞄准原理、热线的概念、热线瞄准。

掌握连续计算命中点瞄准原理、方位操纵线。

掌握连续计算投放点瞄准原理。

掌握导弹瞄准原理、定轴发射、离轴发射。

3. 光学瞄准具

掌握固定与活动光环的使用方法、瞄准光环与光学测距、光环的形成、活动光环与固定光环、射瞄-7甲瞄准具主要性能、光学测距原理、光学测距器、测距方法。

熟练掌握构成修正角原理、电磁陀螺仪、构成提前角、抬高角和带偏修正角原理。

掌握固定光环的使用方法、活动光环的使用方法。

了解轰炸瞄准具及使用方法。

4. 平视显示/武器瞄准系统

掌握平视显示器的性能与组成以及视场左侧、视场中央、视场右侧通用字符的认读方法。

掌握平视显示器/武器瞄准系统工作状态。

了解几种平视显示器，例如，HK-13型平视显示器、苏-27平视显示器。

5. 其他瞄准及火力/飞行控制系统

了解头盔瞄准系统的基本组成和基本工作原理。

掌握光电瞄准系统的功用与基本组成、基本工作原理。

了解综合火力/飞行控制系统的功用与基本组成、基本工作原理、工作情况优点。

6. 对空中目标的攻击

熟练掌握使用航炮对空中目标的跟踪射击方法。其中主要包括对直线飞行目标的跟踪射击以及对机动飞行目标的跟踪射击。

了解使用导弹对空中目标的攻击方法。其中主要包括近距格斗导弹以及中距拦射导弹对空中目标的攻击方法。

7. 对地面目标的攻击

了解对地面目标攻击条件的选择方法。

熟练掌握对地面目标的具体攻击方法。其中主要包括使用航炮对地射击、使用火箭弹对地射击以及使用导弹对地射击的方法，并初步了解教8飞机及歼教5飞机使用航炮对地射击的方法。

第二节　课程主要内容

一、机载武器

战斗机上配置的武器、弹药装挂和发射装置构成的综合系统，称为机载武器系统。而机载武器以空空导弹为主，航空机关炮为辅，还配有航空火箭弹和航空炸弹。

（一）非制导武器

1. 航空机关炮

安装在航空器上并能自动完成连续射击动作的炮，称为航空机关炮，简称航炮。

炮管内两条对称阳膛线之间的距离，称为口径（d）；机关炮在地面标准条件下射击时，弹头所达到的最大速度，称为初速（V_0）；武器在单位时间内发射的弹头数量，称为射速，射速快，可能命中目标的弹数就多。

航空机关炮采用的炮弹可分为两类：穿爆弹和杀爆燃曳弹。穿爆弹是用于攻击空中和地面有轻型装甲防护目标的炮弹。杀爆燃曳弹是用于攻击空中和地面无装甲防护目标的炮弹。

弹道性能从弹道系数、弹头平均速度、弹道降低量来衡量。

2. 航空火箭弹

从航空器上发射，以火箭发动机为动力的非制导弹药，称为航空火箭弹（简称航箭弹）。我军战机上装备有多种型号的航空火箭弹，主要有：57-2、90-1、C-8 和 C-13 航箭弹。

航空火箭弹主要由引信、战斗部、发动机和稳定装置组成。

与炮弹比较，火箭弹道具有以下特点：火箭弹道分两段、火箭的飞行速度小。

（二）制导武器

依靠自身能量推进，控制其飞行弹道，将战斗部导向并毁伤目标的武器称为导弹。导弹通常由推进系统、制导系统、战斗部三大部分组成。按导弹发射点与目标位置关系，可分为：地地导弹、地空导弹、空地导弹、空空导弹等多种类型。

1. 空空导弹

从战机上发射攻击空中目标（包括飞机、直升机和巡航导弹）的导弹，称为空对空导弹，简称空空导弹。

空空导弹按攻击目标的距离可分为视距导弹（即近距导弹，10km 以内）、超视距导弹（即中距导弹，10~70km）和远距导弹（70km 以上）。按攻击方式可分为格斗导弹和拦射导弹。目前通常按攻击距离和攻击方式综合分类为近距格斗导弹、中距拦射导弹和远距拦射导弹。

空空导弹按制导方式可分为红外制导导弹、雷达制导导弹和复合制导导弹。空空导弹一般由控制部分、战斗部、引信、火箭发动机和弹翼五部分组成。

近距格斗导弹的导引头用来接收目标辐射的红外线能量，测定目标相对导弹的位置，形成控制信号，通过舵机控制导弹机动飞行追踪目标。

中距拦射导弹的控制系统多采用半主动雷达或主动雷达制导。

2. 空地导弹

从战斗机上发射攻击地（水）面固定或运动目标的导弹，称为空对地导弹，简称空地导弹。

空地导弹按作战任务可分为战略空地导弹（可装核战斗部或常规战斗部）和战术空地导弹。按结构和弹道特性可分为弹道式空地导弹和巡航式空地导弹。按射程可分为远距（1000km 以上）、中距（100~1000km）和近距（100km 以内）空地导弹。按专门用途可分为反辐射空地导弹（专门用于攻击雷达及无线电发射设备）、反坦克空地导弹和诱惑导弹（又称"电子演员"，以假目标迷惑敌方雷达）。

空地导弹由弹体、动力装置、制导系统和战斗部四大部分组成。

空地导弹的制导系统根据不同的作战任务，所采用的制导方式也各不相同。主要有复合制导系统、被动式雷达制导系统、有线指令制导系统。

中程空地导弹由导引头舱、飞行控制舱、战斗部舱、动力装置和电气系统组成。中程空地导弹导引头采用了"惯性中制导+捕控指令电视末制导"的复合制导体制，可实现"发射后截获目标"。

（三）航空炸弹

航空炸弹是由飞机或其他飞行器携带和投放的弹药，是航空兵实施轰炸时用于杀伤或破坏目标的一种重要武器。它具有很强的破坏效果和威慑作用。

1. 分类

按重量可分为小型炸弹、中型炸弹和大型炸弹。按空气动力特性可分为高阻炸弹和低阻炸弹。按用途可分为直接破坏杀伤目标的炸弹、辅助作用炸弹、完成其他专门任务的炸弹等。按有无制导装置可分为非制导炸弹和制导炸弹两种。

2. 常规炸弹

常规炸弹一般由弹体、安定器（尾翼）、弹耳、装药和引信等组成。

航空炸弹的弹道性能通常用弹道系数、标准下落时间和极限速度三种数值表示。

3. 精确制导炸弹

精确制导炸弹是指装有制导装置和空气动力操纵舵面，而无动力装置的航空炸弹，简称制导炸弹。其制导方式主要采用电视制导、激光制导、红外制导和"惯性制导+GPS 制导"。

4. 航空炸弹的发展

制导炸弹的发展趋势是：增强全天候条件下的攻击能力及"发射后不管"能力，提高防区外攻击的能力，采用多模制导提高攻击精度。

制导炸弹的具体发展方向：制导炸弹将广泛采用"惯性制导+GPS 制导"的复合制导方式。GPS 制导的最大优点是具有"发射后不管"能力以及在恶劣气候条件下自动导航。

二、空中射击瞄准原理

（一）前置跟踪瞄准原理

1. 绝对运动瞄准原理

在绝对坐标系中，观察和研究目标、弹头和本机的运动及其相互关系得出的瞄准原理，称为绝对运动瞄准原理。

提前角

$$\psi = \frac{V_M \sin q}{V_P} \times 1000$$

抬高角

$$\alpha = 0.01 KD \cos \theta$$

迎角带偏修正角

$$\beta_y = \frac{V_1}{V_{01}} \alpha_y \times 17.5$$

侧滑带偏修正角

$$\beta_C = \frac{V_1}{V_{01}} \beta_0 \times 17.5$$

偏流修正角

$$\Phi = \frac{U\sin q}{V_P} \times 1000$$

2. 相对运动瞄准原理

以本机为参照物建立的坐标系，称为相对坐标系。在相对坐标系中研究目标、弹头和本机的运动及其相互关系而得出的瞄准原理，称为相对运动瞄准原理。

相对提前角

$$\psi_X = \omega_M \frac{D_M}{V_P - V_1}$$

相对抬高角

$$\alpha_X = K_0 \cdot \alpha$$

相对迎角带偏修正角

$$\beta_{YX} = \frac{V_P}{V_P - V_1} \left(\frac{1}{V_P} - \frac{1}{V_1} \right) V_1 \alpha_Y \times 17.5$$

相对侧滑带偏修正角

$$\beta_{CX} = \frac{V_P}{V_P - V_1} \left(\frac{1}{V_P} - \frac{1}{V_{01}} \right) V_1 \beta_C \times 17.5$$

相对偏流修正角

$$\Phi_X = \omega_M \frac{D_M}{V_P - V_1}$$

（二）热线瞄准原理

热线瞄准具用电子计算机实时计算出本机到达某点（O_0 点即观察点）时，前面"发射"的每发弹头的位置（$d_n, \cdots, d_2, d_1$），并将这些弹头位置的连线投影显示在飞行员前方视场中，该线即为热线，也叫示迹线或连续计算命中线。

热线上的各点称热点。用热线瞄准时飞行员必须选择有利攻击条件，充分发挥飞行员的主观能动性，根据目标的姿态，判断其运势，估算目标运动参数，操纵飞机使特征点与目标接近。当预计两者即将重合时，提前开火射击。只要测距准确，目标就可能被击中。

（三）连续计算命中点瞄准原理

连续计算命中点（continuously computed impact point, CCIP）瞄准原理适用于航炮、航箭弹、炸弹等对地面目标攻击。

飞机火控系统连续测量本机的飞行参数，实时地计算并显示该时刻所投射的炸弹、炮弹或航箭弹在地面上的命中点，并将该点显示在瞄准视场中。飞行员通过比较命中点与目标的位置，操纵飞机使命中点与目标重合，当两者重合时，按下投射按钮，完成瞄准与投射。这个原理称为连续计算命中点瞄准原理。

火控计算机是根据本机每一瞬间的速度、高度、俯冲角等攻击参数连续计算命中点的，而飞行中攻击机参数又是不断变化的，因此，火控系统中所显示的命中点位置也是不断移动的。为了便于飞行员瞄准，平显武器瞄准系统在显示现时命中点的同时，还显示命中点的变化趋势，即方位操纵线。

（四）连续计算投放点瞄准原理

连续计算投放点（continuously computed release point，CCRP）瞄准原理主要用于对地面目标进行各种方式的轰炸。

（五）导弹瞄准原理

空空导弹的发射方式主要分为定轴发射和离轴发射两种。

导弹的定轴发射是指在导引头位标器轴与导弹轴相一致的情况下发射导弹的一种方式。定轴发射导弹的水平攻击区分为近边界、远边界和侧边界。限制攻击区远边界的条件有导引头的最大截获距离、弹上能源最大工作时间、最小相对速度。限制攻击区近边界的条件有引信解除保险时间、载机最小安全退出距离、导弹与目标相遇时最大相对速度的限制。限制攻击区侧边界的条件是导弹的最大允许过载、导引头位标器的最大跟踪角速度和动态视场角等。

导弹的离轴发射是指在机载火控系统的控制下，使导弹的导引头轴线在发射前能偏离导弹纵轴线，构成"离轴角"（Ψ_L），并以可变的离轴角搜索、截获、跟踪目标，待满足发射条件后将导弹发射出去的一种发射方式。采用离轴发射导弹攻击机可以按追踪（纯追踪、前置追踪和后置追踪）的攻击方式进行攻击，也可以采用拦截的攻击方式进行攻击。

三、光学瞄准具

光学瞄准具可以构成射击所需要的修正角，使武器在发射瞬间指向正确的射击方向。

（一）瞄准光环与光学测距

瞄准光环由选环手柄、翼展旋钮及刻度盘、截获信号灯、近距信号灯、弹旋钮及超越角刻度盘、光环亮度旋钮、主副灯丝选择开关、距离指示刻度盘组成。

光环包括活动光环与固定光环两种。在目标翼展和进入角一定的条件下，根据目标翼展视角确定目标距离的原理，称为光学测距原理。光学测距器由确定目标翼展和测量目标翼展视角的两部分组成。

测距步骤：转动翼展旋钮，将目标翼展刻度对正三角指标。在定好翼展刻度的基础上，转动测距把手，带动距离环板，改变光环直径，使光环包好目标。

（二）构成修正角原理

电磁陀螺仪安装在瞄准具头部内，是瞄准具构成各修正角的主要部件。

电磁陀螺仪主要由电磁和陀螺两部分组成。在电磁陀螺仪中，使陀螺产生进动的外力矩是电磁进动力矩。本机不转弯时，陀螺不偏侧，总磁阻力为零，不形成电磁进动力矩，陀螺不进动，环心线与武器纵轴一致。本机转弯时，产生向上的总磁阻力，铝碗向右进动，P_Z矢量沿铝碗旋转方向转90°即为陀螺进动方向，光环随之向右进动。

飞行员使用活动光环瞄准，只要做到"定好"翼展刻度，操纵飞机用光环"跟好""包好""稳好"目标，光环就会落后武器轴线一定的角度，构成提前角。根据目标线角速度和计算时间也能构成提前角。

活动光环构成抬高角的基本方法是使环心线在铅垂面内下倾一个适当的角度。当飞行员用光环瞄准目标时，武器轴线就指向目标上方，构成了抬高角。

使用航箭弹射击时，光学瞄准具能构成可变的迎角带偏修正角和侧滑带偏修正角。

（三）使用方法

使用固定光环瞄准，需要飞行员判断目标速度和投影比，心算和量取修正角。"固定环-航炮"射击要首先对提前角和综合抬高角公式进行简化；对空中目标的瞄准过程大体可分为判断、心算、量取三个阶段。"固定环-导弹"射击，当目标处于光环内，且在发射距离范围内，即可截获目标；符合发射条件时，即可发射导弹。

活动光环的瞄准过程大体可分为三个阶段：瞄准准备、概略瞄准和精确瞄准。

瞄准误差的原因有跟踪误差、瞄准点误差、测距误差、瞄准具误差。

（四）轰炸瞄准具及使用方法

轰运教7飞机装备有轰瞄3光学瞄准具，它安装在领航轰炸训练舱的瞄准具稳定器上；轰5飞机装备有轰瞄1甲向量协调式光学瞄准具，它安装在属于自动驾驶仪的航向稳定器上。

方向瞄准通常分概略瞄准和精确瞄准两个阶段完成。

距离瞄准是通过瞄准具观测角来判断的，瞄准角的大小可以根据轰炸高度和炸弹的射程求出，常用的方法有计算瞄准角和用协调法求瞄准角两种。

（五）"电锁"及"热点"状态瞄准方法

光学瞄准具的"电锁"状态，是专门为对地面目标和空中低速目标（如空飘气球）射击而设计的。

"热点"状态瞄准是热线瞄准的一种简化形式。

四、平视显示器/武器火控瞄准系统

平视显示器/武器火控瞄准系统，简称平显，它是在光学瞄准具基础上发展起来的第二代火力控制系统。

（一）平视显示器通用字符

平显用于控制空空导弹以及多种型号的航空炸弹对空中或地面目标进行瞄准攻击，并为起飞、航行、着陆等提供必要的数据和状态显示。

平显由显示组件、电子组件、陀螺组件、武器控制盒及其交联设备组成。平视显示器有通用字符和专用字符两类。主要性能有火控工作状态和适用工作范围。

（二）平视显示器/武器火控瞄准系统工作状态

空对空前置跟踪状态，是平显配合航炮对空中运动目标进行跟踪瞄准射击的状态，简称前置状态。在前置状态下，根据测距方式的不同，又分为光学前置状态和雷达前置状态。

空对空热线瞄准状态，简称热线状态，是平显运用热线瞄准原理配合航炮对空中机动目标进行瞄准射击的一种工作状态。根据测距方式的不同，热线状态又分为光学热线状态和雷达热线状态。

（三）几种平视显示器介绍

1. HK13型平视显示器

HK13型平视显示器是我国研制的新型火力控制系统，装备于歼8B飞机。平视显示器主要由显示组件、陀螺组件、电子组件、控制盒、接口组件和离轴组件等部件组成。HK13 平视显示器的机上交联设备负责向平视显示器提供显示信息和武器瞄准计算要素。

2. 苏-27 平视显示器

苏-27 平显装备于苏-27 飞机上，是苏-27 综合显示系统的主要显示组件。它用来显示全部飞行状态的搜索信息、瞄准信息和航行驾驶信息。

五、其他瞄准及火力/飞行控制系统

（一）头盔瞄准系统

随着平视显示器技术的发展和广泛应用，将微型的平视显示器加装在头盔瞄准具上，构成头盔瞄准/显示系统，简称头盔瞄准系统。

头盔瞄准系统主要由头盔、显示器、头部位置探测器和计算机等组成。

由于探测头部位置的装置不同，头盔瞄准系统的工作原理也不尽相同。

光电式头盔瞄准系统是运用光电物理探测原理来探测头部位置的。

（二）光电瞄准系统

光学电子瞄准系统是运用光电物理探测原理来测量目标参数的一种新型的武器瞄准系统，简称光电瞄准系统。

光电瞄准系统主要由光电雷达、显示组件、电子部件和计算机等组成。主要功用是接收目标的热辐射，搜索、截获和跟踪目标，测量目标的方位信息，并对近距离目标进行测距；根据所获取的目标信息，进行火控计算，形成和发出瞄准信息，显示给飞行员；可以完成空空导弹对空中目标、航炮对空中和地（水）面目标、非制导武器对地（水）面目标的攻击。

光电雷达是光电瞄准系统的核心部件，主要由红外定位仪和激光测距器两部分构成。

（三）综合火力/飞行控制系统

综合火力/飞行控制系统是在计算技术、目标探测技术和主动控制技术迅速发展的基础上，将火力控制系统和飞行控制系统有机结合，从而使飞机的飞行控制系统能根据实时的攻击条件操纵飞机进行攻击的综合控制系统，简称火飞系统。

综合火力/飞行控制系统主要解决的是非制导武器的投放问题，即解决航炮空对空射击、航炮空对地射击和轰炸的自动控制问题，也可用来控制发射导弹和投放激光制导炸弹。

火飞系统由载机参数测量设备、目标参数测量设备、火飞计算机、平视显示器和飞行控制系统等组成；系统的工作过程可分为空对空射击、空对地射击和空对地轰炸三种典型的武器投射方式。该系统的优点：瞄准精度和命中率提高、使飞机的生存力有了较大提高、综合化及自动化程度高。

六、武器作战应用

（一）对空中目标的攻击

1. 使用航炮对空中目标的跟踪射击

歼击机飞行员操纵飞机跟踪目标，使瞄准具不断构成准确的修正角，到达一定距离开火射击，这种边跟踪、边瞄准、边射击的方法，称为跟踪射击。

（1）对直线飞行目标的跟踪射击

以攻击机不带迎角且速度向量始终指向目标绘制出的跟踪射击曲线称为跟踪射击曲线。

目标周围攻击机能顺利地使用活动光环进行跟踪瞄准射击的空间称为可能射击范围。

可能射击范围的大小是由极限载荷、瞄准具性能和最小退出距离等因素决定的。

攻击机在对直线飞行目标进行跟踪射击时，确定跟踪射击攻击起始位置的方法大致有两种，其一是用作图法求占位数据，其二是用解析法求占位数据。

垂直攻击包括从目标机的后侧上方、正后上方、正后侧下方和后下方的攻击，求攻击起始位置的方法和水平攻击很相似，也可用作图法和公式法。

（2）对机动飞行目标的跟踪射击

对水平盘旋目标的瞄准射击。在目标机内侧，与目标机作同心盘旋跟踪瞄准时，应采用目标进入角和目标距离。

对垂直机动目标的瞄准射击。三个有利瞄准射击时机：一是当目标机开始由转弯进入俯冲时，攻击机应及时切入目标航迹内侧进行瞄准射击。二是当目标机开始从俯冲中退出时，攻击机应及时拉杆，以便在目标机开始进入跃升阶段，能立即切入目标机航迹内侧进行跟踪瞄准射击。三是当目标机压坡度欲从跃升中改出，攻击机要及时切入目标机航迹内侧跟踪瞄准射击。

2. 使用导弹对空中目标的攻击

（1）近距格斗导弹对空中目标的攻击

飞行员要认真检查，确定与导弹发射相关控制机构都在接通位置，即接通平显交联设备的供电电门或断路器；接通平显工作电门；接通导弹发射相关电门。将导弹左、右发射选择电门、导弹单连发选择电门、"导弹中、内、外发射选择"电门、武器旋钮放在需要位置。

歼8D发射PL8导弹只能单发发射，有"定轴瞄准–定轴发射""定轴瞄准–离轴发射""定轴扫描–离轴发射""雷达随动–离轴发射"四种发射状态。

规避导弹的主要措施有：在技术上正确使用预警和干扰设备；在战术动作上不给敌方造成发射导弹的条件；对敌方已经发射的导弹，采用机动飞行与干扰相结合的方法甩掉其导弹追踪。

（2）中距拦射导弹对空中目标的攻击

歼8D发射中距导弹对空中目标的攻击，应在平显的拦射状态下进行。飞行员按使用规定接通雷达和连续波照射器的有关电门或断路器，当导弹灯丝断路器、导弹准备电门接通后，导弹所需电源电门即被接通，做好了导弹进入准备程序前的各项工作。

规避和摆脱敌方导弹措施有：在距离接近的过程中使用电子干扰技术；操纵飞机进行方向、高度机动或超声速机动，以破坏敌机对我机的搜索、截获和中距导弹的发射条件。

（二）对地面目标的攻击

1. 射击条件的选择

射击条件的选择包括射击方向、俯冲角、射击距离、进入俯冲高度的选择。

射击距离（D）的远近，直接影响射弹散布面和射击精度，与最小停止射击距离、最小开始射击距离和最小开始瞄准距离有关。

飞机开始进入俯冲的高度称为进入俯冲高度（H_J）。进入俯冲高度包括进入俯冲损失高度（ΔH_J）、直线俯冲降低高度（ΔH_Z）、退出俯冲损失高度（ΔH_t）和安全高度（H_A）。

$$H_J = \Delta H_J + \Delta H_Z + \Delta H_t + H_A$$

2. 对地攻击方法

（1）航炮对地射击

装备射瞄 7 甲的歼 7B、歼 7H 飞机使用航炮对地靶射击，在无风条件下，使用瞄准具"提前"工作状态通常采用"定近打远"的方法进行修正，即将测距把手的固定距离小于射击距离，使提前角线圈的电流增强，以减小瞄准具构成的修正角，来消除弹着点偏前的误差；在有风情况下射击，通常将活动光环构成的偏流修正角，变换为偏流修正量，并按射击条件，计算出偏流修正量的误差。

在无风条件下瞄准具在"电锁"状态对地靶瞄准射击，需要的综合修正角与"提前"状态一样，也包括抬高角、迎角带偏修正角和高低位差修正角；在有风条件下使用"电锁"工作状态，对地靶攻击，应逆着风修正风对射击的影响。

（2）火箭对地射击

歼 7B、歼 7H 飞机使用射瞄 7 甲瞄准具"提前"工作状态对地靶射击，使用航箭弹对地面目标射击瞄准点，在无风条件下使用航箭弹对地靶射击，需要的综合修正角包括抬高角、迎角带偏修正角和高低位差修正角；在有风条件下偏流修正量误差较大，因此应按相对风向角的投影角方位，逆着风修正。

（3）导弹对地攻击

攻击机用空地导弹对地面目标攻击，主要做好地面准备、进入战区后发射导弹工作。

第三篇　模拟飞行

第一章 模拟飞行训练设备介绍

由于安全和经济等方面的原因，自飞机问世不久，人们就开始研制和使用在地面练习飞行的飞行模拟器材。飞行模拟器是一种自动化程度很高的模拟设备。当飞行人员在飞行模拟器的座舱中进行操纵时，其感觉与在真实飞机的座舱中相似。随着科学技术的飞速发展，特别是计算机技术的发展和应用，飞行模拟器越来越先进，模拟的功能越来越多，模拟的逼真度不断提高，其作用也越来越被人们所认识，不少国家（包括我国在内）已将模拟飞行训练列入飞行人员的训练大纲。可以预料，飞行模拟器在今后的飞行训练中将会起到更加重要的作用。

第一节 飞行模拟训练设备基本工作原理和生理基础

一、飞行模拟器的基本组成

飞行模拟器，其类型及复杂程度不同，结构也不尽相同。用数字计算机控制的飞行模拟器，通常由模拟座舱、计算机系统、运动模拟系统、视景模拟系统、教员指挥控制台等组成，如图3-1所示。

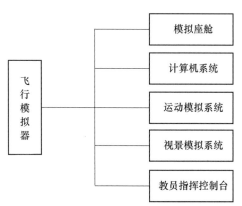

图 3-1 飞行模拟器基本组成

（一）模拟座舱

模拟座舱是飞行模拟器的主体。训练用飞行模拟器，模拟座舱内部的形状，各仪表、信号装置、操纵设备的布局与所模拟的飞机几乎完全一样，以给飞行员造成座舱环境的逼真感。各种仪表的盘面与真实飞机仪表完全相同，其内部结构有的也与真实仪表一样，有的则不同，但其指示现象都与真实仪表相同。有的飞行模拟器，例如，较简单的仪表飞行训练器，其座舱是固定不动的；较复杂的飞行模拟器，其座舱通常都是安装在运动模拟系统的活动平台上。座舱内的操纵设备通常与产生负荷的装置相连，共称为操纵负荷模拟系统，它可根据飞行条件产生相应的负荷，使飞行员的手和脚上有操纵力的感觉。座舱内还装有音响模拟系统，可以产生飞行中飞行员所能听到的某些音响效果。例如，发动机起动、运转的声音，气流与飞机的摩擦声，收放起落的声音，以及飞机着陆接地时的撞击声等。

（二）计算机系统

计算机系统是飞行模拟器中最重要的部分，它是飞行模拟器的"神经中枢"。飞行模拟器是一个实时性要求很高，交换信息量很大，并有一定精度要求的复杂实时仿真系统。计算机系统承担着整个模拟器各个系统的控制与数学模型的解算任务，计算机实时采集飞行员的各种操纵信息和教员的各种控制指令信息，按飞机、发动机、各种机载系统变化规律计算各种参数，再输往仪表、视景、运动、音响等各个系统，使飞行员从视觉、听觉、触觉等几个方面感受到"飞机"飞行的情况。

计算机系统通常是由数字计算机、实时接口及模拟软件等组成。

1. 数字计算机

现代的飞行模拟器，都选用数字计算机。根据模拟器模拟功能的多少，选用不同档次的计算机。对于功能少的模拟器，一般只有一台计算机，对于功能强的模拟器，则往往是由若干台计算机联网而成的计算机系统。其中部分计算机是为实现某种功能而设计的专用计算机。早期的飞行模拟器计算机系统，既有数字计算机，也有模拟计算机。例如，我国研制的歼6飞行模拟器，就有一台NOVA4/X小型数字计算机及三套模拟计算部件。美国的F-16战术飞行模拟器的计算机系统（NORD10/50），有4台32位的NORD50计算机及一台NORD10/S计算机，还有一台F-16飞机上装备的德尔科Magic362F火控计算机。原空军二航院研制的伊尔-76飞行仿真系统中就有6台PC机和240多个单片机。

2. 实时接口

实时接口也称为连接器。因为飞行模拟器的各个模拟系统及控制台向数字计算机输入的各种信息都是模拟量或开关量，这些系统从计算机得到的也应是模拟量或开关量，而计算机则是按数字量进行工作的。因此应该先将输给计算机的模拟量和开关量变成数字信号，然后再将计算机输出的数字信号变成模拟信号的开关信号，并且要对这些信号的传送进行控制。这些工作都是由实时接口来完成的。实时接口所要变换和控制的信息量一般都是比较多的。飞行模拟器的功能越强，这些信息也越多。例如，伊尔-76飞行仿真系统的模拟输入量（简称模入量）有100多个，模拟输出量（简称模出量）有200多个，开关输入量（简称开入量）有1700多个，开关输出量（简称开出量）有800多个。

3. 模拟软件

模拟软件就是根据各系统的数学模型编制的程序及其他程序。由于飞行模拟器是一个复杂的实时仿真系统，它所要模拟的工作状态很多，因此其软件也十分复杂、庞大。按照不同的模拟系统，软件也分成若干个大系统。每个大系统又按小功能分成若干个分系统（也称分支程序）。当然，不同的模拟器，软件系统的分类方法也不尽相同，软件的多少也不一样。例如，歼6飞行模拟器的软件分为13个大系统：飞行系统、发动机系统、仪表系统、无线电系统、液压系统、燃油系统、运动系统、视景系统、操纵负荷系统、音响系统、故障系统、电源系统及控制整个模拟器程序运行的管理系统。

（三）运动模拟系统

运动模拟系统，简称运动系统，主要是用来模拟飞机的加速度的，以使飞行员的身体感觉到飞机的运动；在有的情况下，也可模拟出飞机的姿态。

运动系统由液压源（也叫作供压系统）及被液压作动筒控制的活动平台组成；模拟座舱就装在活动平台上。当飞行员在模拟座舱内操纵"飞机"运动时，活动平台就会产生相应的运动，从而使飞行员的身体及大脑中的前庭器官感受到这种运动，飞行员借助这种感觉判断出飞机姿态及速度的变化。

根据飞行模拟器的复杂程度，其运动系统所能模拟的运动状态也不相同。简单的运动系统只有两个自由度。例如，我国自行设计的歼5-Ⅱ飞行模拟器的运动系统，只能使模拟座舱俯仰和倾斜；我国研制的大型歼6飞行模拟器，也只有3个自由度，即可使模拟座舱俯仰、倾斜和升降，其活动范围也比较小。目前，国外的大型飞行模拟器，运动系统多为6个自由度，即沿三轴的直线运动和绕三轴的转动。我国研制的运7-100飞机飞行模拟器和伊尔-76飞机飞行仿真系统，都有六自由度运动系统。

（四）视景模拟系统

视景模拟系统，简称视景系统，是用来模拟飞行员在飞行中所看到的座舱外部的景象的。根据这种景象，飞行员可以判断飞机的姿态、位置，以至于飞行的速度、天气状况等。

视景系统主要由景象产生与景象显示两部分组成。产生与显示景象的方法很多，因此视景系统有很多种类型，但主要有以下几种。

1. 点光源视景系统

点光源视景系统是发展最早，也是最简单的一种视景模拟装置。这种系统主要有一个体积很小、亮度很高且可以活动的小灯泡（称为点光源），一个按一定比例画有地面景象的大直径玻璃盘（称为地景盘），还有一块屏幕。当飞行员操纵模拟器时，点光源模拟飞机的运动，光线透过地景盘照射到屏幕上，形成连续运动的景象。这种系统的主要优点是视野广阔，结构简单；缺点是模拟误差较大，地景范围小。但因其优点突出，因此在模拟器的早期一直用在起落航线、直升机的垂直起落和悬停的模拟上。

2. 电影胶片投影系统

这种系统又称为畸变电影。它是预先由一架飞机在标准的航线上用摄影机把实际景象拍成电影，拷贝洗印好后，通过一个可由飞行员操纵的装有光学畸变镜头的放映机放映出来。当飞行员操纵模拟器时，若航迹没有偏差，放映出来的图像就是拍摄的标准图像；若航迹有偏差，则通过畸变镜头放映出来的画面发生畸变，使飞行员所看到的影像也随之改变。这种系统的优点是体积小，影像的色彩和清晰度都很好，飞机的进场着陆尤为逼真。但最大的缺点是所能模拟的航线范围很窄，因而机动范围很小，使用价值有限。

3. 地景模拟/闭路电视系统

这种系统主要由一个很大的按一定比例制作的地景模型、可受飞行员操纵的光学探头和摄像机、投影器及显示屏幕等组成。当飞行员操纵模拟器飞行时，摄像机通过光学探头对地景模型进行摄影，摄像机将光信号变成电信号，再由投影器将电信号变成光信号投影到座舱前的屏幕上。这种视景系统，最大的优点是模拟的景象十分逼真，不仅能模拟飞机在六自由度范围内运动时的景象，还能模拟白昼、黄昏、夜间的景象及各种气象条件。但是，这种系统的最大缺点是结构复杂，体积异常庞大，耗电量非常惊人（100kV·A以上），运行费用昂贵，维修困难。这种系统虽然一度是应用最广，技术最成熟的一种方法，但随着计算机的发展，已逐渐被计算机成像视景系统所代替。

4. 计算机成像视景系统

计算机成像技术是随大容量高速度的数字计算机的飞速发展而产生的新型视景技术。它主要由图像处理计算机、图像数据库、图像生成设备、电视投影器及屏幕等组成。当飞行员在模拟座舱内操纵"飞机"时，其操纵信号经模拟器主计算机的计算，向图像处理计算机输送有关飞行位置、姿态等信息，图像处理计算机则对这些信息进行处理，从图像数据库取出有关的图像信息，经图像生成设备，送给电视投影器形成实时变化的图像，使飞行员从屏幕上观察到飞行中的景象。计算机成像视景系统，由于图像是由计算机产生的，所以有很大的灵活性，有十分广泛的模拟能力；借助外存数据库可以存储大量不同的景物，例如，可以存储多个机场，甚至上百个机场的图像。使用者还可以根据自己的需要增加或修改景象的内容。这种系统还有一个突出的优点，就是可用多个显示器来显示景象，从而大大地扩展了视野，例如，水平视场角可达200°以上，使飞行员有全景空间的感觉。这种系统还有体积小，耗电少，便于维护等优点。因此计算机成像视景系统发展十分迅速，它已经成为现代飞行模拟器视景系统的主要形式。当然，它也有不足之处，主要问题是计算机产生的景象还比较粗略，纹理不细，尤其是对近距离的景象描绘不够逼真，使飞行员不易通过景象来判断飞行高度和速度。但是计算机运算速度的提高和容量的扩大，描绘的景象也将越来越细腻，越来越逼真，上述问题将会逐步解决。表3-1是4种计算机成像视景系统的主要性能指标。

表3-1　计算机成像视景系统性能指标

型号	VITAL-VI	IMAGE-i	CT-6	JC-2
通道数/个	4	3	4~8	7~8
显示类别	昼/昏/夜	昼/昏/夜	昼/昏/夜	昼/昏/夜
气象环境	云、雾、雷雨	云、雾、雷雨	烟、雨、云、雾、雷雨	云、雾
能见度效应	有	有	有	有
视场角/(°)	180	128	200	320
光点数	8000		4000/通道	500/通道
多边形面	450		1500/通道	256/通道
活动目标/个	8	5		1
纹理种类	活动纹理	8		32

（五）教员指挥控制台

教员指挥控制台（简称教员台）是教员控制飞行模拟器各部分的工作及了解飞行员操作情况的装置。不同类型、不同功能的模拟器，其控制台的组成、结构也不一样。但一般都有以下几个部分。

①控制板。上面装有控制整机及各大系统工作的电门、按钮等。

②显示器。用来显示飞行轨迹、仪表指示参数等。

③飞行条件设置板。用以设置各种初始参数（起飞位置、起飞航向、油量）及气象条件（场面气压、气温、风速、风向、能见度）等。

④故障设置板。用来给飞行员设置各种故障，以锻炼飞行员在各种故障情况下的处置能力。例如，歼 6 飞行模拟器可以设置 66 种故障。其中发动机系统故障就有 22 种，例如，发动机接不通最大油门、接不通加力、断不开最大、发动机失火、空中停车等；特种设备故障 21 种，例如，地平仪抖动、卡住，罗盘卡住、摆动，空速管堵塞、结冰，发电机电压过高、过低等；以及其他系统的一些故障，例如，操纵系统的力臂调节器失灵、起落架放不下、刹车失效等。

⑤计算机的外部设备。例如，控制键盘、打印机等。

⑥通话设备。用来与飞行员联络通话。

现在比较先进的教员台，上述的第②、③、④项都由一个带触摸屏的显示器代替。即利用触摸屏的控制，显示器上既可以显示飞行轨迹、仪表指示参数，又可以设置和显示飞行条件与故障，还可以控制模拟器的运行状态，例如，冻结、记录和重放等。

二、飞行模拟器的简要原理

飞行模拟器是一个以飞行员为核心的人-机闭环控制系统，它又是一个实时仿真系统。当飞行员在模拟座舱内操纵各种装置（油门杆、驾驶杆、脚蹬、电门、按钮等），或教员在教员台上操纵有关控制电门、按键时，这些操纵控制装置就会产生相应的电压信号，经输入接口变换成数字量后送给计算机，计算机则按预定的管理程序和数学模型进行计算，然后将其计算结果（数字量）经输出接口变换后，再经放大器放大，驱动有关的仪表指示相应的数值，驱动有关的指示灯呈现相应状态，音箱发出相应的声音，运动平台处于相应的运动状态，视景系统显示相应的外部景象。

由于计算机的运算速度非常快，通常以 20~40ms 为一个运算周期，各显示设备所显示的状态每秒钟变化 25~50 次，因而在飞行员看来，这些变化既是连续的，又是实时的。这些变化的信息作用给飞行员后，飞行员及时进行分析判断，然后根据训练任务的需要进一步操纵有关装置。如此反复循环，从而完成模拟飞行任务。

三、飞行模拟器的基本特性

（一）实时性

训练用的飞行模拟器是一种半实物的仿真系统，也是人在回路的仿真系统。它必须实时运行。所谓实时性，是指控制信号输入后系统的时间响应特性能，正确反映数学模型所描述的真实系统在同样控制信号输入时的时间响应特性。但是数字计算机运行解算数学模型的程序只能逐条"串行"进行，也就是说运行解算一遍系统数学模型的程序需要一定的时间，这个时间间隔可以称作"帧周期"。对于飞行实时仿真系统来说，一般为几毫秒至几十毫秒。帧周期主要应根据仿真系统内表征动态特性的参数变化快慢来确定。在一个帧周期内认为输入和外界条件是不变的，一个帧周期内解算的结果实质上只是连续时间中某个采样点的值，同样一个帧周期内的解算结果和输出值保持不变，这就是计算机仿真系统采样离散化后与真实连续系统的差别，但两者是近似的。若在一个帧周期内，输入和外界条件变化很大，其解算结果和输出就不能正确反映真实连续系统在“帧周期”这段时间间隔内的真实响应状况，这说明系统没有满足实时性要求。操纵人员或实物参与到系统仿真回路中时，仿真系统必须能正确地反映真实系统时间响应特性，而计算机仿真系统采用采样离散化和帧周期运行方式，要满足仿真系统的实时性要求只有选择合适的帧周期。对于数学模型和程序规模大的复杂系统，在一个帧周期内运算不完时，可采用多 CPU 或多机联网的方式以满足实时性要求。

计算机实时仿真系统与计算机控制系统有许多类似之处，本质上都属于数据采样系统，输入的控制信号由飞行员操纵杆、舵或控制面板的开关、旋钮产生，经输入采样开关 T1 和 A/D 变换器，将连续的模拟信号转换为离散的数字信号送入仿真计算机，仿真计算机中运行多个程序模块（模块 1，…，模块 n）。设重复循环计算的帧周期为 T，仿真结果经输出采样开关 T2 和 D/A 变换器，将离散的数字信号转换为连续的模拟信号，去驱动运动系统、仪表系统、视景系统等仿真的物理效应设备。理论上分析这种数据采样系统时，一般假定各采样开关是同步同周期的，即 $T_1 = T_2 = T$。实际上，仿真系统有多个控制信号输入和多个仿真结果输出。在理想的情况下，每个帧周期内先处理控制信号输入，然后进行各程序模块的运算，最后处理仿真结果的输出，如图 3-2(a) 所示。

在实际的实时仿真系统中，为了充分发挥 CPU 的效率，提高实时性，往往将程序模块的运行和输入/输出信号的处理（I/O 接口）并行进行，如图 3-2(b) 所示。这种并行处理的方案可能带来系统的时间延迟。例如，程序模块 i 在第 k 个帧周期计算时，可能本帧周期内程序模块 i 所需的输入控制信号尚未采入，且只能使用上一帧（第 k-1 帧）采入的数据，这样第 k 帧程序模块 i 计算的结果对应的是上一帧（第 k-1 帧）的，这样时间延迟了一个帧周期；假如程序模块 i 运行后得出的结果所对应的 I/O 接口输出时序已过，只能等下一帧（第 k+1 帧）输出去，这样在时间上又延迟了一个帧周期，如图 3-2 和图 3-3 所示。

控制信号采样输入	程序模块1，模块2，…，模块n运行	仿真结果输出

(a)

I/O信号处理
程序模块1，模块2，…，模块n运行

(b)

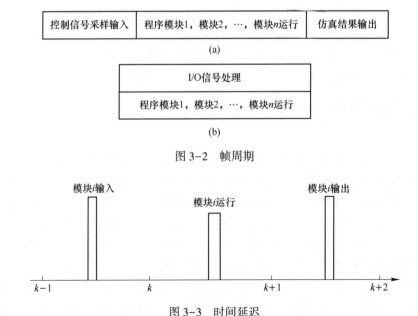

图 3-2　帧周期

图 3-3　时间延迟

由此看来，为了保证运行的实时性，就应该尽量减小帧周期的时间，从而减小系统的延迟时间。

（二）逼真性

模拟器逼真性的关键在于数学模型。如果数学模型不正确，那么仿真结果也不正确；如果数学模型不精确，那么仿真结果也不精确。飞行模拟器要模拟全飞行包线范围内的飞行。飞行高度、飞行速度变化范围大，飞行动力学数学模型就不能采用小扰动线性化方程，应采用精确的全量非线性变系数方程组来描述。这种飞行动力学数学模型建立后，还有两个因素影响仿真结果：其一是选用的数值积分算法，它将影响仿真精度；其二是气动数据，它也将影响仿真精度，甚至影响仿真结果。建立的数学模型必须经过验证，应通过与真实系统响应特性和数据的比较来进行验模的工作。

另外，模拟器的环境仿真设备在真实的人-机（飞行员-飞机）系统中是不存在的，环境仿真设备是飞行仿真系统外加的中间环节。显然，这种中间环节的引入必然给仿真系统带来误差和失真。从控制理论的观点来看，这些外加的中间环节理想的传递函数应为增益为1的比例环节。若环境仿真设备的输入输出特性能用增益为1的比例环节描述，则这种环境仿真设备的引入不会给仿真系统带来失真和误差。但是这种要求是无法实现的，为此只能在满足仿真系统技术要求的前提下，对环境仿真设备的静态、动态特性加以严格限制，例如，要求响应时间快、频带宽、非线性失真小、响应过程平稳等。

（三）同步性

模拟器中的视景系统、运动系统、仪表系统、操纵负荷系统、音响系统等，它们有各自的静态特性和动态特性，同时给仿真系统增加了延迟时间。各个环境仿真系统是独立运行的，这些系统分别给飞行员提供不同的感知信息。因此，各个仿真系统的同步是很重要的。若仿真环境提供的视觉、听觉、动感等有"时间差"，将使飞行员不能正常操纵飞机。通常规定，视觉、听觉、动感的不同步时间应小于100~150ms。

第二节 初教 6 飞行模拟训练设备

初教 6 飞行模拟训练系统主要由四套初教 6 飞机飞行模拟器、一套指挥控制分系统、一套网络通信分系统、一套语音通信分系统、一套气象环境仿真分系统组成。其中，指挥控制分系统由二维态势软件、飞行训练管理软件、虚拟仪表监控软件、虚拟座舱软件、虚拟塔台软件组成。

该系统以分布式计算机网络为支撑，将相对独立的初教 6 飞机飞行模拟器和指挥控制分系统的各个软件互联起来。每台模拟器和各个独立运行的软件作为网络中的仿真节点。每个仿真节点都将本节点的实体数据发往网络中其他所有的仿真节点，同时又接收其他仿真节点的应用信息。通过规范节点间信息交换的格式、内容及通信规则，实现分布仿真系统间的互操作，构成一个大规模、多参与者协同作用的综合虚拟环境，以实现含多人、多平台之间的交互。

一、系统功能

系统主要模拟功能包括以下几个方面。

1. 通用驾驶技术（GH）；
2. 仪表飞行（IF）；
3. 双机、三机、四机编队（FM）；
4. 夜航（NF）；
5. 低空导航（LLNAV）；
6. 模拟训练管理：
（1）训练过程控制；
（2）特殊情况设置；
（3）训练情况显示和监控；
（4）飞参再现；
（5）训练数据记录、回放；
（6）训练成绩辅助评定。

二、模拟器分系统组成

（一）飞行性能仿真子系统

飞行性能仿真利用固定翼飞机通用的飞机动力学和飞机运动学数学模型，将真实飞机的气动数据代入飞行性能解算的各个模块进行解算，实现飞行性能仿真、发动机性能仿真、特情处置仿真，模拟飞机在空中飞行的动态过程。达到飞行模拟器的性能及特性与实际飞机的使用性能及特性相同的目的。

飞行性能仿真是整个系统的控制中心，由气动数据计算、起落架力和力矩解算、运动方程解算、质量特性解算、动力装置力和力矩解算五个部分组成（见图3-4）。

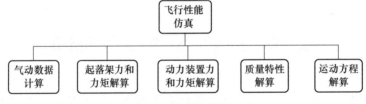

图3-4 飞行性能仿真组成

（二）座舱设备仿真子系统

座舱设备仿真子系统主要模拟飞机各系统的工作逻辑和工作特性、操作特性等，使最终效果与实装设备相一致。

座舱设备仿真由飞行控制模块、操纵负荷模块、动力装置模块、燃油模块、起飞着陆装置模块、冷气模块、电源与电气模块、仪表设备模块、无线电通信与导航模块组成。

初教6飞行模拟座舱按初教6飞机前舱（双舱）尺寸1∶1制造；舱内设备位置及外观与飞机装备一致；汽缸头温度表、进气温度表、电流电压表、油量表采用飞机真实仪表改制；进气压力表、无线电罗盘、磁罗盘、发动机转速表、冷气压力表采用模拟仪表；地平仪、空速表、气压高度表、升降速度表、转弯侧滑仪、三用表采用图形仪表。驾驶杆纵向操纵行程（俯仰）、驾驶杆横向操纵行程（倾斜）、脚蹬位置（舵）、油门开度（油门）、桨距位置（变距）、刹车量（刹车）、升降舵调整片位置（调整片）、发动机鱼鳞片位置、应急冷气瓶旋钮开关开度等，采用电位器采样模拟。

杆力模拟系统采用电动杆力系统，为飞行员操纵提供驾驶杆纵向操纵杆力。电动杆力系统为直流电机随动系统，通过电机带动滚珠丝杠转动，改变组合弹簧力臂，使作用在驾驶杆上的弹簧力与飞机动压数据匹配，从而获得飞行过程中相应的纵向操纵力。

（三）视景子系统

视景子系统用来为飞行员提供具有高沉浸感的逼真舱外景象，以判断飞机的姿态、位置、气象条件、地面及空中的目标等情况，满足受训人员正确判断滑跑距离、真实高度、飞行速度、与跑道相对运动及距离变化等视觉效果的要求。

成像分系统包括视景数据库、成像子系统两部分。

视景数据库包括地形数据库、机场模型库、目标模型库。

1. 成像系统

操作系统：Windows XP；运行环境：VC++、Mantis。

Mantis 实时图像系统是美国 Quantum 3D 公司发布的图形开发系统软件。Mantis 系统提供了良好的图形图像开发环境，用户可以极其方便地进行系统设置。

Mantis 的工具有 DetailerTM 和 CelerityTM，所有这些都是系统优化的关键工具。Detailer 使用用户或训练系统集成者来配置特效，移动模型，创建新特效或改变现有的特效。作为 Quantum 3D 数据库生成系统（DBGS）CatalystSETM 的一部分，Celerity 是 Mantis 用来把 OpenFlight 和 TerraPage 数据库转换成最适合 IDX 6000 使用的 Mantis Native Paging（MNP）格式的工具。

IGM 管理软件提供基于窗口的、分等级的图形界面，使系统管理员能够轻松地维护和升级子系统、通道和 IG。IGM 大大减少管理 IDX IG 解决方案系统的复杂度和时间。

系统是一套 7 个通道视景系统，由视景工作站和大屏幕显示器组成。视景计算机通过网络系统接受飞行模拟解算计算机传送过来的飞机视点位置和姿态信息，实时生成视景图像，通过显示屏形成舱外视景模拟景象。其简要原理如图 3-5 所示。

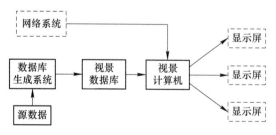

图 3-5　系统工作原理

2. 显示系统

采用 7 个 55in①工业拼接屏构成大屏幕显示系统，左、中、右三通道分别为竖排两个

---

① 1in≈2.54cm。

拼接屏，上通道为一个拼接屏。在为飞行员提供清晰视觉效果的同时也为飞行员提供了水平 140°、垂直 50° 的视场角，满足大部分训练课目的要求。

（四）声音模拟子系统

声音模拟子系统由计算机、多通道数字声卡、功率放大器等组成。其中，计算机上插有网卡，负责声音通信计算机与飞控主计算机的通信，通过以太网及 UDP 协议接收控制指令及播放命令，负责飞机上有关飞机发动机噪声、环境声、设备告警声的生成，并将相关声音信号发送给多通道数字声卡，它连接音响部分及通信部分，控制各个通道的连通或断开，功率放大器将输出信号进行放大。

音响系统主要在飞机座舱内对发动机及设备告警声音进行现场录音，用计算机对采录的发动机声音进行必要提取，制作成声音样本文件，根据发动机的不同状态及飞行操纵情况，利用 Direct Sound 技术处理，通过声卡进行混合后播放（见图 3-6、图 3-7）。

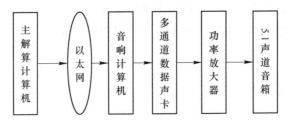

图 3-6 声音模拟子系统硬件结构图

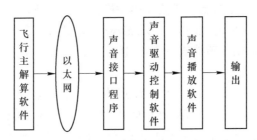

图 3-7 软件逻辑关系图

三、语音通信分系统

指挥通信在空域飞行、作战指挥、特情处置等方面都具有不可替代的作用，能够在塔台指挥、指挥员、飞行员之间建立顺畅的沟通机制和渠道，帮助飞行训练和作战任务更好地完成，相应的模拟器指挥通信分系统在完成上述功能的基础上，能够进行多机位成员之间语音通信与交流，解决不同节点指挥员、飞行员的沟通问题。

指挥通信分系统由专业耳机、话放、送话器、无线对讲系统、专业电源、多媒体音箱等组成。其中，无线对讲系统能够利用可选择的固定频段信号进行通信，使机组成员之间、机组成员与指挥员之间能够实现全双工通信。

在模拟训练系统中，开发基于模拟无线通信的语音通信设备来实现指挥员与模拟器（飞行员）之间和模拟器（飞行员）与模拟器（飞行员）之间的语音通信，模拟无线通信功能。

四、训练管理分系统

通过单一教员控制台（总控制台、总导调台）实现对所有飞行模拟器节点的集中控制，飞行模拟器的单独训练和联网训练可同时进行。

系统功能包括两个方面。

（一）节点模拟器监控

显示各节点模拟器开机信息，包括：是否开机，是否处于联网状态。

（二）节点模拟器入网/退网控制

1. 节点模拟器初始状态为非联网状态

2. 控制台控制节点模拟器的入网和退网

3. 训练控制

包括运行、停止、冻结、解冻、重放、复位等控制。

该功能需要满足模拟器节点单独训练和联网训练同时进行的情形。

4. 音效控制

包括对模拟器节点音响的音量（含静音）、音效种类选择等进行控制。

5. 训练课目设置

按照模拟器相关训练大纲要求的课目进行课目设置。该功能需要满足模拟器节点单独训练和联网训练同时进行的情形。

6. 气象环境设置

包括风向、风速、风切变、湍流、微暴、雨雪、气温、能见度、雾、云等气象环境。该功能需要满足模拟器节点单独训练和联网训练同时进行的情形。对模拟器节点单独训练，该设置只影响特定模拟器节点；对模拟器节点联网训练，该设置影响所有联网模拟器节点。

7. 二维及三维态势显示

提供战场目标和二维及三维态势显示，显示信息包括目标位置、轨迹和主要参数。该功能需要满足模拟器节点单独训练和联网训练同时进行的情形。考虑到模拟器节点的未来扩充和同时进行的不同训练过程的仿真时空存在重叠的可能性（例如，在同一起飞机场或空域训练），二维及三维态势显示窗口采用各训练过程（各单独训练的模拟器节点、联网训练的模拟器节点）分时共享方式。

8. 虚拟座舱显示

实现模拟器节点的虚拟座舱显示。虚拟座舱包括真实物理座舱的主要仪表、指示灯牌等，训练时与真实物理座舱的状态同步。该功能需要满足模拟器节点单独训练和联网训练同时进行的情形。考虑到模拟器节点的未来扩充，虚拟座舱显示采用各模拟器节点分时共享方式。

9. 训练过程记录

记录飞行训练过程数据及战场目标数据，可进行回放。该功能需要满足模拟器节点单独训练和联网训练同时进行的情形。各单独训练的模拟器节点、联网训练的模拟器节点的训练过程记录需要互相独立。

10. 训练过程重放和讲评

系统提供训练过程重放和讲评的工具，对记录的训练过程数据进行重放，便于教员对训练进行讲评。该功能需要满足模拟器节点单独训练和联网训练同时进行的情形。各单独训练的模拟器节点、联网训练的模拟器节点的训练过程重放和讲评需要互相独立。

11. 辅助评分

对基本飞行驾驶技术进行评分，作为教员对飞行驾驶技术模拟训练效果进行综合评定的参考。该功能只针对模拟器节点单独训练情形。

12. 塔台指挥模拟

实现塔台指挥室观察视景显示、二次雷达、任务规划系统、塔台指挥等。

五、网络通信分系统

模拟器的网络数据传输采用标准1000M以太网，通信协议采用TCP/UDP。

网络设备主要技术指标如下。

（1）1000M以太网；

（2）24口网络交换机。

网络分系统需要提供两种网络通信编程接口（API），即网络通信API（不可靠传输）和网络事件API（可靠、有序传输）。网络通信API和网络事件API封装实现对UDP协议的进一步封装，目的是为整个仿真系统的通信提供一个网络透明传输的平台，提高系统的可移植性、重用性。其中，网络事件API也是为了满足特殊的数据传输要求。

网络通信API用于周期性网络数据传输；网络事件API是一次性、可确保数据可靠、有序到达的网络数据传输方式。网络事件API可节省网络传输带宽，特别适用于特情、飞行条件设置、仿真控制（如复位、冻结、音量等）等无须周期性传输的控制数据的传输。

六、气象环境仿真分系统

模拟在相应飞行高度上沿着飞行轨迹的大气压力，气压随高度的变化应符合物理学定律。模拟的场压高度范围通常为-1000～+5000m。

模拟在相应飞行高度上沿着飞行轨迹的连续可变风向和风速，风向、风速与高度的关系应符合物理学定律。

建立从零到升限高度标准的冷热大气模型，正确模拟在相应飞行高度上沿着飞行轨迹的外界大气温度，温度和高度的关系应符合物理学定律。模拟的外界大气温度范围通常为-56～50℃。

模拟大气湍流和阵风，湍流强度一般不少于10级，阵风强度应从0～25m/s中选择，其增量不大于0.5m/s。

第三节　教8飞行模拟训练设备

教8飞机飞行模拟器是根据空军的新机改装计划而研制的高性能全任务飞行模拟训练装备，它不但能完成起落航线、特技飞行、双机编队、夜航等各种课目的模拟飞行训练，而且可以对教8飞机的大部分特情及不同飞行条件下的飞行情况进行模拟，为了便于飞行模拟训练与教学，还设置了记忆、重现、计算机在线检测等辅助功能。

一、系统组成

模拟系统主要由座舱模拟系统、视景图像解算系统、视景图像显示系统、振动模拟系统等组成。

（一）系统设备配置（见表3-2）

表3-2　系统设备配置

设备名称	数量	配置	功能
飞行模拟解算及教员控制台计算机	1套	工控机、A/D卡、D/A卡、I/O卡	飞行方程解算；参数设置，参数显示；接口控制
图形仪表解算计算机	1套	商用机有源音箱	图形仪表解算；音响模拟解算，音响播放
融合计算机	1套	专用机	图像通道接缝处理
成像解算计算机	3套	工控机、专用图形处理器	实时生成左、中、右三通道视景图像
网络集线器	1台		网络通信
主机共享器	1台		显示器、键盘、鼠标共享
视景显示系统	3套	液晶投影器、光学反射镜、投射屏幕	显示视景图像
供电系统	1套	交流稳压电源 UPS电源 专用电源	设备供电
模拟设备驱动、控制系统	1套	接口分配板 功率放大器板 运算放大器板 开关放大器板	功率放大器板为同步器仪表提供驱动。运算放大器板为磁电仪表提供驱动。开关放大器板为指示灯（信标铃）提供驱动
杆力模拟系统	1套	杆力驱动板 杆力模拟机构	提供飞行过程中驾驶杆纵向杆力
模拟座舱	1套	教8前舱	提供座舱操纵环境

（二）系统结构

飞行模拟器由振动系统、模拟座舱、显示分配器、图形仪表模拟系统、音响模拟系统、飞行解算计算机、杆力模拟系统、通风系统、成像解算计算机等组成。各系统之间的结构如图3-8所示。

二、分系统组成与原理

（一）模拟座舱设备

飞行模拟座舱按教8飞机前舱尺寸1∶1制造；舱内设备位置及外观与飞机装备一致。其中：加速度表、雷达高度表、直流电压表、排气温度表、三用表、液压表、振动速度表采用飞机真实仪表改制；航空时钟采用飞机真实仪表；排气温度表应急高度表、三用表、

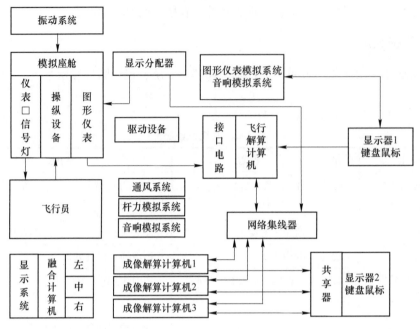

图 3-8　系统结构框图

液压表、振动速度表、发动机转速表采用模拟仪表；空速表、地平仪、升降转弯侧滑仪、精确高度表、航向位置指示器、油量表采用图形仪表；应急地平仪照片模型仪表；氧气示流器、座舱高度压力表位置由通风系统窗口遮挡，未模拟；综合告警显示灯盒采用与功能实装相同的自研替代品。

　　模拟器主计算机通过模/数转换卡（A/D）和开关量输入卡（I/O），对座舱操纵设备的状态采样，并实时解算出各显示、指示设备的值，再经数/模转换卡（D/A）和开关量输出卡（I/O）转换，经驱动放大后控制座舱显示（指示）设备工作，从而实现模拟设备的实时仿真过程。座舱设备的控制关系如图 3-9 所示。

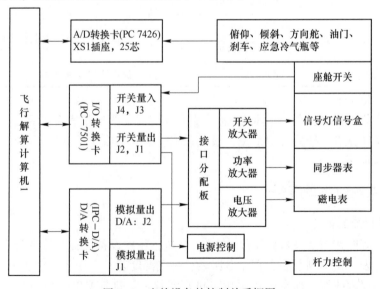

图 3-9　座舱设备的控制关系框图

A/D卡、I/O卡、D/A卡分别插在主解算计算机（工控机）的ISA总线槽上；功率放大器、电压放大器、开关放大器分别插在接口分配板的1号、2号、3号插槽上。

（二）图形仪表模拟系统

图形仪表包括：空速表、地平仪、升降转弯侧滑仪、精确高度表、航向位置指示器、油量表等。图形仪表采用OpenGL技术对上述仪表指示值进行实时显示，图形仪表显示器采用15in液晶显示器改制，仪表表头壳体经机械加工，其外观与真实仪表相同，功能旋钮及开关采用微型传感器及微型开关实现。为使显示亮度及对比度与仪表板上其他仪表协调，采用了特殊技术对显示屏表面进行处理。

（三）音响模拟系统

音响模拟系统采用Direct Sound技术进行实时模拟。在飞机座舱内对发动机声音进行现场录音，用计算机对采录的发动机声音进行必要提取，制作成声音样本文件，根据发动机的不同转速，利用Direct Sound技术处理，通过声卡进行混合后播放。除发动机声音外，音响系统还对座舱设备操作声、机轮接地摩擦声、语音告警等声音进行了实时模拟。

（四）网络通信系统

系统的数据传送采用通用局域网络技术进行多机通信。

系统网络通信结构图如图3-10所示。

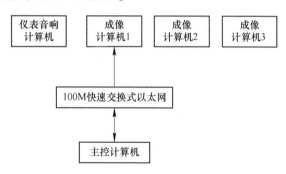

图3-10 系统网络通信结构图

通用通信接口卡是联想集团TP_LINK型网卡，该卡传输带宽为10M/100M自适应，并且为即插即用（plug and play）型。

网络通信软件编程是利用网络高层协议所提供的开放性网络接口，面向高层次网络应用所进行的网络程序设计与开发。网络编程接口及功能与所选用的网络操作系统中的网络传输协议有关，在本系统中使用Windows的基于TCP/IP协议的Winsock编程接口。

（五）控制台

总控制台在平台下面控制室内，由电源控制柜和两个UPS组成。由控制柜上的按钮控制各系统电源通断。

教员控制台位于平台上面工作室内，包含飞行模拟解算及控制计算机、图形仪表计算机、成像计算机、融合计算机以及相应的监视器。通过教员控制台计算机的鼠标，可完成飞行参数设置及各种模拟功能（课目）的设定，通过显示器可观察到飞行轨迹及显示空域的地理环境；通过成像监视器，同步监视计算机成像系统工作情况；通过图形仪表监视器还可以监视图形仪表的工作状态。

教员控制台除具有飞行管理功能外，还具有模拟器座舱设备在线检测功能。

在"系统检测"中，可检测各种开关、按钮、指示灯是否正常，杆、舵、油门、刹车的位置和量程是否准确，各种仪表是否正常运转。

在"模拟飞行"中，进入"飞行课目"菜单，可进行起落航线、五边下滑、三边下滑、特技、编队飞行等课目的选择。

进入"特情设置"菜单，可进行空中停车、起落架放不下、刹车失效、空中失火、油液泄漏、油压力异常、转速异常、发动机超温、燃油系统压力下降、返航油量灯亮、襟翼放不下11项（总计22个小项）特殊情况设置。

进入"环境设置"菜单，可进行风速、风向、能见度、云高等的设置。进入"应急高度表调零"菜单，可调整应急高度表的零位。

点击"暂停"菜单，可使系统暂停，保持当前状态。

点击"记忆"菜单，系统将需重现的数据存储于内存中。

点击"重现"菜单，系统将内存中记忆的数据重现出来，且系统不受飞行员的控制。

点击"绘图设置中的清屏重画"菜单，可清除空域图上的飞行轨迹。

点击"地形图切换"菜单，可切换不同比例尺的空域图。

软件程序用 Visual C++语言编写。

另外，教员控制台还配有工作室照明开关和学习台照明开关。

（六）成像分系统

计算机成像系统是飞行模拟器的重要组成部分，用来为飞行人员提供逼真的舱外景象。在本系统中，成像系统要完成机场地区的大范围舱外视景的实时生成，满足教练飞机在多种条件下的起落飞行、编队飞行、夜航飞行和特技飞行等任务。

计算机成像系统由视景数据库和成像计算机两大部分组成。系统实时运行时，成像计算机接收飞行模拟解算计算机传送过来的飞机视点位置姿态数据和其他标志，生成实时图像，最后送显示系统显示。

成像系统具有以下几个特点。

1. 图像逼真，浸入感强

真实地形高度数据生成数字地形，全三维建模，再加上真实照片经数字化处理后应用到三维模型上，使视景图像具有极强的真实感，飞行员在大视场的视景空间产生较强的浸入感。

2. 图像清晰，图形非线性失真小

成像系统图像分辨率为1024×768，图像质量高、清晰、稳定，图形非线性失真小。

3. 图像无闪烁、全景抗混叠效果好

采用了8×8点像素采样全景抗混叠，有效地抑制了图像混叠现象，全景抗混叠处理平滑过渡。

4. 较好的大气效果和时间效果

天气变化、能见度和云雾特征、时间光照效果、夜航机场探照灯与灯点效果形象地模拟了自然空间景象。

（七）显示分系统

教8飞行模拟器视景显示系统主要由大型准直球面反射镜（准直镜）、后投射屏、校正融合投影器、工作室、电源系统、负压控制系统等部分组成。

显示系统采用由反射镜、后投射屏形成的离轴虚像显示方式（见图3-11）。

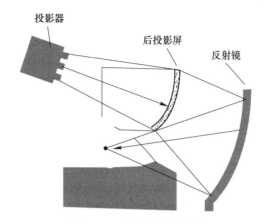

图 3-11 显示系统原理图

显示系统投影器硬件连接图见图 3-12。

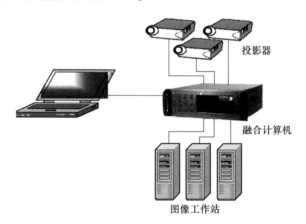

图 3-12 投影器硬件连接图

第四节 歼教 9 飞行模拟训练设备

歼教 9 飞机分队级战术模拟训练系统应在完成全包线飞行及座舱设备使用训练的基础上重点突出以下课目模拟。

①编队飞行；

②夜航；

③低空导航/低空战术导航；

④基本战斗机动；

⑤空战机动；

⑥高空地面引导截击；

⑦对地攻击；

⑧对地攻击战术/近距空中支援；

⑨特殊情况处置。

一、系统组成

歼教 9 分队模拟训练系统主要由 4 个座舱仿真终端、飞行性能仿真分系统、指挥台、综合航电仿真分系统、机载武器仿真分系统、计算机生成兵力系统、声音模拟分系统、网络等分系统组成，如图 3-13 所示。

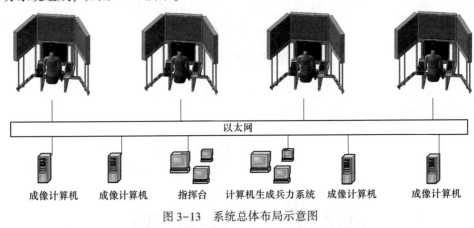

图 3-13　系统总体布局示意图

二、工作原理

指挥人员根据训练课目设置战场环境和每个飞行节点属性（红方或蓝方），实时监控 4 个飞行节点综合态势，任务执行情况，一旦出现特殊情况及时进行人工干预。飞行人员依托每一个飞行节点练习战法、协同，或针对大纲要求课目进行针对性训练，提高战斗技能。综合演练管理系统实时监控、干预系统的运行状态，存储训练的全过程，为训练讲评和研究总结提供依据。

在每一个飞行节点内部，包括主控计算机、视景计算机，两台计算机之间通过以太网相连。主控计算机上运行主控程序、操纵程序、仪表程序、飞行程序、火控程序、音响程序，各程序之间通过共享内存交换数据。视景计算机上运行视景驱动程序、网络服务器程序，各程序之间通过共享内存交换数据。为达到便于维护、型号升级的要求，各程序统一运行，采用动态链接库方式。飞行节点内部信息流程如图 3-14 所示。

三、分系统工作原理

（一）飞行性能仿真分系统

飞行性能仿真利用固定翼飞机通用的飞机动力学和飞机运动学数学模型，将真实飞机的气动数据代入飞行性能解算的各个模块进行解算，实现飞行性能仿真、发动机性能仿真、特情处置仿真，模拟飞机在空中飞行的动态过程。达到飞行模拟器的性能及特性与实际飞机的使用性能及特性相同的目的。

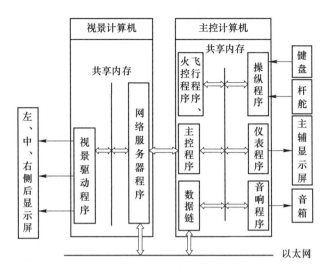

图 3-14　飞行节点内部信息流程图

飞行性能仿真是整个系统的控制中心，由气动数据解算、起落架力和力矩解算、运动方程解算、质量特性解算、动力装置力和力矩解算五个部分组成。

（二）座舱设备仿真分系统

座舱设备仿真分系统主要模拟飞机各系统的工作逻辑、工作特性和操作特性等，使最终效果与实装设备相一致。

座舱设备仿真由飞行控制模块、操纵负荷模块、动力装置模块、燃油模块、增稳控制模块、起飞着陆装置模块、冷气模块、液压模块、电源与电气模块、仪表设备模块、无线电通信与导航模块、电子对抗与敌我识别模块组成。

座舱设备仿真模块针对每一台座舱设备建立数学模型，包括其全部输入与全部输出的对应关系。

（三）综合航电仿真分系统

歼教 9 飞机航电系统支持飞机完成导航、外挂管理、武器投放、飞行员训练等任务，保证飞行员平视和手不离杆（HOTAS）就能完成所有的飞行与战斗训练任务（飞行操纵、武器选择和发射、电台控制及机内通话等功能）。航电仿真系统由下述分系统组成。

①XXK-15 型显示控制管理分系统（DCMS）；

②XSC-4A 型大气数据计算机分系统（ADC）；

③JL-10GJ 型雷达分系统（RDR）；

④WRW-5 型任务计算机分系统（MC）；

⑤WG-7 型外挂物管理分系统（SMS）。

显示控制管理分系统用于实现航电系统的集中控制和显示；承担航电系统的总线控制任务，完成总线通信管理；飞行前数据加载及飞行过程中重要数据记录；拍摄平视显示器画面并向后舱飞行员显示，产生下显视频，实现视频和声频信号的记录。显示控制管理分系统为飞行员提供航电系统的操作控制界面，实现系统的启动/关闭、数据装订、惯导对准、主模式转换、导航选择及位置校正、雷达搜索及目标选定、各种攻击方式的选择及武器投放等操作。该模块软件耦合关系如图 3-15 所示。

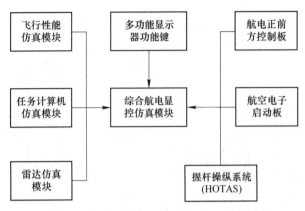

图 3-15　显示控制管理分系统仿真模块关系图

大气数据计算机接收来自补偿空速管、总温传感器、迎角传感器、侧滑角传感器和 GJB289A 数据总线等的输入信息，并对静压、迎角和总温的输入进行位置误差或系统误差修正，经解算后，向飞机的飞行参数记录系统、电子飞行显示系统、惯导系统、应答机、增稳控制系统、航电系统、油门锁等有关系统和设备输出精确的大气参数信号。在飞行模拟器中，飞机实时侧滑角、迎角、经纬度都是由飞行性能仿真分系统解算得出。所以在模拟器中大气数据计算机仿真模块只接收来自气象环境仿真软件的气温、气压，飞行性能仿真系统解算得出的空速、空气密度等参数，处理后送入显示控制仿真模块中气压高度、空速、升降速度和大气温度进行显示，同时须完成场压装订仿真功能。其软件耦合关系如图 3-16 所示。

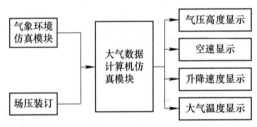

图 3-16　大气数据计算机仿真模块关系

JL-10GJ 型雷达是一种机载脉冲多普勒雷达，为飞机提供目标探测和跟踪能力，支持拦截、空空格斗和空地攻击任务。雷达仿真模块在综合航电仿真分系统中起重要作用，该模块与其他分系统及航电其他仿真模块都有耦合关系，具体关系如图 3-17 所示。

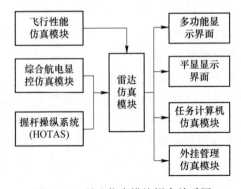

图 3-17　雷达仿真模块耦合关系图

任务计算机是一台用于飞机飞行作战、任务计算管理的计算机。除进行火控计算和导航计算外，还负责为塔康、无线电高度表、无线电罗盘、航姿系统、微波/仪表提供接口。该模块与其他分系统及航电其他仿真模块都有耦合关系，具体关系如图 3-18 所示。

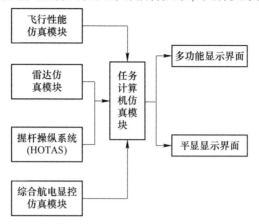

图 3-18　任务计算机仿真模块耦合关系图

歼教 9 飞机外挂物管理分系统具有存储外挂物配置表，监控管理所有外挂物，管理和存储武器投放程序，控制武器/外挂的正常发射、投放和应急发射、投放，导弹截获音响信号的输出等功能，具备航炮的备份射击和内侧挂点导弹的备份发射能力。外挂物管理分系统由外挂管理处理机和武器控制板组成。该仿真模块与其他仿真模块有耦合，具体关系如图 3-19 所示。

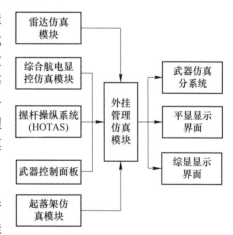

图 3-19　外挂管理仿真模块耦合关系图

（四）机载武器仿真分系统

歼教 9 飞机可配装航空机关炮、导弹、火箭弹、炸弹、训练炸弹等武器。航电系统中的外挂物管理分系统及显示控制管理分系统用来对军械系统的武器和外挂物进行控制与显示。导弹、火箭弹的发射，炸弹、训练弹的投放均使用前舱驾驶杆上的武器投射按钮；航炮的射击使用前舱驾驶杆上的航炮射击扳机。武器的加载通过多功能显示器的周边键进行。"作战"状态下，武器的加载只能在地面通过多功能显示器的周边键进行。依据飞行人员需求仅作 23-3 航炮、PL8B 红外导弹、90-1 火箭弹、250-3 低阻航爆弹四类航空武器仿真。

（五）视景分系统

功能：视景分系统用来为飞行员提供逼真的舱外模拟景象。以判断飞机的姿态、位置、气象条件、地面及空中的目标等情况，并可大致判断飞行的真实高度和空速。这些景象主要包括：

①机场、跑道、天地线等起飞、着陆训练的景象；

②树木、海洋、山峰等自然景象；

③公路、铁路、房屋等人造景象；

④能见度、云、雾、雨、雪、闪电等气象效果；

⑤停在地面的飞机、车辆、空中飞行的飞机和海上的舰船等；

⑥白天的阳光照射效果和夜间的地面灯光（主要是机场跑道的灯光）；

⑦模拟运动物体碰撞检测。

组成：成像分系统包括视景数据库、成像子系统和平显仿真三部分。

系统是一套 12 个通道视景系统，由视景工作站和大屏幕显示器组成。视景计算机通过网络系统接收飞行模拟解算计算机传送过来的飞机视点位置和姿态信息，实时生成视景图像，通过显示屏形成舱外视景模拟景象。其简要原理如图 3-20 所示。

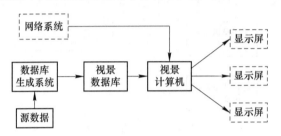

图 3-20　成像分系统工作原理

（六）显示分系统

显示分系统工作原理图如图 3-21 所示，系统由机械支撑结构与显示拼接屏幕构成，环绕座舱部分由 10 块 55in 工业屏拼接而成，顶部由两块 55in 工业屏构成。要求显示系统水平视场角不小于 200°，垂直视场角不小于 40°；屏幕间拼接缝不大于 8mm。

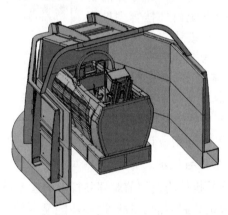

图 3-21　显示分系统工作原理图

（七）计算机生成兵力分系统

该型模拟器不仅能够满足对驾驶员的模拟训练需求，还能够满足航空兵分队作战模拟训练的需求。计算机生成兵力分系统在提供以蓝方兵力为主的战场环境仿真的基础上，保障歼教 9 飞机飞行训练模拟器对地攻击与空战战术模拟训练。

计算机生成兵力分系统由三个主要部分组成，即作战仿真引擎、战场环境仿真模型库、仿真互联接口库；其中，作战仿真引擎是计算机生成兵力分系统的核心，通过运行作战仿真引擎，完成空空、空地对抗环境的仿真，并在前端界面负责二维态势显示与操控；战场环境仿真模型库是计算机生成兵力分系统运行时所需的各种支撑数据库，为虚拟战场提供综合环境模型，为仿真系统提供仿真实体的物理和行为模型；仿真互联接口库为计算机生成兵力分系统与其他模拟器系统提供一个通用、高效、友好的网络互联接口，以完成各仿真系统之间的互联互操作仿真（见图3-22）。

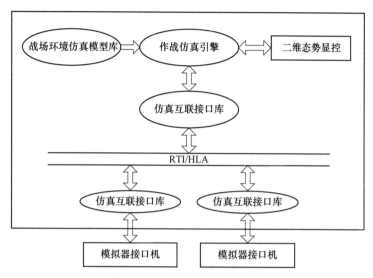

图 3-22　计算机生成兵力分系统总体设计方案示意图

计算机生成兵力分系统能够为歼教9飞行训练模拟器提供一个以蓝方兵力为主的作战对抗环境，使飞行员在执行任务训练时，受到敌方空空、地空的火力拦截和电子干扰，同时向指挥员提供二维态势显示，并提供操作员接口控制虚拟的仿真兵力；计算机生成兵力分系统通过仿真互联接口库接收模拟器及其武器信息，并将其引入战场环境中，同时将战场环境的蓝方作战实体、事件交互和电磁环境信息以相应的形式发送给模拟器，以便于模拟器完成相应的训练任务。

（八）声音与通信模拟分系统

声音分系统是飞行仿真系统中为飞行员提供听觉感受的非常重要的一个分系统。它负责模拟真实训练或战场环境中的各种音响信号，在听觉方面为飞行员提供身临其境的逼真感受，是人在回路仿真系统中不可或缺的重要组成部分。

仿真声音信号（这些声音应与飞机操纵、视景系统的情况协调一致）包括以下内容。

发动机音响：发动机轰鸣声。

空气动力音响：机身气流的声音。

滑跑音响：机轮与地面的摩擦声。

起落架音响：收放起落架的撞击声音。

大气环境音响：雨声、雷声。

火控武器声：各种武器发射、毁伤等声音。

告警声：罗盘声等各种设备告警声。

声音信号特征：

对于单触发类型声音，需要结合设备使用及声音发生条件，符合实际情况；对于连续变化类型声音，需要声音音量大小、频率及幅值变化符合设备及自然情况。

（九）教员控制台分系统

1. 战场目标设置（含歼教 9 飞机模拟器节点）

包括目标定位、初始状态参数（例如，飞机目标的油量设置、武器配置等）。系统内应包括一个战场目标主要初始状态参数数据库，由此确定总台针对该目标的可设置项。目前只考虑歼教 9 飞机及歼教 9 训练涉及的主要战场目标（例如，武器攻击目标）。该功能需要满足模拟器节点单独训练和联网训练同时进行的情形。

2. 战场目标特情设置（含歼教 9 飞机模拟器节点）

提供特情的设置界面，设置战场目标的主要特情。系统内应包括一个战场目标主要特情数据库，由此确定总台针对该目标的可设置项。目前只考虑歼教 9 飞机及歼教 9 训练涉及的主要战场目标。该功能需要满足模拟器节点单独训练和联网训练同时进行的情形。

3. 训练档案管理

实现训练档案管理数据库，数据库中存储的数据包括飞行员档案资料、训练数据等，对数据库的操作包括存储、检索、提取、删除等。该功能需要满足模拟器节点单独训练和联网训练同时进行的情形。

4. 通话装置

在教员、座舱内人员之间建立通话的装置，以管理、协调模拟训练过程。

5. 工程数据库

实现工程管理数据库，数据库中存储模拟器的工程检测、维护记录。

（十）计算机与网络分系统

模拟器中的计算机，除成像等具有特殊技术要求的计算机外，原则上采用同一规格的计算机，以利于工程维护。计算机采用 Windows 操作系统，对实时性要求高的计算机，采用 RTX 予以保证；视景系统选择专业图形工作站完成视景计算。

第二章　模拟飞行训练的组织程序和训练方法

第一节　飞行院校模拟训练情况

空军飞行模拟训练装（设）备目前在部队、院校、模拟训练机构共100余型400多台套。其中，装备部门立项研制采购的大型模拟器近70型170余台套；训练部门立项研制采购的各机型分队战术、飞行指挥、合同战术模拟训练系统30余型近100台套；部队和院校自行研发的初教6、轰运教7型、伊尔–76等共10余型130余台套。目前，能够正常使用的有300余台套，装备部门、训练部门、部队和院校均有分布。年人均模拟训练时间，飞行院校飞行员35h。

一、模拟训练装备情况

一是模拟装备配备多。当前空军飞行院校模拟训练装备特点比较突出，相对部队而言，院校模拟训练装备数量较多，例如，初教6飞机占飞机总数的8.6%，而模拟装备占总数的35.4%。

二是模拟装备性能尚有提升空间。大部分模拟器不具备全任务模拟训练功能，武器弹药功能性能仿真缺失，无法用于研究验证武器使用效能，且不具备回放分析功能，考核评定缺少客观依据。

三是模拟装备数量缺口较大。当前，新大纲施训全面展开，模拟训练量逐步加大，但部队模拟训练与实装训练时间比仅为1：4.5(美空军为1：1.75)，训练比重存在失衡。新一代训练大纲战斗机入门训练模拟与实装比为1：1，合同战术训练模拟与实装比为1：1.75左右，供需矛盾凸显。

四是维修保障渠道还不够顺畅。多数模拟器未开展定期维修、中修和大修等工作，这也是导致模拟装备故障率高的一个重要原因。另外，模拟装备研制没有与营房建设同步立项，存在标准不统一、建设不规范等问题。

二、模拟训练情况

一是思想上需要重视。各单位模拟训练装备配备时间与装备状态差距不大，模拟训练时间却相差较远。

二是管理上需要严格。从历年训练监察情况看，模拟训练计划随意性大；质量监控还不够严格，成绩评定水分大，很多课目讲评评估基本流于形式；登记统计不认真，模拟器登记时间和飞行员登记时间不一致。

三是制度机制上需要进一步健全。训练大纲对模拟训练只明确了课目和时间，对质量和标准没有具体要求，虽然空军2015年颁发了《空军飞行模拟训练组织管理工作细则（试行）》，但与训练发展还存在一定差距，特别是不能适合新法规的相关要求，前期试行未达到预期效果，还需要进一步细化。

第二节　模拟飞行训练提纲

习近平主席指出"科技是核心战斗力"，创新军事训练，必须用好用足科技力量，大幅提高训练科技含量。模拟训练设备在一定程度上代表前沿科技，在促进飞行训练方面发挥着重要作用。空军首长高度重视模拟训练，指出：要向模拟要效益、要向模拟要战斗力、要向模拟要安全。

模拟训练按照军事训练大纲规定的训练内容、条件、架次、标准组织实施。根据下发的模拟训练计划，提前筹划课目理论授课，进行阶段任务简令。实施模拟训练前，课目负责人依据训练大纲、飞行训练手册下达模拟训练任务简令。新进课目模拟训练按照下达模拟任务简令、演练协同、组织实施、评估讲评的流程进行。教官全程跟进学员模拟训练，训练完毕后填写模拟训练成绩单。完成大纲既定架次模拟训练后，主要进行技术巩固、恢复训练、仪表进近、关键应急程序模拟训练，由飞行大队长指定教官或任务长机负责组织模拟训练，不再重复下达任务简令、填写成绩单。

第三节　模拟飞行训练的组织程序和训练方法

按照《空军飞行模拟训练组织管理工作细则（试行）》（2021年4月）规定，空军飞行模拟训练通常包括技战术基础模拟训练和多机种（兵种）合同战术模拟训练。

按照细则规定，组织实施飞行模拟训练必须严格执行训练法规；按照《空军飞行基本规则》组织飞行；按照《空军飞行训练组织管理工作细则》和本细则实施管理；按照空军军事训练大纲规定内容和条件要求质量，根据各类手册实施操作，保证时间、进度、质量、效益协调发展。

飞行模拟训练组织管理工作通常按照计划、准备、施训、总结的程序进行。

一、技战术基础模拟训练

技战术基础模拟训练通常包括飞行院校期班模拟训练和航空兵部队集中换装、应急程序、单一机种战术、技战术恢复保持等模拟训练。

（一）组织方法

飞行院校期班模拟训练由所在旅（团）集中组织；航空兵部队单一机种战术和技战术

恢复保持等具有模拟训练条件的通常由航空兵师、旅（团）集中组织；集中换装、应急程序模拟训练通常由专设模拟训练机构集中组织，应在完成航空理论教育、教学研究和座舱实习后进行。新机换装部队没有配备模拟器的，由装备部门负责协调工厂组织模拟训练。

1. 制订计划

组织实施飞行模拟训练必须制订计划。计划分为年度（周期、期班）、月份（阶段）、专项、训练日训练计划。

（1）年度（周期、期班）模拟训练计划。航空兵师（师级指挥所）年度飞行模拟训练计划由战区空军审批，报空军备案；航空兵部队旅（团）年度（期班）飞行模拟训练计划，报上一级审批；空军直属部队年度（期班）飞行模拟训练计划、飞行院校旅（团）以上各级年度飞行模拟训练计划，报空军审批；飞行院校旅（团）期班飞行模拟训练计划，由飞行院校审批，报空军备案。需跨区实施的模拟训练计划逐级报至空军，空军根据各部队模拟训练计划统一协调，向有关部队和模拟训练机构下达年度模拟训练任务。

（2）月份（阶段）、专项飞行模拟训练计划。航空兵部队和飞行院校旅（团）根据担负的训练任务，制订月份（阶段）、专项飞行模拟训练计划，报上级备案。

（3）训练日飞行模拟训练计划。航空兵部队、飞行院校旅（团）训练日飞行模拟训练计划由组训单位制订，专设模拟训练机构训练日飞行模拟训练计划由专设飞行模拟训练教员组织制订，报军政主官或指定代理人审批。训练日飞行模拟训练计划应参照飞行日计划的标准、内容和要求制订，可每日制订，也可区分阶段集中制订。

（4）计划调整。飞行模拟训练计划一经批准，应严格按照规定日期和课目、时间、人数执行。由于特殊原因需要调整时，须报至审批单位批准，并通知相关单位。

（5）临时申请计划。航空兵部队、飞行院校须新增飞行模拟训练任务时，必须制订飞行模拟训练计划，按照审批权限逐级上报。临时申请计划批复后，必须严格按照批复的日期、课目、时间、人数执行，不得随意更改。

2. 训练准备

组织技战术基础模拟训练，重点进行下列准备。

（1）思想准备。传达上级指示，部署飞行模拟训练任务，进行动员教育。

（2）组织准备。配备模拟训练教学骨干，与有关单位和部门进行协同。

（3）教学准备。对学员技术能力进行摸底，组织教学法研究，制订教学方案；组织战术模拟训练时，还应进行敌情、我情、战场环境研究和战术理论学习。

（4）装备准备。检查维护模拟器、保障设备，整修训练场地、设施，请领、配发训练器材和教材、教具等。

3. 组织实施

通常按照任务协调、理论考试、下达阶段任务、下达任务简令、直接准备、训练实施、教学讲评、资料登记的程序进行。赴专设模拟训练机构进行技战术基础模拟训练前，通常应完成教学研究、理论教育、座舱实习等部分内容。

（1）任务协调。通常由保障单位组织召开任务协调会，参训单位、保障单位有关人员参加。各有关单位根据协调会要求，报告训练准备情况，调整教学和训练编组，研究确定训练计划、教学方法等内容，提出问题要求，制订相应的计划措施。

（2）理论考试。由保障单位组织实施，使用空军统一的题库，理论考试成绩不合格可进行 1 次补考，成绩合格方可进入飞行模拟训练。

（3）下达阶段任务。飞行人员和保障人员参加，飞行模拟训练教员下达阶段任务，主要明确任务内容、目的和要求。

（4）下达任务简令。每日上机训练前应下达任务简令，飞行人员和保障人员参加，飞行模拟训练教员明确当日训练任务和要求。

（5）直接准备。飞行人员在飞行模拟训练教员的指导下，熟悉模拟训练课目的内容、方法和要求，飞行模拟训练教员负责检查准备质量；技术保障人员检查调试模拟器，确保处于完好状态。

（6）训练实施。飞行人员严格按照教学研究内容和训练计划实施训练；飞行模拟训练教员根据任务特点，实施组织指挥和教学指导；保障人员全程保持在位，及时协调解决训练中出现的各类问题。

（7）教学讲评。每架次飞行模拟训练结束后，由教员进行讲评，指出问题，分析原因，提出下一架次训练要求。

（8）资料登记。飞行模拟训练全过程均应当进行登记统计，教员、参训人员、保障人员应及时填写相关记录。

组织战术模拟训练时，除上述程序外，还应增加战法研究、任务协同和效果评估相关内容。

4. 总结讲评

组织实施飞行模拟训练，应及时进行讲评，总结经验做法，查找问题不足，研究改进措施。

（1）训练日讲评。每个训练日结束后，由飞行模拟训练教员讲评当日任务完成情况，指出存在的技术难点和问题。训练日讲评一般在每日训练任务完成后组织。

（2）阶段讲评。阶段训练任务结束后，组织对本阶段模拟训练情况进行总结讲评。讲评结束后，由训练部门负责总结训练情况。

（二）需要说明的几点

1. 航空兵部队集中换装、飞行院校期班模拟训练，24h 内歼击机单个人员模拟训练时间不超过 6h，轰运直特单个人员模拟训练时间不超过 12h。

2. 仪表技术主要通过模拟训练掌握，各类应急程序和偏差处置模拟训练应单独或结合其他课目反复练习，具备模拟训练条件的单位，应当积极组织模拟训练，奠定实装训练基础；不具备条件的单位，部队提出申请，上级机关安排赴专设机构或者其他部队进行模拟训练。

3. 只要模拟器功能具备，所有飞行训练内容均应进行模拟训练，并按要求设置相应的环境及视景条件。根据飞机和模拟器性能特点，还可在一定范围内设置超出大纲规定的模拟训练动作内容、动作难度、气象条件。

4. 组织战术模拟训练时，应设置相应战术背景和战场环境，航空兵部队和具备条件的专设模拟训练机构，还应组织指挥班子开展同步配套训练。

5. 装备模拟器的航空兵部队、飞行院校旅（团），参照上述组训程序和内容组织技战术基础模拟训练。

二、多机种（兵种）合同战术模拟训练

多机种（兵种）合同战术模拟训练通常是指多机种（兵种）部队依托网络化模拟训练系统，由空军统一调配训练资源，空军级模拟训练机构或军级空防基地以上单位牵头，按照部队担负的特定作战任务，开展多要素实战化模拟指挥对抗训练。多机种（兵种）合同战术模拟训练是空军最高层次的基地化模拟训练，目的是锻炼提高指挥班子作战筹划、快速决策和指挥控制能力，检验部队合同战术训练水平，查找部队合同战术训练问题，检验完善作战预案，为进行实兵合同战术训练做好准备。

（一）组织方法

多机种（兵种）合同战术模拟训练通常按照空军合同战术训练大纲规定的训练课目组织实施，具备条件的由战区空军、军级基地自行组织，不具备条件的由空军级模拟训练机构牵头组织。参加实兵演习演练前，必须先行安排模拟训练。参加合同战术模拟训练的飞行人员应完成单一机种战术应用训练（作战战备阶段训练）。

（二）计划制订

多机种（兵种）合同战术模拟训练通常由空军筹划，具体由空军会同战区空军（军级基地）、空军级模拟训练机构制订方案，纳入空军年度军事训练工作安排，具体时间由空军根据年度军事训练工作计划统筹安排。战区空军、军级基地每两年至少参加1次空军组织的合同战术模拟训练，具备条件的每年至少组织1次所属部队之间的合同战术模拟训练。

（三）训练准备

军级基地以上单位、专设模拟训练机构组织多机种（兵种）合同战术模拟训练，应重点进行下列准备。

①成立组织机构。牵头组训单位应成立导调指挥机构（导演部）、评估机构和技术保障组，对抗双方应成立红军、"蓝军"合成指挥班子。

②明确训练课题。实兵演习演练前的多机种（兵种）合同战术模拟训练课题根据实兵演习演练任务确定。单独组织的多机种（兵种）合同战术模拟训练课题，以部队担负的战役方向作战任务为主确定。

③确定参演兵力。实兵演习演练前的多机种（兵种）合同战术模拟训练，参演兵力以参加实兵演习演练的部队为主构成；单独组织的多机种（兵种）合同战术模拟训练，参演兵力由战区空军、军级基地协调安排，报空军审定。

④编写文书资料。导演部牵头组织红蓝双方，根据模拟训练课题研究编写企图方案、基本想定、对抗规则、指挥协同规定、评估规则等文书资料。

⑤开展理论研究。导演部与红军、"蓝军"指挥班子和参训部队根据训练课题，开展敌情、我情、战场环境和战术战法研究。

⑥进行技术准备。技术保障组协调通信信道，依托网络化模拟训练系统，根据训练课题需求调配训练资源，设置战场环境，更新"蓝军"装备性能和作战参数。

（四）组织实施

通常按照部署任务、任务筹划、任务协调、理论授课、任务协同、适应性训练、模拟对抗、随机导调、效果评估、复盘检讨的步骤组织实施。

①部署任务。由空军向参训单位、保障单位下达合同战术模拟训练任务，明确有关问题和要求。

②任务筹划。参训部队进驻前，依据导演部下达的预先号令、敌情通报和作战命令，召开相关会议，研究制订作战计划方案。

③任务协调。参训部队进驻后，由导演部组织任务协调会，协调解决红蓝双方在对抗规则、评估方案理解和系统平台、模拟装备使用方面存在的问题。

④理论授课。由导演部统一组织，主要介绍模拟训练系统、对抗规则和评估规则等内容。

⑤任务协同。红军、"蓝军"指挥班子根据作战任务和作战计划，组织所属部队对主要作战方向、作战区域、攻防目标、兵力使用、战术战法等进行协同，并提出系统、装备、场所使用等保障需求。

⑥适应性训练。红蓝双方根据各自训练需求，制订并上报适应性训练计划，重点是熟悉战场环境、模拟训练系统装备使用及组织指挥流程，验证作战计划方案，组织部队协同，检验模拟训练系统装备运行情况。

⑦模拟对抗。导演部根据红蓝双方上报的训练日兵力出动计划，定下模拟训练决心，组织等级转进。红蓝双方根据作战任务，按照各自作战计划方案组织实施模拟对抗行动。

⑧随机导调。导演部根据作战进程、战场态势，实施随机导调，保证对抗训练正常进行。随机导调内容应预先设置课目，提前进行准备。

⑨效果评估。由导演部组织，采取人工评判和系统实时评判相结合的方式进行，人工评判重点评估红军、"蓝军"指挥班子指挥控制能力和部队遂行任务能力，系统评判重点评估作战效果。

⑩复盘检讨。每个对抗训练日结束后，红蓝双方依托视频回放系统自行组织复盘检讨，技术保障组应及时存储对抗全过程数据。

（五）研讨交流和总结讲评

训练结束后，导演部组织红蓝双方进行研讨交流，并对模拟训练情况进行总结讲评，分析成败得失，总结经验教训，撰写专题报告。红蓝双方自行组织所属部队进行讲评。

第三章　模拟飞行体验

第一节　航理教员模拟飞行训练提纲

航理教员作为培养空军未来驾驶员、指挥员的主要力量，除了必须具备扎实的专业知识基础和丰富的课堂教学经验外，还必须了解飞行、认识飞行，通过自身体验飞行来获取更多飞行感觉，而模拟训练是军事训练的重要组成部分，旨在提高训练效益、节约训练成本、降低飞行风险，为空中飞行奠定基础，各级必须落实模拟正规化、科学化、实战化要求，助推战斗力成长。

模拟训练必须着眼实战实训，紧贴作战任务、作战对手、作战环境设置训练内容和标准，像飞行一样模拟训练，像模拟训练一样飞行，发扬"地面苦练、空中精飞"的优良传统。

模拟训练按照先理论后操作的步骤组织，凡模拟器功能能够实现的课目，均应安排模拟训练，按照由浅入深、循序渐进的原则实施。开展航理教员模拟飞行体验，必须高度重视评估讲评，教官必须全程带教。体验训练结束后，依据客观事实全程讲评，形成训练闭环，不断提高航理教员对飞行的认识水平。

具备模拟飞行体验条件的单位，应当积极组织航理教员模拟飞行体验，奠定航理教学基础；不具备条件的单位，应向上级提出需求，申请赴专设机构或者其他部队进行模拟飞行体验。

模拟飞行体验通常按照计划、准备、实施、总结的流程进行。模拟飞行体验必须严格按照军事训练大纲规定的训练内容、条件、架次、标准组织实施。

一、旅团级单位组织管理模拟飞行体验的职责

1. 制订本单位模拟飞行体验计划并负责组织实施；
2. 监控模拟飞行体验质量，总结上报实施情况；
3. 组织飞行人员赴专设模拟训练机构开展模拟飞行体验；
4. 负责本单位模拟训练室建设。

二、旅领导组织管理模拟飞行体验的职责

1. 旅团长对模拟飞行体验工作负总责；
2. 分管训练副旅团长负责掌握模拟飞行体验情况，审查模拟飞行体验计划，监控模拟飞行体验质量。

三、部门领导组织管理模拟飞行体验的职责

参谋部门领导负责模拟飞行体验装备器材申领、升级，配备模拟机室人员。

四、作训部门组织管理模拟飞行体验的职责

1. 制订模拟飞行体验制度（期班）、月份、专项计划；
2. 总结上报模拟飞行体验实施情况；
3. 负责协调飞行人员赴专设模拟训练机构开展模拟飞行体验；
4. 负责检查模拟飞行体验按纲施训情况。

五、模拟机室组织管理模拟飞行体验的职责

1. 按照航理教学单位需求，制订模拟飞行体验计划；
2. 负责模拟训练保障工作；
3. 负责模拟器和场所设施的日常维护、维修，登记、统计、上报模拟飞行体验和模拟器运行情况；
4. 负责模拟机室建设管理。

六、参训单位组织管理模拟飞行体验的职责

1. 严格落实模拟飞行体验计划，向模拟机室申报模拟飞行体验需求，组织航理教员模拟飞行体验；
2. 监控模拟训练质量；
3. 协助模拟机室进行模拟飞行体验资料登记统计；
4. 检查本单位航理教员模拟飞行体验资料登记情况。

第二节　航理教员模拟飞行训练准备

一、制订计划

组织实施航理教员模拟飞行体验必须制订计划，计划分为年度（期班）、月份、专项、训练日计划。

1. 年度模拟飞行体验计划。作训科结合年度军事（期班）训练计划制订，报上一级审批。
2. 月份模拟飞行体验计划。作训科结合月份计划制订，报上一级备案。
3. 专项模拟飞行体验计划。作训科结合专项任务计划制订，报上一级备案。
4. 训练日模拟飞行体验计划。飞行大队按照月份计划、教学法、训练进度情况，向模拟机室申报模拟飞行体验日计划需求，由模拟机室根据模拟训练装备、器材情况制订模拟飞行体验日计划，报旅领导审批。

5. 计划调整。模拟飞行体验计划一经批准，应严格按照规定日期、课目、时间和人数执行。因特殊原因需要调整时，须报至审批单位批准，并通知大单位。

二、准备

实施模拟飞行体验前，必须进行准备，准备应当根据计划和任务情况针对性开展。

1. 课目负责人依据训练大纲、飞行训练手册制定模拟训练简令，飞行大队结合飞行训练组织地面演练和技术研究，由飞行大队检查准备质量。

2. 模拟机室检查维护模拟器、保障设备，确保设备工作正常。

第三节　航理教员模拟飞行训练组织与实施

新进模拟飞行体验课目按照下达模拟任务简令、演练协同、组织实施、评估讲评的流程进行。

1. 任务简令。模拟训练只下达阶段任务简令，由课目负责人在课目进入 1~3 天下达，主要明确任务内容、目的和要求。

2. 演练协同。根据模拟飞行体验日计划，相对固定关系进行演练协同。

3. 组织实施。模拟飞行体验人员严格按照教学研究内容和训练计划实施训练；教官或任务长机应根据任务特点，实施组织指挥和教学指导；保障人员全程保持在位，及时协调解决训练中出现的各类问题。

4. 评估讲评。每架次模拟结束后，由教官或任务长机进行讲评，指出问题，分析原因，提出下一架次训练要求，并填写成绩单。

5. 完成计划既定架次模拟飞行体验后，主要进行技术巩固、恢复训练、仪表进近、关键应急程序模拟训练，由飞行大队长指定教官或任务长机负责组织模拟飞行体验，不再重复下达任务简令、填写成绩单。

完成课目飞行训练后，课目负责人对模拟飞行体验质效进行总结。

第四篇　装备与飞行训练

在强国、强军的新时代，要保证在新技术迅猛发展、新装备大量应用的未来体系化作战中"打胜仗"，实战化、高质量训练是提升战斗力的重要举措。新形势下，准确把握飞行训练的需求及其装备的技术趋势，深化军事飞行训练，对建设我国"实战空军、转型空军、战略空军"具有重要现实意义。

第一章 训练装备

第一节 飞行训练的作用

现代战争及其装备发展表明，空中力量建设的核心要素主要包含三个方面：作战优势、技术优势和训练优势（见图4-1）。作战优势的作用是在信息化、体系化作战的新军事环境下，卓越运用作战体系力量，增强作战效能并"打胜仗"的能力，是力量优势建设的目的。技术优势的作用是发展前沿、高新技术及其在作战装备的应用，增强体系对抗的"硬"实力，是力量优势发展的基础。训练优势的作用是针对作战对抗的核心环节——人的能力培养，使其胜任并主导先进装备和复杂作战的需求，是力量优势发挥的关键。

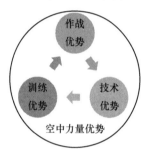

图4-1 空中力量优势的核心三要素

空中力量的三要素互为牵引，是有效应对现代战争体系化作战的关键。在新作战环境、新作战装备的重大变革下，高新技术的发展和先进飞机的研制，已经凸显出"技术优势"在军事领域的主导作用，但飞行训练及其装备的落后，导致参与作战"人"的能力往往滞后于先进作战装备"技术优势"的迅猛发展，"训练优势"短板成为制约作战能力生成、空中力量优势的瓶颈。具体表现为：飞行员置身于高能机动、态势剧变、信息密集、协同密切、体系对抗，以及其他未知、多变的作战环境中，人在其中参与关键行动和决策的作战维度/场景不断增加，作战制胜条件更为苛刻，对作战核心节点——人的能力要求非常突出。因此，需要有效解决先进作战飞机与飞行员能力匹配的复杂问题，通过"训练优势"来提升人的能力，发挥出装备的"技术优势"，最终才能转化为"作战优势"。

第二节 飞行训练的需求

飞行训练的根本目的是培养胜任特定类飞机的操作技能和安全习惯，使学员成为一个安全且胜任任务的飞行员。美国联邦航空局（FAA）将飞行员的能力分为两个方面："操作能力"（stick-and-rudder）和"认知能力"（cognitive），具体包括：透彻理解飞行和飞机原理，在地面和空中能熟练地操作飞机，以及运用良好的判断力达到最高的运行安全和效率。培养的飞行员不是机器操作员，而是与飞机密切协同的人。其能够熟练地运用各种机内、外态势信息，在恰当的时机做出正确的决策和操作，加快"侦察—判断—决策—行动"（OODA）循环并完成任务。熟练的飞行能力主要表现在以下 5 个方面。

①快速而准确地评估当时的环境状况，进而推断出要采取的正确步骤；

②准确地分析一组情况或推荐的操作步骤可能产生的结果；

③重视和注意安全；

④准确地评估飞机的性能；

⑤认识到个人的极限和飞机的限制，并避免接近临界点。

美国空军结合其建设目标和训练实践，进一步将"操作能力"分为 7 个方面，"认知能力"分为 8 个方面，具体见表 4-1。

表 4-1 美国空军飞行员能力分解表

操作能力（stick-and-rudder）（指熟练地完成及时、正确的操作动作，例如，切换按钮，简洁准确地说出，操控杆、舵、油面等）			认知能力（cognitive）（指在飞行/任务中及时、合适地感知、识别、评估、后评价等心理活动，例如，判定力、理解力、决策力等）		
序号	分解项	备注	序号	分解项	备注
1	飞机操控	能协调、及时、流畅地操控飞行	1	飞行技术	良好的控制触觉和飞行感觉
2	正常程序		2	正常程序	
3	应急程序		3	应急程序	
4	仪表/导航		4	导航	
5	任务执行	包括高过载机动、夜视、空中加油、空空作战、空地作战等	5	任务执行	
6	座舱资源管理	包括座舱交互、机载传感器、态势/状态感知及提升任务效能的系统/设备等	6	座舱资源管理	
7	编队		7	准备和计划	
			8	任务汇报	

立体、复杂、多维、多变的体系化作战环境，以及更复杂、高机动、宽速域、强信息的先进作战飞机，对飞行员的生理、心理、认知训练提出了极大挑战，特别是培养态势感知、任务管理、武器使用、指挥决策、协同作战等方面的作战能力。

要实现培养并增强飞行员能力的上述目标，对整个飞行训练体系提出了很高要求，体系上应涵盖并综合与之相关的训练系统族（family of systems），包括训练流程/课目/内容、培训人员/资料/数据、飞行设施（如机场、空域、教室）、训练设备（如教练机、模拟器）等，体系在飞行员能力的培养上应是功能完备的，并在飞行员能力"生产"上应是足够高效的，包括训练系统/设备在运行使用上应具有足够的可靠性、维护性和保障性等。

第三节 训练装备的技术趋势

长期的训练实践表明，飞行员的能力培养一般都遵循由低到高、由易到难、循序渐进的训练规律和培养流程，不同阶段、不同类别的训练需要配置不同特点的训练装备（教练机）。教练机作为培训空勤人员而专门研发，并主要用于飞行训练的飞机，同作战、运输类飞机有如下几个方面的显著差别。

首先，教练机要模拟或兼顾多个飞机的技术特性（飞行包线、操控特性、设备使用等同目标飞机接近），总体上要求相似或衔接，即高逼真地"复现"目标飞机技术特征，以更好、更快地培训出驾驭目标机的飞行员。

其次，教练机具有高经济性。从经济学角度看，考虑到双座目标机等替代品的存在，教练机如果不能大幅提升训练效益（质量÷成本），市场将不能容忍教练机的出现，因为研制新的专门用于训练的飞机，需要国家/用户投入较多的额外费用和精力，可能得不偿失。

最后，围绕飞行员能力的培养，高经济、高效率地完成飞行训练的任务，使得教练机在技术发展上形成了独具特色的规律。通俗概括为"在'像'（真实感受）的基础上尽量'省'（钱）"，其技术发展的基本逻辑为：飞行训练的对象是人，更确切地说是人的能力；而能力提升/学习成长在接近真实感受环境下，培养得会更好、更快；如果这种人感训练环境能通过技术低成本、便捷的模拟实现，那就可以获得更高的训练效益。

幸运的是，随着虚拟现实、信息网络、基因/脑科学等技术的发展，越来越多的关于"操作"和"认知"的训练能够在地面的逼真环境下进行。这给飞行训练装备的发展及训练效益的提升开辟了广阔空间，同时也拓展了训练场景/内容。

一、体系层面的技术趋势

从飞行训练的体系层面看，训练装备发展具有以下技术趋势。

（一）从空中训练扩展到空、地综合训练

综合各种训练装备及手段（空中教练平台、地面训练系统、交互式教学设备等），制订更高效益的综合训练整体解决方案。

（二）从真实训练扩展到虚拟训练

通过真实、虚拟、构造的训练技术/设备，建立低成本、灵活、便捷、贴近实战的高效训练环境。

（三）从单个训练装备扩展到网络化、虚实融合的训练系统

地地、地空、空空之间的数据联网，构成空地一体、虚实结合的训练系统，形成高度逼真、贴近实战的大对抗环境，显著增强了态势感知、任务作战等飞行能力训练功能。

（四）从传统训练扩展到个性化能力养成

脑科学、大数据和智能分析等技术对人的技能、认知、心理等能力因素的量化评定，通过精细化的训练配置，以实现精准筛选、因人施训、智能带教，直接面向个体的能力培养系统。

二、教练机的技术趋势

空中实施飞行训练的环节短期内不会被取代，但随着技术的发展，教练机的技术发展在飞行能力培养上将"返璞归真"、越来越接近人的能力培养这一本质需求。教练机发展主要具有如下技术趋势。

（一）座舱界面/训练特性的可变化/模块化

为最大限度地提高飞行学员的训练效益，一个飞行平台的座舱界面将可以通过模块化的设备替换或界面参数的调整等灵活途径，模拟多种目标机的飞行学员操控交互及飞行特性（如操控特性、侧杆或中央杆），以构建满足身心逼真体验的座舱环境，这实质上推动了飞行平台与训练操控的分离。

（二）训练作战环境的虚拟化

复杂、多变、强对抗作战下的能力培养需要相应的训练环境，这需要将飞行学员所在的训练装置"置身于"虚拟/构造的对抗环境，把虚拟现实、信息网络等技术应用到飞行学员座舱界面，实现地空一体、虚实融合，作战环境模拟的最大化，使得单个训练座舱与虚拟/构造的战场时空/场景对接整合起来。

（三）飞行平台的轻小化

教练机飞行平台的最重要功能是提供飞行学员的真实飞行感受，由于飞机的研发、使用等成本同飞机重量成正比，因此在保证空中飞行体验的情况下，为了提高飞行训练效益，教练机的起飞重量将越来越小。甚至，随着人工智能、自主飞行、实时监控等技术发展，智能教员系统可能会推动教练机教员舱的取消。

（四）动力的电力化和平台的模块化

教练机相对于现代昂贵的目标机，其显著的低成本、高质量的训练效益优势是其存在的基础；类似地，随着技术的发展，飞机电力化的动力/系统在训练成本上的巨大优势可能再次引发训练飞机的革命，并将成为趋势。未来的方向可能是：在飞机动力/系统电力化、轻小化等基础上再模块化（形成训练功能部件族），以飞机部件族的灵活组合来满足初、中、高级训练需求，即通过训练飞机在动力、机体、系统等总体层面的模块化系统族等途径，实现整个训练装备体系上的简化统一和效益最大化。

总的来说，围绕飞行学员能力培养的本质，飞行训练装备技术从体系上正在拓展、融合、深化，形成综合化、模拟化、智能化的发展趋势，而教练机技术也将向着飞行训练功能分解的模块化方向迈进。

第二章　美国教练机装备发展现状（2014）

第一节　美国空军

美国空军现阶段的飞行员训练体制为专业分轨训练体制。美国空军现阶段飞行训练体制中的教练装备如图4-2所示。战斗机/轰炸机、运输机/加油机、涡桨多发飞机、直升机的飞行员训练按基础通训，专业分轨模式实施，高级飞行训练阶段开始进行分轨培训。筛选阶段使用DA-20教练机（活塞式），主要完成起落等课目训练。基础训练使用T-6A"得克萨斯人"Ⅱ涡桨教练机，主要完成目视、仪表、特技、编队、领航和低空飞行等课目训练。高级飞行训练按战斗机/轰炸机、加油机/运输机、多发涡桨飞机和直升机4个专业实施。其中：战斗机/轰炸机使用T-38C高级教练机训练，主要完成目视、仪表、特技、领航、双机和多机编队、低空和战术机动等课目；加油机/运输机使用T-1A双发喷气式高级教练机训练，主要完成昼夜间高/中/低空飞行技术、领航、远距离转场、着陆前机动和训练等课目；涡桨多发飞机飞行员培训由美国海军组织实施，采用TC-12和T-44教练机进行运输/加油专业高级训练；直升机使用UH-1H和TH-1H教练直升机训练。战斗机/轰炸机专业飞行学员完成高级训练后还须采用配置武器的T-38C执行战斗入门训练，主要完成四机编队、基本空战机动等课目训练。

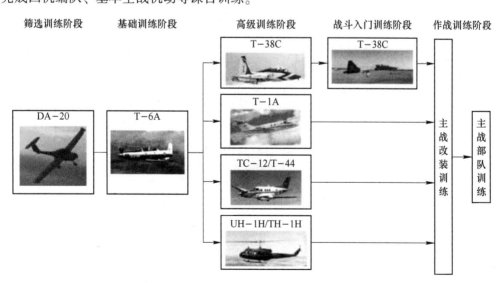

图4-2　美国空军现阶段飞行训练体制中的教练装备

第二节 美国海军

美国海军的飞行员训练体制同美国空军一样，都采用专业分轨的训练体制。20世纪90年代以后，随着主战部队飞机装备的更新换代，美国海军航空兵训练体制的教练机装备体系中逐渐引入了 T-45 舰载教练机和 T-6A "得克萨斯人" Ⅱ 涡桨教练机，其训练大纲也不断进行调整和优化。

自2001年起，美国海军候选飞行学员在非军事教练员的指导下，在活塞式飞机上熟悉飞行，主要训练内容是在塞斯纳-150/152/172 四座活塞教练机或者 T-67 教练机上进行飞行训练。该阶段主要目的是使飞行学员具备飞机驾驶的基本技巧，培养空间感知能力，并筛选出适合飞行训练的学员。学员完成筛选训练后，开始在 T-34C "涡轮导师" 活塞教练机或 T-6A "得克萨斯人" Ⅱ 涡桨教练机上进行基础训练。在完成以上基础训练后分流为4个专业进行高级训练，这4个专业分别是：战斗机/攻击机专业、岸基多发飞机专业、直升机专业、舰载预警机专业。战斗机/攻击机专业学员在 T-45 "苍鹰" 高级教练机上训练，岸基多发飞机专业学员在 T-1A 教练机上训练，舰载预警机专业学员在 T-44 教练机上训练，直升机专业学员在 TH-57 教练机上训练。美国海军飞行员和飞行军官的培养途径以及相应的教练装备如图4-3所示。

图4-3 美国海军现阶段飞行训练体制中的教练装备

第三章 我军教练装备发展现状（2014）

第一节 我国空军

当前，我国空军的训练体制正处于一个转型发展阶段，现阶段的训练体制也初步形成了专业分轨的训练模式，并且朝着专业划分的训练体制不断发展，我国空军当前飞行员的训练体制与训练装备如图4-4所示。

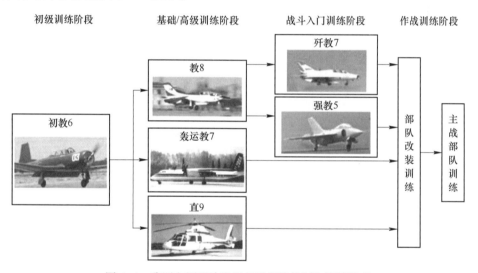

图 4-4　我国空军现阶段飞行员训练体制与训练装备

现阶段我国空军飞行员的初级训练都是在初教6飞机上进行，后续根据不同目标机型进行专业化训练。战斗/攻击机部队飞行员采用教8飞机进行基础训练，然后到训练基地接受更加专业的高级训练，战斗机飞行员采用歼教7及改型进行训练；运输机部队飞行员采用轰运教7进行高级训练；直升机飞行员采用直9进行基础/高级训练。随着我国空军装备体系的发展，未来我国空军的飞行员训练体制正在朝着更加完备的专业化分轨训练体制前进。随着新型高级教练机的批量装备部队使用，将在战斗力生成速度、飞行员质量等方面起到良好的促进作用。

第二节　我国海军

我国海军的教练装备与空军一致性较高，飞行员训练模式也与空军相似。海军的飞行员初级训练和空军一样采用初教 6 飞机进行训练；战斗机飞行员在基础训练阶段也和空军采用同一种教 8 飞机进行训练；战斗机飞行员在高级训练阶段也采用了与空军相似的歼教 7 或其改型机。在轰运类飞机飞行员训练方面，空军和海军都采用轰运教 7 进行训练。

我国海军近年来的新装备发展速度与空军相当。但随着我国海军航母装备部队，舰载机的飞行员训练是一个亟待解决的问题。中国海军现在已经开始了航母舰载航空兵的飞行训练。中国作为一个航空大国，且未来航母装备数量会逐渐增加，舰载机飞行员的训练需求会逐步增加，因此有必要发展专用的教练机来满足舰载机飞行员的训练需求。从飞行员训练体制发展方面来讲，参考比较成熟的美国海军训练和教练装备发展模式，是我国海军发展的一种模式。

第四章　新型初级/基础教练机
发展需求（2015）

随着我国国力强盛、经济发展，国防军事建设也有了长足的进步，一批高精尖的航空武器装备相继出台。但是，我们必须看到，航空装备研制的不平衡依然存在。先进的飞机研制固然重要，但基础的、辅助的航空器的发展也一定不能轻视。如轻型的运输机、侦察机、战场观测机、初级/基础教练机、无人机等，还没有得到充分的发展，真正战术层面的飞机还很缺乏。

飞行员培养一般是经过理论学习—筛选—初级—基础—高级—战术训练等阶段，不同训练阶段须使用合适的教练机，各级别教练机须合理搭配。无论训练体制是三机三级制还是两机三级制，都需要有合适的教练机。发达国家向两机三级制转变的目的就是提高训练效率，降低使用维护成本。我国随着三代机成为主力机种、四代机逐步服役的状况，飞行员训练目标发生了重大变化，给未来训练提出了新的需求。筛选—初级—基础训练是飞行员培训的基础，在目前教练机不能完全满足当前与未来训练新需求的情况下，有必要研制更好的初级/基础教练机。

目前我们所用的初级教练机是初教6，是我国自行研制的单发串列双座螺旋桨教练机，该机从1957年7月开始设计，1958年8月27日原型机首次试飞，1962年1月定型投入批量生产。初教6是国内航校进行飞行员初级训练的唯一机型，长期服役于我国空军及地方航校，至今仍然是我国初级教练机的主力。该机有较好飞行性能，安全可靠，能完成初级飞行训练项目，为我国成功地培养了数以万计的飞行员，是我国第一个荣获国家质量金奖的机种。

但是一款成功的机型，即使再好，随着时间的推移，也会表现出不适宜时代的局限。当国外更新换代，使用更先进的初级教练机，甚至以涡轮发动机作为动力的教练机时，初教6作为一款并未采用先进技术、应用了半个多世纪还未换代的初级教练机，在世界上也实属罕见。虽然它飞行性能能够基本满足训练要求，但不适应训练新需求的缺陷表现无遗。总结初教6飞机的缺点主要有以下5个方面。

①座舱环境差，不密封，噪声大，不符合"以人为本"的现代训练理论；
②座舱布局与现役飞机差异大，设备、仪表落后；
③机动性偏低，爬升率小，航程短，制约空中飞行时间；
④性能偏低，过载偏小，与基础、高级教练机衔接差；
⑤维修性较差，蒙皮易老化、破裂。

正是由于上述缺点，势必会影响部队飞行员初期培养这一十分重要的塔基工作，不利于从筛选、基础到高级训练飞行的衔接。综上所述，研制一款新型初级/基础教练机十分必要，发展需求明显，甚至可以说迫在眉睫。

通过借鉴世界其他国家研制的高性能初级/基础教练机的经验给我们的启示，即尽量由三机训练体制向二机训练体制转变，以降低训练成本，同时注重教练机性能衔接。而提高性能的手段是强化动力装置和提高机翼翼载，技术上是使用高性能活塞甚至涡轮螺旋桨发动机，采用金属、复合材料、机体材料等。

表 4-2 列出了国内外使用活塞发动机及其涡桨发动机改型的初级/基础教练机的性能指标，例如，俄罗斯的雅克-52、法国的埃普西隆、意大利的 SF-260、德国的 G120A、中国的初教 6 等教练机。从表 4-2 可以看出，初教 6 的飞行速度、爬升率和航程处于下风。

表 4-2　国内外主要国家使用活塞发动机及涡桨发动机改型的初级/基础教练机的性能指标

型号	雅克-52	埃普西隆	SF-260	SF-260TP	G120A	初教 6	Lasta2
国家	俄罗斯	法国	意大利	意大利	德国	中国	前南斯拉夫
座椅排列	串列双座	串列双座	并列双座	并列双座	并列双座	串列双座	串列双座
发动机	M-14P	IO-540	IO-540	250-B17D	IO-540	HS6	IO-540
功率/PS	360	305	260	355	260	285	305
最大起飞总量/kg	1290	1250	1200	1200	1400	1417	1443
限制速度/(km/h)	360	520	441	437	435	350	490
最大平飞速度/(km/h)	300	378	347	426	319	286	330
失速速度/(km/h)	90	115	110	113	102	115 着陆	113
最大爬升率/(m/s)	7	9.4	9.1	11.2	6.5	6.3	9
实用升限/m	4000	7010	5790	7500	5486	5080	5400
航程/km	550		1104	949	1537	640	962
限制过载	+5/-3	+6.7/-3.35	+6/-3	+6/-3	+6/-4	+6/-3	+6/-3

表 4-3 列出了国外主要国家使用涡轮发动机的初级/基础教练机的性能指标，例如，巴西的"巨嘴鸟" EMB-312、瑞士的 PC-9、韩国的 KT-1 等教练机，还有被称为德国人杰作的独具特色的"风扇教练" 600，这些飞机性能更高，一些可以直接与高级教练机衔接。军用教练机采用串列双座座椅排列的概率较大。

表 4-3　国外主要国家使用涡轮发动机的初级/基础教练机的性能指标

型号	REDIGO L-90TP	T-7	EMB-312	PC-9	KT-1	PZL-130	"风扇教练" 600
国家	芬兰（意）	日本	巴西	瑞士	韩国	波兰	德国
座椅排列	串列双座	串列双座	串列双座	串列双座	串列双座	串列双座	串列双座
发动机	250-B17F	250-B17F	PT6A-68	PT6A-62	PT6A-62	M601T	250-C30
功率/PS	450(336)	450(336)	760(559)	1150(858)	950(709)	760(559)	420(313)
最大起飞总量/kg	1350	1585	2550	3200	3205	2000	1600
限制速度/(km/h)	415	413	519	593	648		555

表 4-3（续）

型号	REDIGO L-90TP	T-7	EMB-312	PC-9	KT-1	PZL-130	"风扇教练" 600
最大平飞速度/（km/h）	330	376	448	500	518	454	480
失速速度/（km/h）	104	104	124	128	132		113
最大爬升率/（m/s）	11.58	8.6	11.3	14.9	17.8	13.3	15
实用升限/m	7620	7620	9150	11582	11580	10060	6100
航程/km	1203	945	1843	1970	1333	970	1040
限制过载	+7/-3.5		+6/-3	+7/-3.5	+7/-3.5	+6/-3	+6/-3

图 4-5 给出了几种教练机的速度范围区间。从图中可以看出一些飞机很适合初始筛选训练，例如，美国空军军官训练学校使用的 DA-20、瑞士筛选阶段使用的 BRAVO，失速速度低，用作基础训练高速性能不够。像意大利使用的 SF-260、法国使用的埃普西隆、瑞士使用的 L-90TP 则适合筛选到基础全阶段的飞行训练。近些年新兴的涡桨教练机以及原活塞教练机涡轮改型机都有着不错的速度区间，例如，巴西的"巨嘴鸟" EMB-312、瑞士的 PC-9、德国原用的"风扇教练"，其高速性能更适应与高级教练机衔接，可以接替涡扇中级教练机进行飞行训练，且使用成本更加低廉，这也是它们被许多国家采购而畅销的原因之一。

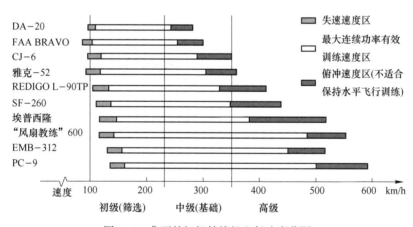

图 4-5 典型的初级教练机飞行速度范围

兼顾我国现有教练机衔接，应研制一款同时可以完成筛选培训和基本驾驶技术培训，而性能更容易与上一级教练机衔接的先进初级/基础教练机。其高速性能和机动性应明显优于初教 6，低速性能可与初教 6 接近，重点是改善特技性能，以提高座舱适应性、舒适性。具体指标为：起飞、着陆速度 120km/h；限制速度 450～500km/h；最大飞行速度 350km/h；最大爬升率 10m/s；升限 6000m 以上及航程大于 1000km 的 1.5～2 吨级串列双座螺旋桨式教练机。用于取代初教 6，使其承担更完善的基础训练任务，以便能更快地向高级过渡。

第五章　初级教练机综合航电系统
发展趋势（2013）

早期的初级教练机受研制时期技术水平制约，机载电子设备简单，采用分离式仪表，可满足基本飞行需求；同时代的中、高级教练机机载电子设备同样简单，各级教练机的机载电子系统差异较小，可以满足飞行员培训使用要求。

随着航空电子技术的进步，中、高级教练机机载电子系统向综合化航空电子发展，初级教练机与中、高级教练机航电系统衔接出现阶差，习惯简单仪表的飞行员面对中、高级教练机综合化航电系统和显示画面，很难尽快适应，延长了飞行员培养时间和成本，增大了飞行员淘汰率。

国外十分重视训练体制建设，在满足飞机整体操纵性能的基础上，根据航空电子最新发展情况，不断进行航电平台升级，使飞机的整体性能与训练需求相衔接，飞行员从初级训练到战斗机飞行不存在明显的训练需求阶差。

第一节　综合航空电子系统研究现状

一、航电综合技术与系统结构的发展

自 20 世纪 70 年代以来，随着综合航电系统技术成果逐步应用，降低了机载设备的体积和重量，缓解由于任务和设备增长导致的座舱拥挤，减轻了飞行员负担，实现了多系统数据共享，提高了载机使用效能和机载设备五性（可靠性、维护性、测试性、安全性、保障性）能力。为了取得航电综合技术更大的进步，更大程度共享软硬件和信息资源，达到更高的可靠性和可用性，降低全寿命周期成本，航电综合技术的开发工作持续加强，系统结构不断改进，技术水平迅速提高。

（一）航电综合技术的发展

航电综合技术是实现航空电子系统综合，充分发挥机载电子设备效能的根本保证。航空电子系统综合系统设计是对航空电子综合结构的选择，有助于任务使命在完整飞行架次中系统操作流程的分析，软、硬件系统功能分工，软件系统结构设计，系统性能指标分配，子系统、设备选用，关键技术及试验方法全面考虑和研究等多个有序环节的完成。

（二）系统结构的发展

综合航空电子系统是航空电子系统的一种结构方式，也是一种配置方法，能够最有效

地利用各种信息资源，用较少的代价获得更多的功能和更高的性能。

航空电子发展已经经历了四代。

第一代是分立式结构，这是20世纪中期前普遍采用的航空电子系统结构形式。这种结构不存在能够实现系统控制的核心计算机，系统中的每个子系统都有自己的传感器、控制器和计算机。系统构型专用性强，缺少灵活性，无法实现信息资源共享。

第二代是集中式结构。20世纪70年代美国空军莱特实验室提出了数字式航电信息系统（digital avionics information system，DAIS），该计划提出了集中分布式航电系统结构，采用了微处理器、数据总线、综合显示和任务使命软件四大核心技术，将串行数据总线引入航电系统中，建立了MIL-STD-1553B数据总线体系。

第三代是联合式结构。20世纪80年代莱特实验室提出"宝石柱"计划，采用通用、标准的外场可更换模块（LRM）取代传统的外场可更换单元（LRU），通用综合管理处理器代替机载传感器计算机，进行数据综合，通过软件将任务动态分配给LRM执行，实现系统容错和重构，系统向网络化方向发展。

第四代是综合共享式结构。20世纪90年代美国提出了功能更完善、性能更优良、综合化程度更高的"宝石台"（PavePace）计划。该计划是"宝石柱"计划的延伸和增强，是未来一代航空电子系统的主要结构形式，在第三代基础上采用了统一航空网络并推进了传感器系统综合。该构型主要在三个方面对系统结构进行了延伸、增强和改进，一是采用综合核心处理技术；二是提出综合射频传感器概念；三是使用了综合的座舱/驾驶员与飞机接口。

我国从20世纪80年代开始进行航电系统综合化的研究，国家对航空电子技术的发展实行倾斜政策，投入大量的资金用于技术的研发、生产技术的改造、测试能力的增强，从最薄弱的综合技术入手，集中攻关，实现了子系统通过总线进行综合的第三代航空电子系统框架。正在着手将航空电子的综合化向进一步的模块化、开放式结构方向发展。

二、现阶段国产初级教练机航电系统存在的问题

随着航空电子技术的进步，航空电子系统总体设计与综合、座舱综合显控技术已经较为成熟，座舱综合显示技术和信息综合处理技术已经得到广泛应用。中、高级教练机的机载电子系统逐步向综合航空电子系统方向发展。

针对这种情况，国外在研发新型初级或初/中级教练机时，其航电系统与更高层次的教练机相衔接。我国目前的初级教练机是初教6飞机，该机航空电子设备简单、综合化程度较低，尤其是飞机座舱显示采用分离式仪表，不能满足未来训练需求。因此，我国在进行新一代初级教练机的研制时，必须对国际初级教练机航电系统发展有清醒的认识，进行认真的分析；从国内技术水平出发，采用合适的综合航电构型，提高飞机的综合航空电子水平，特别是在座舱综合显示控制技术上，应采用较为先进、成熟的座舱综合显控技术，满足飞行训练不断发展的需求。

三、国外军用初/中级教练机综合航空电子系统现状

国外军用初/中级教练机综合航空电子系统正在逐步向综合化方向发展，广泛采用以MIL-STD-1553B数据总线为核心的综合航空电子系统。

（一）PC-21 教练机

PC-21 是瑞士皮拉蒂斯公司研制的一款新型教练机。前舱装有平视显示器，作为飞行时的主显示器；前后舱仪表板各安装有 3 台 152mm×203mm 的液晶显示器，中央的液晶显示器为主显示器，飞行员可以通过显示器周边按键和正前方控制板按键控制两个液晶显示器，分别显示导航、任务、系统以及战术数据；两台辅助备份显示器分别显示备份导航和发动机数据（见图 4-6）。

采用任务计算机作为核心处理机，系统为开放式，允许进行衔接和升级。火控系统实现了完全的计算机化，导航系统采用激光捷联惯性导航系统，另外配有一台全球定位系统。整个综合航空电子系统采用 ARINC429 和 MIL-STD-1553B 数据总线接口。

图 4-6　PC-21 教练机座舱布局

（二）EMB-314 "超级巨嘴鸟"

EMB-314 是巴西航空工业公司研制的一种初/中级教练/轻型攻击机。

该机前座舱安装有平视显示器，前后舱各装有两台液晶显示器，采用常规备份仪表（见图 4-7）。航电系统采用 MIL-STD-1553B 数据总线为主要数据传输方式，火控系统实现了完全的计算机化，导航系统采用激光捷联惯性导航系统和全球定位系统。

图 4-7　EMB-314 教练机座舱

（三）KT-1 教练机

KT-1 教练机是韩国宇航公司研制的初/中级教练机。

前舱安装有一台平视显示器，前后舱仪表板上各装有 3 台多功能液晶显示器。中间显示器为主显示器，显示飞机的主导航信息，左显示器主要显示飞机状态信息，右显示器主要显示发动机数据。备份显示为一台 3in 液晶显示器，无常规备份仪表（见图 4-8）。任务规划和画面显示调度可通过正前方控制板完成。整个综合航空电子系统以 MIL-STD-1553B 数据总线为核心。

图 4-8　KT-1 教练机座舱

（四）T-6A "得克萨斯人" Ⅱ 教练机

T-6A "得克萨斯人" Ⅱ 教练机是美国比奇飞机公司在瑞士皮拉蒂斯公司 PC-9 教练机基础上发展的全特技初级教练和导航员教练机。

每个座舱安装有两台 5in 的有源矩阵液晶显示器，上方的显示器为垂直画面显示器，显示飞机的姿态、角速度和定位/下滑信标偏移，下方显示器为水平画面显示器，显示航向、定位/下滑信标偏移、远距地图；另装有小型多功能显示器，提供发动机和辅助仪表显示；备份仪表包括姿态、空速、转弯侧滑仪和应急磁罗盘（见图 4-9）。

图 4-9　T-6A 教练机座舱

（五）T-6B"得克萨斯人"Ⅱ教练机

T-6B教练机是在T-6A教练机基础上，换装先进版综合航电的型号（见图4-10），与T-6A的主要区别如下。

①增加平视显示器；

②增加正前方控制板；

③增加综合备份显示器；

④换装3台6in×8in液晶显示器；

⑤取消综合告警显示器；

⑥取消常规备份仪表。

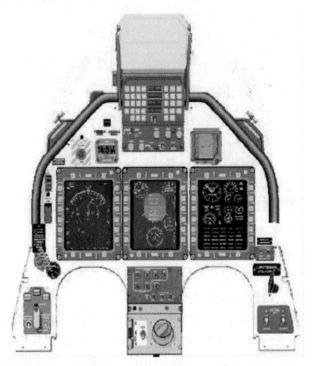

图4-10　T-6B教练机座舱

四、国外民用轻型飞机的综合航空电子系统

Garmin1000电子系统（简称G1000系统）是美国Garmin公司生产的高度集成化通用航空电子系统，用于多种民用飞机。本书以塞斯纳-172飞机上装备的G1000电子系统为例，对国外民用轻型飞机综合航空电子系统进行介绍。

G1000系统集成了通信、导航、GPS等航空电子设备，配备大屏幕、高分辨率的显示器，功能包括提供姿态、大气数据、发动机和机体状态数据，以及来源于GPS位置信息的移动地图显示的环境参考、地形和障碍告警。通过内置接口，系统可提供完整的发动机告警指示。另外，系统包括完整的甚高频通信、全向信标/仪表着陆系统（VOR/ILS）和应答机功能，通过主飞行显示器（PFD）、多功能显示器（MFD），数字声频面板上的旋钮和选择键对系统功能进行选择与控制。

五、国产初级教练机现状

国产初级教练机只有初教 6 飞机一种。该机已走过了 50 余年的历程，作为一种性能优良的初级教练机，为我国航空事业的发展做出了重要贡献。

该机装有基本的电子设备，座舱采用分离仪表（见图 4-11）。目前先进的中级教练机和新一代高级教练机陆续进入空军航校，这些飞机机载电子设备有了较大的改变，向着"玻璃化座舱"和综合航空电子系统迈进，初教 6 飞机使用的传统仪表和简单电子设备逐渐不能满足训练需求。

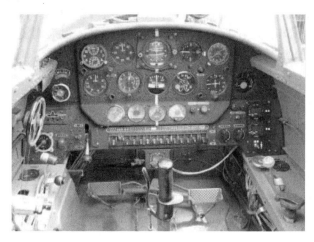

图 4-11 初教 6 飞机座舱

第二节 综合航空电子系统发展趋势

21 世纪的任务使命对综合航电系统提出了挑战性的要求，在解决经济上可承受性问题的同时，综合航电系统将向综合化、信息化、技术化、模块化及智能化的方向发展；综合航电系统的功能、性能以及可靠性、维修性、保障性、测试性和综合效能将出现突破性的飞跃；综合化水平将得到不断提高，航空电子综合技术将向深度和广度发展，得到不断的完善。

一、向深度和广度发展

综合化是航空电子发展的灵魂和核心。综合化能压缩航空电子系统的体积和重量，减轻飞行员的工作负担，提高系统可靠性，降低全寿命周期费用。综合化已不限于单机之内，最大限度地利用机外信息资源将是今后一个显著的特点。

二、开放式系统结构

开放式系统结构是开放系统接口标准定义的一个结构框架，它的优点是：便于构成分布式系统；便于不同厂家生产的、不同型号的计算机或其他硬件之间的互联、互通和互操作；便于硬件、软件的移植；便于系统功能的增强和扩充。此外，开放式系统结构还支持系统可变规模，有利于缩短研制开发周期，较好地解决系统的功能扩展、修改，以及元器件的更新换代。

三、广泛采用 COTS 技术

为了实现经济上可承受性、性能、可改进和重新使用能力四大指标，在新一代综合航电系统中将会更加强调采用 COTS 技术（即商品化的产品和技术）。COTS 技术具有以下特点：显著减少专用元器件、专用组件或模块、专用软件等数量；降低科研生产成本；采用通用的、开放的技术标准，兼容型号；技术先进，符合技术发展潮流；具有良好的技术支持、便于扩充和升级，产品更新换代快；可以直接在商品货架上采购，供货渠道有保障；采购费用低廉；研制、生产周期短；产品维修和后勤保障较为方便，维修保障费用低。

四、实现高度的模块化

模块化是综合航电系统发展的又一重要特征。模块化是实现结构简化和综合化的基础，也是实现系统重构的基础。

模块化航电系统的主要特征是结构分层。系统结构分层和综合化的关键，也是影响资源利用率的重要因素，在顶层设计时必须要折中和权衡系统结构层次。模块化是为了系统重构、扩张、修改和维护，可大幅度地提高可用性，保证飞机随时处于可以起飞状态。

五、传感器综合化

传统的单一传感器已经逐步被综合化传感器或传感器与显示器综合化所取代。航电系统传感器的种类、数量、复杂性及数据量不断增加，超出了飞行员有效使用和管理传感器的能力。传感器综合化的目标是：改变目前各种传感器分立的状态，实现互为补充、互为备份、扬长避短、综合使用各传感器提供的信息；对多传感器实现综合的控制与管理，获得比单独的传感器性能更高的传感器系统。

六、容错与重构

新一代综合航电系统应具有较强的容错和系统重构能力，以便于飞机在执行任务过程中发生故障时，能够根据故障情况切断失去功能的 LRU 或 LRM，并自动连接备用的 LRU 或 LRM，使系统恢复全部或部分功能。实现容错和重构的关键是建立有效的故障报告机制与完备的重构方案，应能对系统进行实时监测，确定哪些资源正在正常运行，哪些资源出现故障，并针对具体的故障有相应的重构方案。

七、通用化

通用化是综合航空电子系统的一个重要发展方向，有助于加快航空电子系统的更新换代周期，军民两用技术将会得到发展。实现通用化的核心是要制定一系列标准。标准化不仅仅是指硬件，而且还包括软件。

第六章 基础教练机发展趋势（2010）

第一节 概 述

自 20 世纪 50 年代第一架现代喷气式教练机研制成功以来，教练机作为空军航校飞行员训练系统的核心，已经从最初单一的高级教练机发展为初级、初级/基础、基础、基础/高级、高级教练机和战斗教练机六大类型、多达几十种型号。

随着当今世界飞机技术的快速发展，第四代战斗机已开始装备部队并形成战斗力、第三代战斗机成为战场上主力机种的今天，作为飞行员培训环节中使用时间最长的基础教练机在战机飞行员训练体制发生重大变化时将承担何种任务和使命，本章将据此对基础教练机的发展趋势进行探讨。

第二节 航校训练体系和基础教练机介绍

一、航校训练体系

不论采取哪种训练体制，要将一个新学员训练成为合格的能够熟练驾驶先进战斗机执行作战任务的飞行员，都需要经历一个循序渐进的过程，必须经历筛选/初级训练、基础训练、高级训练和改装训练四个阶段，各国目前大都采取了改装训练在训练基地或作战部队、前三个训练阶段在航校完成的方式。

根据所配置的教练机种类，航校训练体系可分为两机三级制、三机三级制、四机三级制等。初级、基础、高级三级的训练时间分配大体是筛选和初级训练 20~60h、基础训练 80~140h、高级训练 80~120h。飞行学员在航校总的训练时间为 210~240h，最高不超过 290h，训练周期为 1~2 年。

二、基础教练机介绍

基础教练机（或称中级教练机）主要用于飞行学员的基本驾驶技术和基本战斗技术的训练，通过该阶段的教学考核，继续淘汰部分不值得培养的飞行员。在很多国家，该级飞机是航校教练机的主体，用于飞行教学的时间最长。这一类型的教练机大部分选用了涡喷或涡扇发动机作为动力装置,例如,中国的 K8 系列、意大利的 M-311、S-211、捷克的 L-39 系列、英国的 HAWK 系列等;但也有部分飞机配装了先进涡桨发动机,例如,巴西的"超级巨嘴鸟"、瑞士的 PC-21、美国的 T-6A 等。

基础教练机在整个飞行员培训环节中起着承前启后的重要作用,要求其高低速兼顾、飞行包线宽、座舱人机界面和操纵习惯等与初级教练机和高级教练机应具有良好的衔接性,以降低学员的淘汰率,降低训练成本,提高训练效率,对飞行员正确驾驶习惯的形成至关重要。同时,基础教练机在整个培训环节中使用时间最长,也要求该型教练机安全可靠,维护方便,出勤率高,续航时间长,经济性较好。部分基础教练机的简要性能参数如表 4-4 所示。

表 4-4　部分基础教练机的简要性能参数

型号	K8	M-311	"鹰"-50/60	L-39ZA	"超级巨嘴鸟"	PC-21
最大起飞重量/kg	4563	4000	7350	5600	3175	4250
最大平飞速度(海平面)/(km/h)	800	704	990	610	448	598
升限/m	13600	12192	14020	7500	10670	11582
最大爬升率($H=0$km)/(m/s)	30	24.6	60	13.5	15	21.59
最大航程/km	2140	1797	2917		2768	1333
续航时间/h	4.2		2.7		6.5	
起飞/着陆滑跑距离/m	440/530	470/570	710/550	970/800	247/352	725/900

三、基础教练机的发展历史

早期的喷气式战斗机飞行员的培养受当时条件的限制,基本上是有什么飞机就用什么飞机,多数采用当时现役的老式喷气式战斗机和攻击机经过改装后充当基础教练机角色,同时兼顾部分高级训练任务,是训练体制形成的雏形。这种单纯注重教练机性能要求的"东拼西凑"形式的训练模式,由于初级教练机与改装后的教练机之间的衔接并不十分理想,结果导致整体训练效益不高,飞行员淘汰率高。

20 世纪 60 年代末至 70 年代初,随着飞机造价和训练费用的上涨,人们发现已不能单纯地追求教练机的性能而不考虑整体效益了。一些专家开始用数学和经济学手段,分析、论证教练机训练体系中的费用和效率问题,部分国家根据研究结果和本国国情,制定了本国的教练机训练体制,专门用于衔接初级训练任务和高级训练任务的基础教练机应运而生,并大量装备训练院校,而用老式战斗机、攻击机改型的非专门设计的教练机,逐步退出教练机的舞台。

这些基础教练机有着显著的特点。

一是针对性更强,适用范围更广,不仅能够完全覆盖基础训练的全部内容,并且向上或向下延伸,还能覆盖部分初级和高级训练内容,为用户构建适合本国国情、高效的训练体制打下了良好的基础。部分基础教练机在培训链条中的位置如图 4-12 所示。

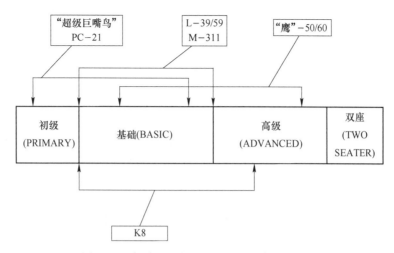

图 4-12　部分基础教练机在培训链条中的位置

二是功能拓宽，大部分的基础教练机除完成飞行员培养的任务外，同时因其优异的平台性能和较大的挂载能力，在配装了合适的设备和武器后，还能作为轻型攻击机和轻型战斗机使用。飞机功能的拓宽对基础教练机的销售起到了重要的推动作用。

四、基础教练机的发展趋势

20 世纪 80 年代末、90 年代初，由于装备更新、军队规模压缩、经费减少等各种原因，部分国家的航校及飞行员训练体系再次面临调整和改革。为了缩短航校的培训周期、降低训练费用、提高训练效益，各国普遍采取了将航校训练体制缩小的方法，即减少机型数量，由三机制、四机制、五机制逐步向两机制和三机制过渡。例如，采用涡桨初级/基础教练机、高性能的教练/战斗机或高级教练机的两机制；或采用高效的活塞式螺旋桨初级教练机、喷气式基础教练机和喷气式高级教练机的三机制。

为了适应新的训练体系变革对基础教练机的冲击，教练机生产厂商一方面立足于研制新型的初级/基础教练机和高级教练机，另一方面也在对已有的基础教练机进行升级改进，以使其在新的训练体制中占据一席之地。近年来，国内外基础教练机的发展呈现了以下特点。

1. 衔接性

基础教练机的发展必须着眼整个训练体系需要，各国教练机发展的普遍规律都是综合统筹飞行员训练的短期和长远需求，立足训练体制现状及发展趋势，通过新研和改进等多种途径，使各级教练机之间跨度适中，衔接恰当，配置更加合理，以促进整个训练体系效益的提升。基础教练机是训练体系的重要组成部分，向下能继承初级教练机，向上能衔接高级教练机，在整个训练体系框架下统筹制定发展原则和思路，规划发展路线。

从未来发展趋势看，随着飞机技术的快速发展，信息量需求的增加，飞机的功能越来越齐全，操纵要求越来越知识化，基础教练机的上下衔接性在训练体系中对训练效能的影响显得更加突出。

2. 功能升级

随着科学技术的进步和军费限制，升级改进成为基础教练机发展的主要方向。通过充分吸纳航空领域新技术，对现役基础教练机机载设备和系统进行改进与升级，充分挖掘潜力，以适应新阶段、新形势下作战飞机的训练需求成为国内外基础教练机发展的主要方向。

（1）航电升级

基础教练机的座舱布局、仪表设备和显示控制方式大部分是针对早期二代飞机和初级教练机的座舱人机界面要求设计的，座舱布局以传统的分立式仪表布局和瞄准具为主。为了能衔接先进的高级教练机、二代机和三代飞机座舱布局、人机界面和机载设备等方面的变化，对基础教练机的航电系统和人机界面进行不同程度的升级改进。例如，HAWK-128飞机改进了航电系统和火控系统，增加了嵌入式训练系统的功能。为适应用户和飞机发展的需求，K8系列飞机的航电系统已经由以CRT显示器为主显示方式的EFIS系统升级为以平视显示器（HUD）和智能多功能显示器（SMFD）为主的平显多功能显示系统，提升了与后续飞机的衔接性。

（2）增加外挂武器

基础教练机主要用于飞行学院对学员进行飞行驾驶技术和战斗技术训练，除了可以完成起落、航行、编队、仪表飞行、夜航、简单和复杂特技飞行等训练课目，还可以进行对地和对空攻击战斗技术训练，在一定条件下还可以实现近距火力支援。随着武器技术发展和小型化趋势，基础教练机增加了目标搜索和探测能力，提高飞机空空自卫反击、对地目标打击的能力，节约高级教练机训练成本，扩展飞机用途。

从未来发展趋势看，基础教练机除了可以进行对地、对空攻击战斗技术训练以及近距火力支援外，还须具有一定的空空自卫反击、对地目标打击的能力。

3. 不过分追求技术先进性

教练机在设计理念上与作战飞机有较大差别，不追求与先进战斗机相同的高性能和高精尖设备，重点是追求经济性、可靠性和训练效益，实现买得起、用得起、出勤率高、安全可靠。国内外的普遍做法是充分挖掘现役基础教练机潜力，通过改进、改型，满足不同时期、不同阶段的训练需求，在经济性、训练效益等各指标间寻求最佳平衡点。

第七章 新型高级教练机发展趋势（2010）

教练机是空、海军飞行员训练系统的核心，并依飞行训练程序由不同性能和档次的各型飞机组成。根据在飞行员训练过程中所处的阶段和所承担的教学任务，教练机大致可分为初级、初/中级、中级、中/高级、高级/战斗教练机和同型教练机。其中高级教练机一般应用于高级训练阶段（AJT）和改装训练阶段（LIFT）。高级训练阶段是通过复杂气象、武器、基本战术等方面的专门训练，使学员掌握高级驾驶技术；改装训练阶段是让新飞行员在驾驶先进战斗机之前，通过技术训练，掌握作战机动和战术等方面的技能。可以说，飞行学员经过高级教练机的培训，已具备了驾驶战斗机同型教练机的资格和水平。因此，高级教练机的发展与战斗机的发展紧密相连，高级教练机的技术要求与飞行员技能训练需求息息相关。

第一节 高级教练机的发展历史与现状

教练机的历史可以追溯到20世纪初，1909年世界上第一架军用教练机双座莱特A型飞机交付部队用于飞行员训练，1913年最早专门设计的教练机美国"阿弗罗"504-K诞生。

一、第一、二次世界大战期间

随着第一次和第二次世界大战的爆发，为满足飞行员的大量需求，德、法、英、美等国生产了大量的教练机以满足成批飞行学员培养的需求。该阶段由于作战飞机多采用活塞式发动机，飞行速度不大，飞行员基本采用一型教练机进行飞行训练，教练机性能与一般战斗机性能相仿，主要用于飞行员驾驶技能训练，例如，美国研制的单翼教练机AT-6。

二、20世纪40—50年代末

军用飞机进入了喷气时代，战斗机飞行速度大幅提升，飞机性能、操纵特性等方面的驾驶技术与活塞式飞机有所不同，原有的活塞式教练机无法满足喷气式飞机的驾驶技能训练需求，飞行员的训练被分为两级，即筛选和初级训练选择活塞式教练机，高级训练则选用喷气式教练机。该阶段喷气式教练机多为在喷气式战斗机基础上的改型，与战斗机性能相当，主要用于飞行员喷气式飞机驾驶技能和作战技能的训练。例如，1948年美国在F-80C战斗机基础上将其改装成双座教练机T-33。

三、20 世纪 50 年代末—70 年代中后期

飞机造价和训练费用不断上涨，原有的在作战飞机基础上改装的高级教练机已不能满足降低训练使用费用的要求，部分国家则根据国情开始利用数学、经济学手段分析论证高级教练机的技术需求，研制专门的高级教练机。该阶段高级教练机在飞机性能和系统功能上已与战斗机形成了合理的技术衔接，可以高效低成本地满足飞行员的技能训练需求。例如，美国的 T-38，法、德合作研制的阿尔法喷气，英国研制的"鹰"。

四、20 世纪 80—90 年代初

随着空气动力学、飞机动力系统、火控系统、武器系统等方面技术的飞速发展，第三代战斗机广泛应用，传统地以"机械能"为核心驾驶方法已无法满足第三代战斗机对飞行员驾驶技能提出的要求，例如，注意力分配与转移方式、飞行员的驾驶职能、机动飞行方式等方面均发生了较大的变化。因此，各国对已有的高级教练机进行了一系列的信息化改造计划，其重点是使高级教练机在座舱环境方面与战斗机形成衔接，以使其尽可能地满足飞行员训练的新需求。例如，英国在 1992 年改进的"鹰"-60 和"鹰"-100 系列，该机在"鹰"的基础上增加了数据总线、平显等先进航空仪表设备。

五、20 世纪 90 年代至今

在原有高级教练机基础上的信息化改进，无法从根本上解决训练需求矛盾，传统教练机无法满足机动飞行方式变化带来的技能训练需求。一些国家开始着手新一代高级教练机的研制，以期可以完全满足第三代战斗机飞行员高级训练的技能需求，并可兼顾第四代战斗机飞行员的训练。例如，俄罗斯的雅克-130，韩、美联合研制的 T-50，意大利的 M-346 和中国的 L15。

目前，随着新一代高级教练机平台的日趋成熟，新一代高级教练机已逐步开始装备部队。美国空军已正式启动未来教练机计划代号 T-X，2014 年首架交付，参与竞争和评估的高级教练机是美、韩合作的 T-50 和意大利的 M-346。俄罗斯已于 2002 年选定雅克-130 作为其新型通用高级教练机。2010 年 2 月，第一批雅克-130 已移交给俄国空军并已开始培训飞行员。欧洲已形成联合高级教练机项目，项目涉及欧洲 12 个国家，意大利的 M-346 高级教练机将成为该项目的使用机型，韩国空军已装备 T-50 高级教练机并已形成训练能力。

第二节　牵引高级教练机发展的动力

从高级教练机的发展历史可以看出，高级教练机的发展是随着战斗机的发展而同步发展的。由于高级教练机的主要用途是训练飞行员的高级驾驶和作战技术等方面的飞行技能，其使用目的是使飞行学员经过高级教练机的训练，能够掌握战斗机的"驾驭技术"，适应作战环境，因此作为高级教练机需要在平台性能、系统功能上与作战飞机相似，以期

在训练使用中，使学员可以更多地掌握作战飞机的驾驶和战术技能；与此同时，在造价和使用训练费用方面，又要求高级教练机可以使飞机学员低成本地实现如同驾驶战斗机相类似的训练感受，以降低训练使用的费用和成本。

可以说，牵引高级教练机发展的动力在于两个主要方面，一方面是战争对飞行员的技能水平需求的变化和发展，另一方面是如何更低成本地实现训练需求。

第三节　新一代高级教练机的发展趋势

一、满足飞行员技能训练需求的发展

未来作战环境和战斗机的技术水平将带动飞行员技能训练需求的发展。未来战争是在全天候、全地理环境下的联合作战体系和复杂的信息化环境下进行的，同时战斗机机动能力强，更加依靠信息技术。这就要求飞行员能够掌握先进的信息系统和驾驶技术，在复杂的技术和任务环境下具有更强的信息综合、机载系统管理和态势感知能力，原有的飞行员技能要求和评判筛选标准将发生重大变化。

（一）高机动飞行

先进战斗机在机动性和敏捷性方面将有较大的提升，一般采用高升阻比气动布局、发动机加速性好、推重比大，垂直机动和水平机动能力好，具有高机动、高敏捷特性。飞行员需在高级训练阶段尽可能地掌握驾驶技能、适应高机动条件的过载负荷。

因此，新一代高级教练机应具备高机动、高敏捷特性，能够模拟战斗机的作战机动过程中带给飞行员的负荷感受，使飞行学员更好地掌握和适应先进战斗机的驾驶。这就要求，新一代高级教练机在研制中应采用与战斗机相似的气动布局、大推重比发动机。

（二）操纵动作

先进战斗机均采用电传操纵系统，飞机可以自动增稳、改善飞行品质，飞行员操纵负荷小、无须额外增加操纵动作量，大量降低操纵动作强度。飞行员可以分出大部分精力用于管理机载系统信息、战术态势信息等作战所需信息的处理工作。

因此，新一代高级教练机应采用电传操纵系统，使其具有与战斗机相似的操纵感受，在高级训练阶段使学员真正掌握先进战斗机的驾驶技能，降低传统操纵方式带来的不必要的训练时间消耗和飞行学员淘汰。

（三）注意力分配与转移

先进战斗机座舱设备综合化程度高，信息管理多已实现模块化，采用时间分割显示方式。飞行员在实施瞄准攻击、航行、起飞、着陆等飞行过程中，可在保持视线集中于前方的情况下，获得所需的火控计算、导航以及飞行轨迹等信息，无须再转回座舱内观察仪表，即使需要观察，也可通过综合显示器获取信息。飞行员的注意力分配与转移范围发生了重大变化，飞行员需要在高级训练阶段建立良好的注意力分配与转移习惯。

因此，新一代高级教练机应采用与先进战斗机相似的座舱布局，使飞行学员在高级训练阶段掌握满足先进战斗机驾驶需求的注意力分配与转移习惯。

（四）判断与决策

先进战斗机信息处理的自动化程度高，可以采取"托付监控式"的信息管理方式，飞行员只要在几个重要时机做出目标输入和决策选择，飞机就能够自动地收集与处理信息，使飞行状态达到飞行员的要求。此外，由于先进战斗机具有迎角、过载等极限限制功能。飞行中，飞行员不必再过多地关注迎角是否会超过临界迎角、飞机是否会失速进入螺旋等问题，实现"无忧虑飞行"。飞行员在执行飞行任务过程中的判断决策发生了显著的变化。

因此，新一代高级教练机应在航电、飞控系统功能上与先进战斗机相似，培养飞行员良好的判断与决策习惯。

二、低成本地实现训练需求

未来飞行员的训练需求，要求高级教练机应在飞行品质、系统功能、座舱布局等方面与战斗机相似，以满足飞行员的技能训练需求。这样必然会增加高级教练机的采购和训练使用成本。因此，新一代高级教练机在研发过程中，必须考虑低成本满足训练需求的可能性，优化高级教练机的系统配置和功能，在满足训练需求的基础上降低制造和采购成本，并通过提高机体寿命的方式，降低训练使用成本。

（一）嵌入式训练

机载嵌入式训练系统可以低成本地模拟先进战斗机的系统功能，并可为飞行员提供虚拟的单机或协同作战环境。该系统可以在高级教练机上模拟先进战机所具备的多功能雷达、电子战、空空和空地武器投射，红外和光电传感器、武器和任务管理系统等，从而降低飞机配装上述系统所带来的成本增加和武器投射过程中带来的训练成本增加。

（二）长寿命

飞行员训练使用费用，主要取决于所使用教练机的全寿命周期费用，而决定全寿命周期费用的关键在于教练机的飞行小时寿命情况，长飞行小时寿命可以降低全寿命周期费用，减少教练机采购数量，节省整个体制训练过程中的训练使用费用。

（三）综合保障

综合保障费用是飞机全寿命周期费用的主要组成部分，军机全寿命周期费用中，使用保障费用所占比例达 50% ~ 60%。因此，新一代高级教练机在研制过程中需要注重飞机的综合保障性，优化维修规划、保障设备、备件供应等各方面综合保障要素，提高综合保障水平，降低全寿命周期费用。

三、新一代高级教练机的发展趋势

结合飞行员训练技能需求的发展和低成本实现训练需求的要求，新一代高级教练机在平台飞行性能、操纵品质、航电系统等方面应与未来战斗机接近或形成衔接。其主要技术发展趋势如下。

①采用合理的气动布局形式，高推重比的涡扇发动机，适应战斗机性能的提升，具备模拟先进战斗机的操纵方式和飞行性能的能力，能够实现高机动、高敏捷性、大迎角、持续大过载的飞行训练；

②采用电传操纵系统，有效地减轻飞行员的操纵负担，具有杆力可编程和边界限制功能，为培养正确的注意力分配转移和判断决策习惯提供基础保障；

③采用先进的综合航电系统和玻璃化座舱环境，与先进战斗机相似，为飞行学员培养、提高、固化战场姿态感知的能力，成为真正的"系统管理战斗飞行员"提供教练平台；

④采用机载嵌入式训练系统，低成本地模拟先进战机的信息、武器和任务管理系统功能，降低研制成本和训练使用费用；

⑤采用先进的结构、强度设计方法，提高机体使用寿命，降低全寿命周期费用；

⑥注重综合保障性，降低使用保障费用。

第八章 高级教练机航空电子技术发展趋势（2018）

教练机是和平时期飞行员训练体系的核心组成部分，是部队战斗力快速生成和维持的重要保障。传统观念上的教练机专门用于培养和训练飞行员的飞行技术，但是在高新技术推动以及装备需求的牵引下，一些飞机制造商已经着手论证和研制新型高级教练机，并逐渐凸显出高级教练机"多用途"的特点：一方面，以教练训练为主，可用于高级驾驶技术、战斗技术训练和部分战术训练；另一方面，新型高教机可扩展到训练战斗机的基本战术动作和武器使用技巧，并在必要时执行作战任务，这就是所谓的战斗机导入教练机（lead in fighter trainer，LIFT），高级教练机的新特征在一定程度上给教练机的航电技术带来新的要求和发展。本章结合航电系统的发展，对国内外教练机航电技术的应用情况进行梳理，对新型高级教练机航电技术的发展特点、发展趋势进行分析，提出新型高教机航电发展的某些重要方向，为我国新型高教机航电发展提供一定的参考。

第一节 航电系统的发展特点

航电系统是综合航空电子系统的简称，航电系统涵盖了包括通信、导航、识别、探测、电子战等在内诸多功能的机载电子设备和系统，一般可分为综合显示和控制、无线电与导航、雷达、大气数据采集、火力控制等功能，是提高飞机性能和效能的重要因素。

航电系统的发展经历了几十年，航空电子系统结构也在不断演变，大致经历了一个从分立式、混合式、联合式到高度综合化的发展过程：早期的航空电子系统通过专门硬件模拟电子线路和继电器得以实现，在这种"单点解决"的方案下，相应功能的升级需要通过电路及其互联关系的改变得以实现；随着数字计算机的发展，"单点解决"的功能被移植到目标计算机上的应用程序中，此时的功能升级可通过更改软件而得到灵活、快速的实现；此后，总线技术和应用得到普及，出现像 MIL-STD-1553B、ARINC 629 等高速通信数据总线，航电系统的线缆、体积逐渐减少，系统结构更加紧密，性能也得到提升。航空电子技术发展到现在，其发展呈现出综合化、模块化、通用化、智能化的发展趋势，某些专用的任务系统也已经成为通用系统，通过在通用体系结构上扩展相应的任务功能，就可以实现不同的任务需求。

由此可见，现代先进航空电子系统是一个集控制、传感器、显示、通信为一体的高度信息综合化网络，其功能不仅涵盖了传统的航空电子仪表，同时还将机载传感器和电子设备有机综合在一起，实现数据之间的交互和融合，为飞行员战术决策和机动提供友好、智能的辅助。总结航空电子发展的几十年，可以归纳为以下主要特征。

一、开放式的系统构架

开放式的系统构架不仅指硬件产品接口的标准化，同时也指机载软件对外接口的标准化，开放式的系统构架不仅便于电子设备之间的互联互通及设备扩充，同时也有利于缩短航电系统的开发与调试周期，这种标准的开放方式能够大大提高系统软、硬件的移植性和可靠性。

二、综合模块化技术

综合模块化技术不仅是实现结构简化和综合化的基础，同时也是系统重构、修改和维护的重要基础。综合模块化技术的一个重要特征就是航电系统的结构分层，尤其是在顶层设计时，必须要考虑数据交互的接口、程序应用与操作系统的结构，权衡系统分层独立与总体综合的关系。

三、资源共享

综合航电系统技术的发展越来越强调资源共享的设计原则，一是安全、可靠、高速的共享总线技术，分系统根据所需对总线中的数据进行选择，总线技术是航空电子综合化、智能化发展的基础；二是传感器信息的综合与融合技术，实现对多传感器信息的互补，获得比单一传感器更高准确度和信息量的传感器网络。

第二节　新型高级教练机的航电系统特点

第三代战斗机强调机动性，大量采用新技术和新工艺，使用电传飞控和大屏幕显示，这些特点在很大程度上影响了新一代高级教练机的设计，目前具有代表性的新型高级教练机包括俄罗斯的雅克-130、意大利的 M-346 以及中国的 L15 等，这些新型高级教练机虽然外形相似，但其内在的航电系统还是有所区别的。

一、雅克-130

雅克-130 是俄罗斯雅科夫列夫实验设计局设计的高级教练机，其量产型号的航电系统采用了模块化设计，通过玻璃化座舱（见图 4-13）可见其采用了多功能显示器、UFCP以及 HUD 等人机交互设备，通过发布的技术参数可知，雅克-130 采用 1553B 总线，前后舱各具备 3 个完全独立、相互备份的多功能显示器，具备自动机载自诊断测试系统和头盔瞄准系统，能够实现嵌入式仿真训练，并可挂载武器和副油箱。

图 4-13　雅克-130 座舱

二、M-346

M-346 是一款由意大利阿莱尼亚马基公司研制的新型喷气式军用教练机，座舱布局合理，人机界面友好，其前后座舱配备了 3 个互为余度的多功能彩色显示器（见图 4-14），采用双冗余的 1553B 总线技术，配有敌我识别系统、激光陀螺仪惯性导航系统和拥有夜视功能的先进头盔显示器，整个飞机有 9 个挂点，保留了将其改装为轻型战斗机的能力。M-346 空战训练系统，官方名称为嵌入式战术训练仿真，是 M-346 高级教练机的核心特征之一。M-346 嵌入式战术训练仿真与航电系统综合集成设计，使 M-346 具备了全范围的仿真训练能力。

图 4-14　M-346 座舱

三、L15

L15 是一款由我国航空工业洪都设计的新一代高级教练机，最大速度达到马赫数 1.4，相当于雅克-130 和 M-346，L15 具有更加优秀的气动设计，座舱环境布局合理，具备 UF-CP、HUD 等人机交互设备，前、后舱装有 3 个尺寸更大的多功能彩色显示器，能够进行嵌入式训练，并且具备安装雷达、武器、电子吊舱的能力。

通过对上述目前主流高级教练机航电系统的分析可知，它们普遍具有以下特征：一是采用 1553 多路传输总线网络，构成机载的综合集中分布网络系统；二是具备综合显示与控制功能，具有良好的人机交互界面；三是都具有改装成为轻型战斗机的能力，可以作为多用途飞机使用；四是新一代高级教练机都非常重视嵌入式训练系统的开发和使用，扩展教练机的训练能力，提升训效比。

第三节　新型高级教练机航电系统的重要发展方向

在科技不断发展的今天，战斗机的作战模式已经发生了巨大的变化，因此，新型高级教练机必须迎合新的作战训练需求，在培养和提升飞行员基本战技、战术水平的同时，也可用于部队对新战法、战术的研究，甚至是进行实战演练。

一、网络化的信息综合态势感知与交互

未来作战飞机在战场环境中不是单纯地作为武器投射平台，而是作为多维度网络战的组成部分，因此，飞行员在使用新型高教机进行训练时，需要同时满足对其飞行技术和战术意识进行培养的要求，不仅需要进行起飞、导航、编队、简单占位等基本机动的技术训练，同时也要培养飞行员学会使用雷达、数据链等获取战场信息，对战场环境作出准确分析和判断，并使用武器等实施战术机动和打击的行为，完成现代战场的基本作战程序。

因此，未来航空电子系统的综合程度将进一步提升，各种机载传感器信息、数据链信息、显示控制终端构成一个庞大的信息网络，其中，传感器的信息综合是航空电子系统综合的关键技术之一，各种传感器（如雷达红外和光电等探测系统、电子战系统、通信导航识别系统）除了自身的模块化外，还将实现在各自分系统中更为深入的综合和资源数据共享，同时，人机交互界面或方式也将得到变革，现有的多块多功能显示器更新为大屏幕显示器，将能够更好地反映战场态势，有利于飞行员对战场全局的把控，而具备了头盔瞄准系统等新型人机交互系统的高级教练机，将有利于飞行员对未来战争模式的掌握。

二、嵌入式虚拟训练

和平时期的实战训练机会较少，利用机载和地面设备仿真战场环境有助于提升飞行员在战场环境下的战术决策与机动能力，因此，嵌入式空战训练技术应运而生，各国军方及空战训练研究机构也开始将目光投向嵌入式训练系统，同时，嵌入式训练也是目前世界主流高级教练机航电系统必备的功能之一。

高级教练机配备嵌入式训练系统，一方面能够减少大量设备采购和维护成本，另一方面也降低了训练消耗，降低了训练费用，提升了训练效果。嵌入式空战训练是一种内置的作战功能系统，它在机载计算机中虚拟空对空或面对空威胁、虚拟传感器及虚拟武器等，使飞行员在所设计的生动而充满挑战性的虚拟场景中对抗大量的逼真虚拟对手，使受训者获得与实战相符的心理和生理适应性，大幅提升训练质量。同时，嵌入式空战训练系统可以在和平时期和作战间隙为部队提供全时段、全方位和不间断的训练，有效提高部队的战备能力和应对突发事件的反应能力。

第九章　教练机跨代衔接性关键技术分析（2021）

军事飞行训练是指飞行员操控飞机或使用机上武器、设备的训练活动，其目的是培养飞行员熟练掌握遂行空中作战任务的技能。飞行训练作为飞行员在三维空间实施的一种集心理、生理、智能、技能高度融合的复杂活动，需要适应完全不同于地面的速度、高度、加速度和环境变化，认知多种知识，管理多种信息，掌握各种复杂操作和战斗技能。由于受人的接受能力制约，这种"适应"和"掌握"需要遵循由低到高、由简到繁、由易到难的学习规律，循序渐进地提高训练，所需培训环境和训练装备也有相应的特殊要求。军用教练机是指用于飞行训练，为培养飞行员而专门研制或改装的飞机，其使命任务是使飞行员能够娴熟地驾驶飞机和执行战斗任务，达到提升航空兵部队战斗力的目的。也就是说，飞行员飞行技能的培养，是一个循序渐进的过程，需要相应的教练机体系与之匹配。教练机体系是根据飞行员培养目标，遵循飞行人才的成长规律和飞行人员的素质要求，按照飞行训练体制确定的不同训练阶段的划分，以及各阶段之间良好衔接的需要，而专门设置的、由不同级别的教练机组合而成的一个"飞行教学装备系统"。其总体框架取决于采用几种级别的教练机，而影响其效率的关键是采用的教练机之间的衔接性以及教练机与作战飞机之间的衔接性。

第一节　国际典型教练机体系分析

目前，国际上尚无仅采用一款教练机就能满足飞行学员全程训练要求的训练体系，一般按筛选、初级、基础、高级阶段构建训练体系并合理配置教练机体系。典型的主要有"筛选/初级—基础—高级""筛选—初级/基础—高级""筛选/初级—基础/高级"三种教练机体系配置。

一、"筛选/初级—基础—高级"教练机体系

"筛选/初级—基础—高级"教练机体系的主要特点是配置三款衔接性良好的教练机，对飞行学员进行充分的选拔与训练，培养飞行学员增长技能的同时具备多种教练机的飞行技能，但一般训练周期较长、训练成本较高。采用该教练机体系的主要有俄罗斯、中国等。

俄罗斯空军筛选/初级飞行训练在准军事机构集中统一开展，基础训练和高级训练分

专业进行，分为前线航空兵（歼强类飞机）、远程/军事运输航空兵（轰/运类飞机）和直升机三个专业。筛选/初级飞行训练统一使用雅克-52系列教练机，前线航空兵基础训练采用L-39教练机、高级训练采用雅克-130飞机。目前正在计划采用雅克-152或SR-10教练机替代L-39教练机承担基础训练。

采用"筛选/初级—基础—高级"教练机体系的关键是三种不同教练机的跨度要适中，既要完成技能的衔接，又不能产生太多无效训练。

二、"筛选—初级/基础—高级"教练机体系

"筛选—初级/基础—高级"教练机体系的主要特点是通过配置一型性能在初级与基础之间的教练机，既能满足筛选后的新飞行学员技能增长，又能良好衔接高级教练机，一般与"基础通训、专业分轨"训练体系搭配使用，可在专业分轨前对飞行学员进行充分的挖潜，以分轨出适合不同飞行学员的专业，一般周期比较合理，训练成本较低。采用该教练机体系的主要有美国空军等。

美国空军采用"集中筛选、基础通训、专业分轨"的教练装备体系。飞行学员的筛选飞行委托民间机构进行，基础训练采用同一机型进行通训，随后在高级飞行训练阶段开始进行分轨培训，分为战斗机/轰炸机、运输机/加油机、涡桨多发飞机、直升机4个专业。筛选使用DA-20教练机（活塞式），基础训练使用T-6A教练机（涡桨式）。高级飞行训练：战斗机/轰炸机使用T-38高级教练机训练，完成高级训练后还须采用配置武器的T-38执行战斗入门训练；加油机/运输机使用T-1A双发喷气式高级教练机训练；涡桨多发飞机飞行员培训由美国海军组织实施，采用T-44教练机进行运输/加油专业高级训练；直升机使用UH-1H和TH-1H教练直升机训练。现阶段，美国空军正发展T-7A高级教练机替代T-38高级教练机，更好衔接F-22等四代飞机。

采用"筛选—初级/基础—高级"教练机体系的关键是初级/基础教练机具备良好的衔接能力和递进能力，可在同一阶段满足飞行学员增长不同技能的需求。

三、"筛选/初级—基础/高级"教练机体系

"筛选/初级—基础/高级"教练机体系的主要特点是通过配置一型初级训练能力较强的筛选/初级教练机与一型基础训练能力较强的高级教练机，可以满足飞行学员技能的增长与有效迁移，但一般需要采用作战飞机进行"补课"。采用该教练机体系的主要有瑞士空军等。

瑞士空军筛选/初级训练采用PC-7教练机，基础/高级训练采用PC-21教练机。

采用"筛选/初级—基础/高级"教练机体系的关键是高级教练机具备良好的向下兼顾能力，可满足初级阶段飞行学员的良好过渡，同时要求作战飞机具备一定的向下衔接能力。

四、国际教练机体系构建分析

从国际上不同国家教练机体系构建上看，主要出于以下几点考虑。

一是基于不同国情进行构建。基础国情是教练机体系构建考虑的基本因素，不同作战要求、经济能力以及生源素质等均影响教练机体系的构建。例如，美军依靠其民间飞行人

才资源储备以及通用航空训练资源的先天优势，飞行学员在进入空军前已经具备一定的飞行能力，从而构建了"集中筛选、基础通训、专业分轨"的教练机体系，大幅压缩各阶段的训练周期，提升训练效益；俄罗斯根据其倾向于培养优秀战斗机飞行员的作战要求，采用"筛选/初级—基础—高级"教练机体系；瑞士空军则根据其领土空域小、飞行员培养要求较低等，采用了相应的教练机体系。

二是基于教练机能力进行构建。训练效益是军事飞行训练追求的永恒话题，教练机体系能力则是形成作战能力的关键，而各个教练机能力的有效搭配是核心支撑。例如，美军通过发展 T-7A 高级教练机后提升了训练能力，在飞行员培养上消除了原体系 F-16 大量"补课"时间；中国空军通过发展新一代高级教练机，解决了原有二代机飞行员改装三代机的问题，实现了"直上三代"。

三是基于飞行员技能增长规律进行构建。飞行学员成才率是保障大批量、可持续、快速高效培养飞行员的直接支撑。而各级教练机之间的衔接性则是影响飞行学员成才率的重要因素。例如，美军发展 T-6A 教练机承担"基础通训"时，为提升 T-6A 教练机涡桨发动机与 T-38 喷气式发动机的发动机响应衔接性，配装了数字化功率管理系统，同时配装螺旋桨滑流自动纠偏系统实现操纵的良好衔接；美军为实现 T-38 飞机与 F-16 等飞机的衔接，将座舱布局由分立式仪表升级为多功能显示。

因此，教练机体系构建主要考虑飞行学员技能增长，关键不在于体系形式的构建，核心还是不同教练机之间的衔接性。

第二节　教练机衔接性分析

"衔接"一词在词典中的定义为事物首尾连接，即通过某种"媒介"，将两个事物进行连接。在教练机领域，教练机衔接性主要体现为教练机体系里不同教练机之间的衔接性，是影响飞行员培养的关键属性。根据国际上教练机体系的构建发展，教练机衔接性主要体现在飞行性能、座舱布局、操纵特性以及系统功能上。

一、飞行性能衔接

飞行性能衔接主要包括"硬性的衔接性指标"和"软性的台阶性指标"。硬性的衔接性指标关乎安全和淘汰，其决定飞行学员能否上得了某个训练阶段的教练机，以及完成该阶段训练后能否顺利上后续教练机或作战飞机。"软性的台阶性指标"是与前后机型形成台阶，使飞行学员逐步掌握所需技能，其关乎训练费用和体系训练效益。

一是硬性的衔接性指标。从国外多年的训练实践来看，着陆接地速度为"硬性的衔接性指标"。原因一为着陆是飞行员掌握驾驶技术的重点和难点，前后机型着陆速度跨度越大，在后续飞机上所需着陆训练次数越多。二为着陆接地技能一般需要通过一型速度较低的平台来进行训练。从国内外多年训练实践来看，一般来说，前后机型着陆速度跨度30km/h，基本没有跨度，技术掌握容易；跨度 50km/h，跨度适中，技术掌握比较容易；跨度 90km/h 以上，跨度大，技术掌握困难。

二是软性的台阶性指标，主要包括机动能力、大速度特性、升限等。此类指标越接近后续机型越好，越有利于飞行学员技能的增长；但从装备实现角度看，上述能力越强，装备的研制、采购和使用成本越高。因此，上述指标的确定是在"经济适用、够用即可"的前提下，综合权衡的过程，核心是解决"训练效益"问题，例如，机动特性是体现飞机平台训练能力的重要指标之一，其主要体现的是垂直机动能力和水平机动能力，这些平台能力决定了飞行学员在教练机上进行特技飞行和基本战术机动飞行时获得技能增长的程度。

二、座舱布局衔接

座舱布局衔接主要包括人机界面和座舱控制。人机界面衔接关乎飞行学员注意力分配养成习惯，对于情境觉察、态势研判、规划决断等态势感知能力以及信息感知、信息识别、信息处理等信息运用能力的生成具有重要影响。座舱控制关乎飞行学员管控能力，对于系统操控、资源管理、故障处理等座舱管理能力的生成有重要作用。

一是人机界面衔接。目前飞行仪表的发展已经历五代，分别为简单的机械电气仪表、机电伺服仪表、综合指引仪表、电子显示仪表和综合电子显示系统。按仪表的指示方式可划分为仪表指示、综合显示。目前先进作战飞机均采用综合显示并视情辅以应急仪表，综合显示实现了把飞行员的注意力从座舱内转移到座舱外，因此，教练机在衔接性上应重点关注飞行员能力的生成，但也应考虑一定的应急仪表能力培养。对于高级教练机应以能力生成为主，应急仪表能力可在更低级教练机上进行训练。

二是座舱控制衔接。虽然不同教练机任务需求不一致，但座舱控制主要设计原则基本一致：驾驶员在正常驾驶位置，仪表板操纵台上所有设备都应该易于观察和控制，对各种设备和控制装置的使用都具有可达性；所有设备和控制装置根据其重要性、使用频度及使用时间先后顺序按系统分类布置；应急情况下使用的仪表和控制装置安装在易观察易操作的地方，并有防误操作设计；前、后舱设备的布置应尽可能一致，以方便驾驶员对座舱的操纵装置进行记忆和使用。座舱布局和设备布置应尽量标准化，养成与作战飞机一致的操纵习惯。

三、操纵特性衔接

操纵特性衔接主要包括飞机飞行操纵特性和发动机响应特性，关乎飞行学员对于飞机的整体控制能力，对于飞机状态判断、操纵控制、机动能力等平台操纵技能生成有重要影响，尤其对于定点着陆等需要精确控制的能力。

一是飞机操纵特性。目前飞机操纵方式主要包括机械操纵、液压助力、液压助力增稳、数字电传等，从使用经验及成本考虑，一般阶段靠前、速度较低的教练机采用机械操纵或液压助力，高速飞机采用液压助力增稳、数字电传，实践证明，操纵方式从低级向高级衔接不会存在明显阶差，但从高级向低级衔接则可能出现"倒挂"，不利于衔接。

二是发动机响应特性。发动机响应特性最大的区别在于发动机类型不同带来的响应特性不同。例如，活塞式发动机与涡桨式发动机的操纵响应特性与喷气式发动机响应特性相比一般较为缓慢，且操纵方式也不尽相同。实践证明，一般从简单向复杂、从响应缓慢向响应快速衔接难度不大，但反过来则存在衔接性不好的问题。

四、系统功能衔接

系统功能衔接主要包括通信、导航、搜索等功能，主要影响飞行学员对于各个系统功能的使用习惯，对于飞行学员习惯养成和潜意识能力生成有重要影响。

第三节 教练机跨代衔接关键技术分析

教练机跨代衔接由于"舍弃"中间一代，在飞行性能、座舱布局、操纵特性以及系统功能上将存在衔接性不好等问题。一是可能因跨度过大导致飞行学员淘汰率增加；二是由于部分训练内容上移至后续更高价值机型，将导致更高价值机型低层次消耗且费用增加的风险。因此，教练机跨代衔接关键技术主要体现在以下几个方面。

一是飞行性能衔接，起降性能、机动性能、包线范围等是影响飞行学员跨代衔接成才率的关键指标，例如，飞机平台不变，从飞机性能方面难以直接解决此项关键技术。参考以往实践经验并结合训练技术发展，首先，可通过大量带飞训练使学员充分熟悉并掌握新的飞机性能，降低因跨度过大带来的不适应性引起的淘汰率，但将产生大量的无效训练和训练成本；其次，基于逼真度较高的模拟训练技术开展大量地面模拟训练，使飞行学员在地面掌握相关技能。

二是座舱布局衔接，跨代衔接在人机界面、座舱操控、信息显示等方面差异较大。在信息获取方式上，高级训练阶段以前，飞行学员还以低头的、分散的指针式获取为主，信息获取习惯和信息处理方式与新一代高级教练机的多元视觉显示信息获取方式和习惯也存在较大差异。造成飞行学员在后续机型训练中又须花费大量时间和精力去重新适应全新的人机界面，养成新的驾驶习惯，影响了技术迁移。

三是操纵特性衔接，初级教练机多为低速活塞螺旋桨飞机，飞行操纵采用机械式，螺旋桨滑流对飞行操纵有较大不利影响；同时，螺旋桨飞机所需的拉力需要同时"两杆"操纵发动机和螺旋桨来获得。高级教练机采用电传飞控操纵，发动机采用全权限数字化"一杆"操纵。因此，两型飞机之间飞行操纵与发动机操纵存在较大差异，可通过升级初级教练机平台，例如，增加辅助配平系统和数字化动力控制系统等措施来减少衔接性的跨代阶差，减少飞行员技能的负迁移。

综上所述，教练机跨代衔接关键技术解决的总体思路：一是升级初级教练机的平台能力，使其与高教机形成良好衔接；二是基于逼真度较高的模拟训练技术开展大量地面模拟训练，使飞行学员在地面掌握相关技能，实现良好衔接。

第十章 "两机制"飞行训练装备
体系发展（2021）

军事飞行训练是一个复杂、环环相扣的庞大系统工程，涉及多个系统、专业、人员，是多领域、全方位的实践活动，是航空装备战斗力的生产线。适应时代需求的科学训练体系对提升训练质量、缩短训练周期、提高训练效益起着至关重要的作用。美军通过多轮改革与优化，构建了适应大规模、高质量、高效益需求的飞行训练体系，且不断利用新技术，促进飞行训练变革，获取训练优势。

随着战斗机/轰炸机、加油机/运输机、多发涡桨飞机和直升机等大量装备，教练机的种类复杂性不断提高，这导致航材/备件采购与保障费用高、飞行训练任务安排灵活性不足、飞行技能积累不足、维修人员维修能力/效率低。为提高飞行员训练效益与效能，节省费用和提升飞行员训练数量，美国国防部持续开展了通用飞行员训练（UPT）、专业分轨飞行员训练（SUPT）和联合专业分轨飞行员训练（JSUPT）多种模式的探索研究，通过几十年的发展，形成了"集中筛选、基础通训和高级专业分轨"的训练体系。

由于三机制训练模式存在训练周期长、技能增长慢和训练费用高等问题，空军推进了两机制训练体制的改革探索。"初教6直上教10"模式下，初教6飞机承担基础训练任务，教10承担高级及部分战术训练任务，既可保证飞行员牢固掌握飞行基础技能，又能下载部分战斗机训练任务，提升了战术能力，降低了作战飞机消耗，节省了训练成本。

本章结合美军两机制训练装备体系、装备性能特征以及飞行训练情况，总结两机制训练装备衔接梯度设置特点；结合初教6、教10两型教练装备性能特征，对比分析两者之间的差异，提出了两机制飞行训练装备体系的改进建议。

第一节 美空军"两机制"飞行训练装备体系情况

一、训练装备体系

为适应"集中筛选、基础通训和高级专业分轨"训练需求，基础教练机、高级教练机分别经历了T-37→T-6A/B、T-33/T-2C→T-38→T-7A、TB-25→T-1A(T-44/TC12)的持续更新换代（见图4-15），且不断升级改进，例如，T-6A、T-1A、T-38C座舱及航电升级。

筛选训练阶段采用并座螺旋桨初级教练机DA-20进行飞行体验与筛选。基础训练阶

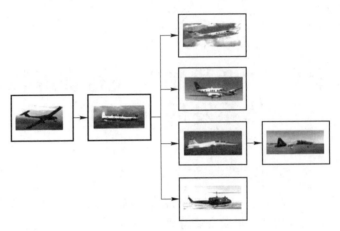

图 4-15　美空军训练装备体系

段采用 T-6A/B 进行训练。高级训练阶段针对目标机型的动力类型、飞机类型进行分轨训练：运输机/加油机专业学员采用 T-1A 训练；战斗机/轰炸机专业学员采用 T-38C 训练，毕业后还须接受战斗入门训练；多发涡桨飞机专业学员采用 TC-12 或 T-44 训练（委托海军），直升机专业学员采用 UH-1H 或 TH-1H 训练。

二、训练装备性能与特征

T-6A（见图 4-16）是 20 世纪 90 年代，在 PC-9 涡轮教练机基础上改进的单发涡桨基础教练机，2001 年 6 月形成初始作战能力。为下单翼、单垂尾、水平尾翼、前三点式可收放起落架，前置涡桨的常规气动布局，串列双座，改进综合航电系统。最大起飞重量 2948kg，最大平飞速度 575km/h，最大爬升率 22.87m/s，实用升限 9450m，航程 1574km。

图 4-16　T-6A

T-1A（见图 4-17）是 20 世纪 90 年代，在比奇 400 公务机基础上改进研制的双发涡扇高级教练机。为下单翼、T 形尾翼、前三点式可收放起落架、尾吊两台涡扇发动机的常规气动布局，采用综合航电系统、盘式机械操纵系统，配置了嵌入式训练系统。前舱 3 人，2 人驾驶体制，配置观察员座椅，主要用于飞行员培训；后舱 3 人，1 名教员和 2 名学员，搭载训练设备，用于战勤人员培训。最大起飞重量 7302kg，最大平飞速度 865km/h，最大爬升率 19m/s，实用升限 13700m，满油航程 3500km。

图 4-17　T-1A

TC-12(见图 4-18(a)) 是 20 世纪 60 年代，在比奇 C-12 公务机基础上改进研制的双发涡桨高级教练机。为下单翼、T 形尾翼、前三点式可收放起落架、机翼上安装两台涡桨发动机的常规气动布局；采用分立仪表、盘式机械操纵系统。前舱为 2 人驾驶体制，主要用于飞行员培训；后舱搭载训练设备，用于战勤人员培训。最大起飞重量 4580kg，最大平飞速度 461km/h，最大爬升率 10.17m/s，实用升限 10500m，满油航程 2370km。

T-44(见图 4-18(b)) 是 20 世纪 70 年代，在比奇"空中国王"C90 飞机基础上改进研制的双发涡桨高级教练机。为下单翼、T 形尾翼、前三点式可收放起落架、机翼上安装两台涡桨发动机的常规气动布局；采用分立仪表（正推进综合航电及显控系统升级改进）、盘式机械操纵系统。2 人驾驶体制（1 名教员，1 名学员），另外还配有 1 个学员席位，主要用于飞行员培训。最大起飞重量 4377kg，最大平飞速度 453km/h，最大爬升率 10.2m/s，实用升限 9144m，满油航程 2407km。

(a) TC-12　　　　　　　　　　　　　　(b) T-44

图 4-18　TC-12 和 T-44

T-38(见图 4-19(a)) （"禽爪"）是美国诺斯罗普公司研制的超声速高级教练机，1959 年 4 月首飞，1961 年 3 月交付，T-38 不仅具备了与轻型战斗机一样的优异性能，而且还保持了与基础教练机的良好衔接。在多年使用中，T-38 不断根据用户需求积极改进，对航电系统进行大幅升级、发动机进行改进、机体结构进行延寿。正常起飞重量 5485kg，最大平飞速度马赫数 1.23，最大爬升率 152m/s，实用升限 16335m，航程 1815km。随着 F-22、F-35 等四代机装备，老旧的 T-38 无法完成美国空军高级飞行员训练任务需求，而依靠战斗机和轰炸机正规训练部队来完成训练要花费更多的成本。因此，美军发展了

T-X 高级教练机（2019 年 9 月正式命名为 T-7A（见图 4-19（b）），替换服役超过 50 年的 T-38 教练机。原型机 BTX-1 于 2016 年 12 月进行首飞，波音公司确认，其已开工建造首架飞机，2021 年完成总装。空机重量 6921kg，实用升限 15240m。

(a) T-38   (b) T-7A

图 4-19   T-38 和 T-7A

三、启示

从美国空军教练装备体系的发展来看，我们可以得出以下结论。

①基础通训倾向于采用涡桨飞机。美军采用 T-6A 涡桨教练机承担基础训练，既兼顾战斗/轰炸、多发喷气、多发涡桨、旋翼等专业高级教练机的衔接度，又保证较高的经济性，同时，根据高级教练机特征，进行特殊改装，例如，加装自动纠偏系统，使其既能适应喷气式飞机的操纵习惯，又能良好衔接涡桨类飞机。

②高级训练分专业采用与作战飞机类似的教练机。为最大化保障飞行学员毕业后能够获得部队对飞行员能力需求，高级训练阶段采用的 T-44/TC-12、T-1A 和 T-38 等教练机与对其对应的 C-130、C-17、F-15/16 等作战飞机在飞行性能上接近，人机界面相似，以获得优异训练效果，并可执行伴随训练。

③航电系统持续升级改进，尽量与作战飞机匹配。根据航电及显控系统技术升级换代，基础/高级教练机座舱显控持续根据需求进行改进升级（见图 4-20），以保持与作战飞机类似的操作/显习惯。

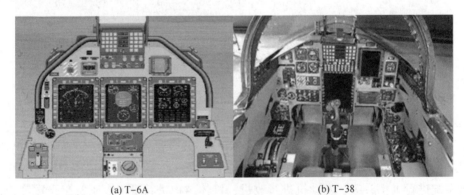

(a) T-6A   (b) T-38

图 4-20   T-6A 和 T-38 飞机升级后座舱

④基础教练机飞行包线适度，高级教练机与目标机接近。T-6A 设定较为宽泛的飞行包线（见图 4-21），左边界设计在 150km/h 左右，便于飞行学员快速上手；上边界

10000m，保证高空飞行适度训练；右边界尽量拓展，承担更多的高速度飞行区域训练任务。高级教练机左右边界和上边界均与基础教练机保持适度跨度，且与目标飞机尽量接近，便于下载更多的飞行/战术训练任务，保障飞行学员高级训练毕业后快速成长为战斗员。

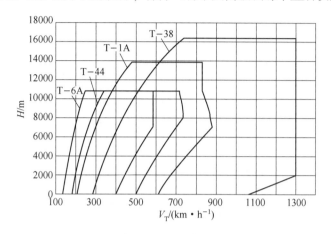

图 4-21　各教练机飞行包线衔接情况

⑤发动机类型是开展分轨训练的核心要素。配装涡扇与涡桨发动机的飞机由于油门操纵响应特性、发动机座舱参数显控画面等方面存在显著差异，会导致飞行员在起降特性、不对称推力管理以及应急处置程序等方面的训练存在显著不同，因此，按不同动力类型，发展相应高级教练机进行专业分轨训练。

第二节　国内初教 6 直上教 10 装备体系情况分析

一、训练装备情况

初教 6（见图 4-22）是航空工业洪都研制的串列双座初级教练机，是我国自行设计、批生产成功的第一个机种，1958 年 8 月首飞。飞机设计精良、安全可靠，具有优良的飞行性能和操纵品质，可进行全特技飞行，采用低压轮胎，可在简易跑道、土跑道和草地起

图 4-22　初教 6

降，性价比高，采用全金属、半硬壳式机身、下单翼、串列双座、单发动机、前三点可收放起落架。最大起飞重量1400kg，最大平飞速度297km/h，最大爬升率6.6m/s，实用升限6250m，航程690km。

教10（见图4-23）是航空工业洪都研制的双发涡扇高级教练机/战斗入门教练机。采用大边条翼身融合体设计、串座、双发、两侧翼下进气，前三点起落架正常布局；配装电传操纵系统和综合航空电子系统，配装2台低油耗涡扇发动机，采用全权限数字式电子控制系统；采用全时、全权限、三轴、四余度数字式电传操纵系统；配置综合航电系统，"一平三下"座舱布局。具有飞行性能好、作战能力强、可靠性高、维修性好、寿命长、油耗低、全寿命费用低等优点。最大起飞重量9800kg，最大平飞速度$Ma1.4$，最大爬升率150m/s，实用升限16000m，航程3100km。

图4-23　教10

二、初教6直上教10分析

教10飞机飞行速度、高度、起降速度、爬升率等典型性能指标相比初教6显著增加，对飞行员的素质要求大幅提升。虽然初教6能够胜任基础飞行技能训练，满足直上教10进行高级训练需求，且能获得较好的效果，但作为基础教练机，还存在优化空间，可进一步缩短在教10飞机上的训练时长，提升训练效益。参考美国两机制训练装备情况，主要改进方向体现在以下方面。

加大最大巡航速度，提升快速精准响应训练能力。以500m间距飞行为例，教10巡航速度（亚声速）800km/h，飞行员仅有1.1s反应和操纵时间；初教6巡航速度约297km/h，飞行员反应和操纵时间达5.5s，能力要求差距明显。

扩大常用表速范围，增强风险管控能力训练。教10常用表速范围为200~800km/h，而初教6常用表速范围为150~250km/h，训练能力区间小，难以支撑足够速度范围内的风险管控与操纵能力训练。

提升实用升限，拓展高空飞行感受训练。高空空气稀薄，压力低，试验表明，高空执行长时间飞行，飞行员心率、心理均会受到影响，导致不同的紧张程度，初教6升限仅不到6000m，不足以支撑高空（7000m以上）飞行感受训练。

改进座舱与航电系统，增强综合显控操纵习惯培养。初教6采用独立仪表，显示方式、操作方式与流程、信息呈现形式等与教10飞机差异大，会导致与综合航电不相匹配的操纵习惯，需要在教10飞行训练中花费时间进行纠正与补充训练。

第三节　"两机制"飞行训练装备体系发展思考与建议

军事飞行训练是一种集心理、生理、智能、技能高度融合的复杂活动，需要适应完全不同于地面的速度、高度、加速度变化和环境变化，认知多种知识，管理各种信息，掌握各项复杂的操作技能，执行多种任务。依靠完整的飞行训练体制，以及衔接恰当的教练机装备，能够最大化地适应飞行学员心理、生理和技能成长规律，实现最优训练效益与效率。

初教 6 能够满足飞行员初级（基础）训练需求，但由于与教 10 的性能、操控界面存在较大差异，在一定程度上会导致初教 6 毕业的飞行学员适应教 10 存在一定难度，教 10 上的飞行训练周期相对增加，未实现最佳的训练效果。故应综合考虑战斗机、涡桨和涡扇轰运类飞机高级教练机的能力特征，发展飞行包线更大、技术更先进的新型基础教练机，承担飞行学员的基础通训任务，进一步缩短飞行学员成长周期，降低成本。另外，随着运输与轰炸装备规模的扩大，还须健全高级训练装备体系，特别针对涡桨/涡扇轰运类飞机训练的特殊需求，发展涡桨/涡扇专业分轨训练装备。

第十一章 基于两级训练体制的高级教练机发展趋势（2022）

第一节 新一代高级教练机战术性能发展趋势

一、教练机演变历史

从 20 世纪 40 年代末至今，教练机经历了三个阶段的发展。

第一阶段从 40 年代末开始，持续了约 60 年，此时的教练机主要是由在役的战斗机改装而成，这些高级教练机与当时的战斗机性能相差无几，但随着战斗机技术性能水平的发展，其中一些改型的高级教练机后来逐步降格为中级教练机使用，例如，雅克-17 和米格-15 等。

第二阶段从 20 世纪 70 年代末发展至 80 年代末，这个阶段主要是因为前期的战斗机改装成的教练机，衔接性并不理想，结果导致整体训练效益不高。随着飞机造价和训练费用的上涨，人们发现不能单纯追求各级教练机的性能而不考虑整体效益，于是一些专家开始利用数学、经济学手段，分析论证教练机和训练体制的费用与效率问题，而部分国家则根据研究结果和国情，开始对训练体制进行调整，减少机型，改善性能，提高效率，后来为了提高训练效益，出现了专门的高级教练机，例如，阿尔法喷气高级教练机、MB-339 教练机/攻击机，这些新研制的高级教练机针对性较强，适应当时航空装备技术的发展情况，它们与保留下来或新研的其他级别教练机被用于更合理、更科学的新教练体制，大大提高了训练效益。

第三阶段开始于 20 世纪 80 年代末，主要因为装备更新，军队缩编，经费减少等，航校和航空兵训练体制再次开始进行调整，此时的高级教练机主要有雅克-130、M-346、T-50 和 L15 等，这些教练机的特点是载弹量大，飞机飞行性能高，飞机机动性很好，且都配装有先进的火控雷达和航空电子设备等，使其不仅可满足空军作战机型变化对训练提出的新要求，且能在新的训练体制中承担更为重要的角色——可用作低端战斗机，因为高级教练机处于航校中级训练阶段和部队换装训练阶段之间这样的特殊地位，飞行性能可以衔接现役先进的战斗机，且配置有先进的火控系统和机载系统，使其能经济有效地完成所承担的训练使命，使航校毕业的学员在部队同型教练机上经过短期带教，就能独立承担战斗值班任务。

二、训练体系的发展历程

伴随着教练机的变革和发展，各国部队所采用的训练体系也在悄然发生变换。

在教练机发展的第一个阶段，训练体系为单机训练体系，因为教练机由战斗机直接改装而成，不需要考虑任何衔接性问题，但是随着战斗机性能持续提高，与之配套的教练机以及训练体系均不能满足飞行员训练要求。

在教练机发展的第二个阶段，出现了针对性较强的高级教练机，并与改装的教练机构成训练体系，这种情况下虽然训练效能有所提高，但是随着空战部队的多样性发展，这导致了训练部队的机种多，使用维护成本高。这种训练方式并不能适应后面战斗机发展情况。

随着战场环境的日趋复杂和战斗机性能的快速提升，飞行员技能训练的风险和成本也越来越高。因此特别突出的问题是如何根据确定的费效比来优化和提高飞行人员的培训效果。各国空军解决这一问题的主要做法有：一是完善飞行员培训体系和训练大纲，二是在数量和质量上对教练机的构成进行优化。

从 20 世纪 80 年代末开始，各国部队的训练经费持续缩减，促进了训练效益理论的出现。训练效益最直接的体现就是严格控制高级教练机的每小时使用费，这对新一代高级教练机又提出了一项新的技术要求，那就是严格控制与飞机每小时使用费用密切相关的"飞机尺寸"和"飞机基本飞行重量"两个参数，这直接导致了新一代高级教练机需在较小的飞机尺寸和较轻的飞机重量下，开展飞机总体布置规划设计，同时对飞机充填加注口布置规划也提出了新的挑战，那就是在较小的飞机表面，完成与战斗机相似的充填加注口的布置规划设计。

第二节 新一代高级教练机性能衔接分析

一、飞行性能衔接分析

飞行性能衔接主要是指在各种需要飞行员频繁操纵的起降阶段，新一代高级教练机与初级教练机应保持一个合理的增量。初级教练机主要用于培训飞行学员的初级驾驶技能，就是让飞行学员学会起飞、着陆技能，学会飞机驾驶技术。为了让飞行学员具有足够的纠错时间，飞机的速度以及起降速度都相对比较低。而新一代高级教练机由于配备高性能发动机，推力比较大，飞机的推重比相对较大，飞机增速性非常好，但是为了能让飞机的低速性与初级教练机进行衔接，必须在增升装置上进行优化设计，确保飞机具有较低的起降速度。

反应速度是指人体对各种信号刺激如"声、光、触感"等的快速应答能力，这种能力取决于信号通过神经传导所需时间的长短，反应速度以神经过程的反应时间，其中包括感觉时间、思维判别时间和动作时间为基础，正常人的反应速度在 1.25s 左右，包括发现目标 0.5s，采取措施 0.75s。因此初级教练机的飞行速度和起降速度都偏低，就是为了让飞行学员有足够的时间应对各种飞行操纵动作，而新一代高级教练机与初级教练机的飞行性能衔接，也要着重考虑到飞行学员的反应时间问题，因此一些关键的参数，例如，起飞速度、着陆速度、起飞距离、滑跑距离等（见表4-5），应在相同的阶梯内，避免阶梯跨度设置过大，导致飞行学员无法适应新机种的飞行训练，让大量的飞行学员在基础飞行上占用大量时间，影响效能，从而影响对其他飞行技能的掌握，从而降低了飞行学员的培养效能。

表4-5　各机种性能参数对比表

序号	主要性能参数	初教机（T-6A）	高教机（M-346）	战斗机（F-16）
1	最大飞行马赫数（Ma）	—	1.2	2.0
2	最大飞行速度/（km/h）	574	1083	2175
3	实用升限/m	10670	13715	15239
4	起飞离地速度/（km/h）	150	—	—
5	起飞滑跑距离/m	427	330	533
6	着陆接地速度/（km/h）	158	—	—
7	着陆滑跑距离/m	580	590	762
8	最大航程/km	1574	1889	3819
9	载弹量/kg	—	3000	7800

人体反应速度1.25s是指在熟练操作的情况下的正常反应时间，而对于不熟练的操作，反应时间应按多倍正常反应时间考虑。在设计起飞速度限制时，应考虑飞行学员动作延迟所带来的速度增量，例如，轮胎的最大速度限制，应能承受住由于飞行员延迟拉杆所带来的速度增量；最大着陆速度限制应能承受住飞行员由于压杆剧烈带来的速度增量等。

二、作战任务衔接分析

作战任务衔接，是新一代高级教练机所特有的要求。以前的高级教练机，由于与战斗机性能差异较大，很多的作战任务训练都安排在战斗机的同型教练机上进行，因此高级教练机的重点是进行飞行训练。随着训练费用的再度缩减，使得对同型教练机的使用受到了极大的限制，因此不得不进一步提高高级教练机的作战任务训练能力，把大量的同型教练机的作战训练任务交由高级教练机完成（见表4-6）。

表4-6　高级教练机与战斗机任务胜任对比表

序号	任务名称	高级教练机	目标战斗机
1	空中格斗战术训练	胜任	胜任
2	空对地攻击	胜任	胜任
3	基本战术对抗训练	胜任	胜任
4	空中拦截训练	胜任	胜任
5	空中巡航	胜任	胜任
6	升空战术训练（高纬度）	胜任	胜任
7	升空战术训练（低纬度）	胜任	胜任
8	对敌方的压制	具备一定能力	胜任
9	超低空飞行	胜任	胜任

三、飞机系统配置衔接分析

飞机系统配置衔接（见表4-7），主要是基于作战任务衔接性开展的，同时还要考虑到飞机的成本，因此新一代高级教练机所选用的系统设备，大部分为成熟型的改型产品，确保研发和使用费用最低。

表4-7 高级教练机与战斗机系统配置对比表

序号	飞机主要系统	高级教练机	目标战斗机
1	飞行控制系统	电传操控系统	电传操控系统
2	航电系统	综合显示控制系统	综合显示控制系统
3	发动机系统	双发涡扇发动机，电子控制装置	单发涡扇发动机，电子控制装置
4	座舱	玻璃化座舱	玻璃化座舱
5	火控系统	武器外挂管理系统	武器外挂管理系统
6	电子战系统	电子战吊舱	电子战系统

发动机系统为飞机的核心系统之一，作为新一代高级教练机，要求油耗尽可能低，因此必须选择油耗更低的涡轮风扇发动机，此外，为了能让发动机具有更加优异性能和更长的使用寿命，还须配备发动机电子控制装置。从飞机安全性角度出发，教练机必须配备双发，以提高飞机发动机故障状态下的飞机存活率。

飞行控制系统为飞行员与飞机的直接交互系统，飞行品质的好坏，直接影响飞机性能的发挥。现代战斗机的无忧虑操纵模式，基本都采用先进的电传飞行控制系统，因此作为新一代高级教练机，必须跟随时代的变化，也采用电传飞行操纵系统。这样可以让飞行学员提前掌握无忧虑飞行操纵的要领，把大部分的注意力分配到作战上来，而不是像初级教练机一样，将大部分的注意力放在关注飞机状态上。

显示与控制系统是飞行员与飞机其他系统之间的交互系统，初级教练机由于系统配置简单，座舱采用了大部分的机械仪表，因此显示与控制系统也相对简单，而现代战斗机由于系统复杂度大幅度提高，用传统的机械表完全无法满足显示要求，而且现代战场环境复杂多变，复杂的机械仪表或多或少会影响飞行学员的注意力分配，为了最大限度地降低对飞行员的影响，现代战斗机采用综合显示与控制系统成为必然趋势，因此作为新一代高级教练机，也必须采用综合显示与控制系统，让飞行学员从机械表的使用过渡到使用综合显示与控制系统。

座舱布局的选择直接与显示和控制系统相关，在选择综合显示与控制系统的时候，飞机越是综合，就越需要更多的显示器，座舱布局自然就成为玻璃化座舱。

火控系统是飞行员作战辅助系统，火控系统的设计好坏，直接影响飞机的作战性能。现代战斗机朝着多功能方面发展，也就是说，现在的战斗机可以使用各种空空导弹、空地导弹、精确制导炸弹、普通航空炸弹、航空火箭弹、航炮等武器进行攻击，这些不同种类的武器，使用方法相差甚远，没有火控系统，飞行员基本无法完成攻击任务。而新一代高级教练机已经承接了战斗机的攻击训练任务，因此必须配备高精度的火控系统，确保其能正常使用各类航空武器。

电子战系统是最近飞机必须配备的系统，电子战系统能提高现代战斗机的生存力，而高级教练机需要承担大量的战术训练课目，因此电子系统也是高级教练机必须配置的系统，确保飞机生存力训练课目可以顺利进行。

四、武器配置衔接分析

飞机的武器配置衔接性分析，主要基于作战任务衔接性开展分析：由于高级教练机将战斗机的作战训练任务承担下来，因此必须具备相应的武器投掷能力。从现有作战部队三代机的武器配置情况来看，其携带的武器主要分为空空导弹、空地导弹、普通航空炸弹、制导炸弹、火箭弹、航炮等（见表4-8）。

表4-8 高级教练机与战斗机武器配置对比表

序号	武器系统	高级教练机	目标战斗机
1	火控雷达探测距离/km	45	100～130
2	红外/光电探测距离/m	2000	3000
3	航炮	23mm单管炮	23mm双管炮
4	外挂点数量	7或5	11
5	外挂能力/kg	3000	7000
6	空空导弹	PL-5系列	PL-5/8/9/11/12等系列导弹
7	空地导弹	—	PJ-9/YJ-9K
8	航空炸弹/kg	500、250	500、250
9	激光炸弹	传统型激光炸弹（500kg）	LT-2/LS-6以及传统型激光炸弹
10	火箭弹	90mm	国内各型火箭弹

第三节 新一代高级教练机的发展展望

新一代高级教练机的衔接性，主要朝两个方向发展，其一是飞行性能方面的技术参数，应向初级教练机靠拢，使得飞行员可以平稳顺利地完成低速飞机向高速飞机过渡，同时高级教练机的性能技术参数还应尽可能地向在役战斗机进行延伸，也就是说新一代高级教练机的飞行性能是向下覆盖初级教练机，向上无限靠拢战斗机。

其二是高级教练机的作战性能、航电系统配置、飞行控制系统配置、发动机配置等向战斗机无限接近。初级教练机由于重视飞行，飞机系统相对比较简单，而战斗机突出作战，因此新一代高级教练机很大一部分的重任是将一个新手飞行员转变成一名合格的战斗机飞行员，因此飞机系统衔接性应以覆盖战斗机为主要设计目标。

第十二章 从初教 6 直上教 10 看
新一代高级教练机的高适应性（2021）

随着航空技术的不断发展，战斗机的飞行性能愈加先进、功能愈加复杂、武器愈加多样，对飞行员的要求逼近人类极限。飞行员的培养必须遵循教学规则，由浅入深、循序渐进，因此没有一型教练机能够满足飞行学员从筛选到高级的全部训练要求，国际上各国军事飞行训练都要采用几个不同级别的教练机构成教练装备体系，同时不断优化教练装备搭配，力求尽可能地缩短培养周期，提高训练效能，寻求培养飞行员的最优解。原训练体制下，我空军战斗机飞行学员须在初教 6、教 8、歼教 7 三型教练装备上进行 3 年飞行训练，毕业后才能进入战斗机部队。按训练体制改革规划，配装新型基础教练机和新一代高教机后，将实现"两机制"，即新型基础教练机+新一代高教机的教练装备体系。当前，新型基础教练机研制规划后延，但飞行院校在训练使用过程中，发现教 10 不仅能向上衔接各型战斗机，也能较好覆盖教 8 训练内容，可以向前跨级衔接，展现出极高的适应性，因此开展创新实践，实现了初教 6 直上教 10 的新模式，飞行学员飞行培训时间减少 1/3。本书将研究国际各种"两机制"教练装备体系，从初教 6 直上教 10 的训练新模式出发，分析初教 6 和教 10 使用特点与衔接性，总结新一代高教机——教 10 的高适应性特点，研究新模式存在的问题，为我国当前飞行员训练体制调整提供参考。

第一节 国际"两机制"教练装备体系研究

一、美国"两机制"教练装备体系

美国空军战斗机/轰炸机专业飞行学员基础训练使用 T-6A 初/中级教练机（涡桨式），时间约 86h；高级飞行训练使用 T-38C 高级教练机训练，飞行时间约 96h，完成高级训练后还须采用配置武器的 T-38C 执行战斗入门训练，飞行时间约 18h。随着美国空军战斗机技术水平的不断发展，T-38 已不能满足训练需求，美国空军新型高级教练机 T-X 已于 2016 年正式开始招标，2018 年 9 月，美国波音公司和瑞典萨博集团联合研制的新型 T-X 教练机赢得了美国空军的招标，并进入研制阶段，2019 年 9 月宣布正式编号 T-7A，预计 2023 年开始交付，2025 年形成初始训练能力。

美国空军于 20 世纪 90 年代，在 PC-9 基础上发展了 T-6A 基础教练机，用于替代到寿的 T-37 涡喷教练机，承担初级/基础训练，2000 年开始交付，正式构建起"两机制"

教练装备体系（见图4-24）。

图4-24　美国"两机制"教练装备体系

T-6A在PC-9基础上，进行了多方面改动，其中涉及向上衔接喷气式高级教练机的改动主要有以下几个方面。

①优化气动布局，减少滑流对飞机稳定性的影响；引入辅助微调设备以满足方向舵、副翼和升降舵的配平要求，减少单发螺旋桨飞机由于桨叶旋转引起的扭矩效应。

②换装采用数字式控制系统的大功率涡桨发动机，提升飞机动力性能，改善油门响应特性。将原功率857kW的PT6A-62换装为功率1274kW的PT6A-68，提升了飞行性能；采用数字式控制系统，使油门响应特性与喷气式飞机相似。

③重新设计座舱，采用2台EFIS和3台显示器的仪表板布局。

④采用数字式航电设备、通信和导航综合化，增设空中防撞系统和全球定位系统。

PC-9、T-6A及T-38主要飞行性能见表4-9。

表4-9　PC-9、T-6A及T-38主要飞行性能

项目	PC-9	T-6A	T-38
最大平飞速度/（km/h）	557	574	1310
最小平飞速度/（km/h）	143	152	—
实用升限/m	11580	10670	16340
海平面最大爬升率/（m/s）	20.8	22.8	152
基本航程/km	1537	1574	1200
起飞离地速度/（km/h）	—	151	—
起飞滑跑距离/m	227	427	756
着陆接地速度/（km/h）	—	158	—
着陆滑跑距离/m	417	580	930
正常起飞重量/kg	2350	2948	5490

二、瑞士"两机制"教练装备体系

瑞士空军飞行学员进入军校后，将首先进行14个月军官训练，之后成为合同雇佣兵，任职6周，进行理论与技能训练（在PC-7模拟器上进行），再由教员带飞13次，之后进

行全面飞行训练。

全面飞行训练在苏黎世应用科技大学进行 3 年学士课程和 2 年专门训练。战斗专业飞行学员的基础训练在 PC-7 上进行，为期 1 年，包括 150h 飞行训练和 20h 模拟飞行训练，掌握基本操作能力。完成基础训练后，飞行学员将升级到 PC-21 上进行 1 年 220h 飞行训练和 30h 模拟飞行训练（见图 4-25）。高级训练目标是向飞行学员介绍快速喷气机知识，学习长僚机职责和复杂系统管理等。

图 4-25　瑞士"两机制"教练装备体系

瑞士采用涡桨教练机承担高级训练的主要原因，一是基于涡桨教练机速度范围小、最大速度低、训练使用空域小、适合小空域地区飞行学员训练，螺旋桨飞机良好的加减速特性和低空特性，使飞行学员在小空域内开展技术训练和战术训练显得游刃有余；二是因为其教练机通过采用先进航电、嵌入式训练等手段提升了装备信息、协同训练能力，可弥补其与喷气式教练机的差异，提升综合训练效能、满足训练需要。

PC-21 为了更好地衔接战斗机，采用先进机载系统、"一平三下"座舱布局（见图 4-26）、HOTAS 双杆操纵、夜视兼容照明，配置自动偏航补偿、数据链、嵌入式训练系统，可模拟雷达、武器、电子对抗等。可实施与三代机相似的雷达、空战、超视距训练，且为保证教学质量，教官均为 F/A-18 飞行员，教官坐在后舱，可以控制前舱某项功能降低以考验飞行学员。

图 4-26　PC-21 "一平三下"座舱布局

另外，PC-21 发动机还配有数字功率控制系统，在飞机时速超过 360km 后能够控制发动机输出全部功率，使 PC-21 具备喷气式飞机动力响应特征，低空速度和爬升率特性更像喷气式飞机，最大平飞速度达 624km/h。

PC-7、PC-21 主要飞行性能见表 4-10。

表 4-10　PC-7、PC-21 主要飞行性能

项目	PC-7	PC-21
最大平飞速度/(km/h)	412	624
实用升限/m	10060	11582
失速速度/(km/h)	119	150
海平面最大爬升率/(m/s)	10.9	20.3
基本航程/km	—	1333
最大允许使用过载	—	
最大持续过载	—	3.7
最大功率/kW	559	1193
起飞离地速度/(km/h)	—	170
着陆接地速度/(km/h)	—	150
正常起飞重量/kg	1900	3100

三、国外"两机制"模式分析

从国外典型"两机制"教练装备体系看，"两机制"模式必须至少有一型飞机具备高适应特点，一般分为基础教练机高适应和高级教练机高适应两种模式。

美国当前"两机制"模式，是基础教练机高适应，使用 T-6A 涡桨基础教练机，本身低速性能较好，在配装大功率发动机后，也能完成高级机动课目训练，同时具备初级训练和基础训练能力，未来新一代高教机 T-7A 进入体系后，将能更好地向后衔接战斗机，向前衔接 T-6A，使体系更顺畅；瑞士"两机制"模式，是高级教练机高适应，使用 PC-21 基础/高级教练机，配装大功率涡桨发动机，配置先进机载系统、嵌入式训练系统等，训练能力覆盖基础训练、高级训练，跨级与初级教练机和战斗机衔接。

第二节　国内"两机制"教练装备体系实践

我国空军现飞行学员飞行训练模式下，飞行学员在初教 6、教 8、教 10 上完成飞行训练后，再到三代机部队改装战斗机，改装机型多、无效训练多，飞行学员积累了太多机械仪表座舱环境中注意力分配方法和机械操控系统操纵习惯等经验，反而影响改装后续先进座舱和电传飞控飞机，导致改装难度大，培养周期长等问题。

为了减少无效训练，提高训练效率，为未来"两机制"教练装备体系实施提前探索经验，石家庄飞行学院试点"初教 6 直上教 10"新模式，2021 年 6 月 24 日，空军石家庄飞行学院召开 2020 期甲班学员毕业典礼，标志着飞行学员从初教 6 飞机直上教 10 飞机的新模式实践成功完成。石家庄飞行学院试验的新模式，是将基础阶段训练任务向初教 6 和教

10 合理调整，以减少改装一种教练机型，在减少低层次训练的同时，增加教 10 训练时间，更高效地利用新一代高教机打牢战术基础，进一步减少战斗机改装训练消耗，提高训练效益，在保证教学内容完整、飞行学员水平过关、成才率与原模式基本相当的前提下，实现了飞行训练时间减少近 1/3、成才周期缩短一年的效果。

第三节　教 10 高适应特性分析

我国空军成功实现飞行学员培养"两机制"新模式，是基于新一代高级教练机的高适应性。对于新学员，改装一型教练装备，首先是掌握新装备起降飞行，例如，起降性能跨度太大，导致新学员无法适应，将大幅提高改装淘汰率。教 10 飞机采用大拱形边条翼身融合气动布局，同时通过对机翼洗流的特性开展充分的技术研究，设计了合适的平尾形状和位置，大幅提高中等迎角下平尾效率，使飞机具有很大的起降迎角范围，大幅拓展了飞机起降速度范围。教 10 着陆速度最小不到 220km/h（歼教 7 最小着陆速度为 285km/h），向后可以顺畅衔接三四代战斗机，向前也使初教 6 毕业学员能够适应（初教 6 着陆速度为 120km/h 左右），这也是新模式得以实现的基础。

教 10 作为新一代高级教练机，采用高升阻比气动外形，具有优秀的低空低速飞行性能，能覆盖基础教练机——教 8 的大部分训练内容；采用数字式电传飞控系统并开发了基于飞行教学的控制律，减少了操纵复杂性，新学员上手较快；创新了基于速度和迎角的防偏离防尾旋控制策略，并在国内首次完成全面的大迎角特性和防偏离防尾旋功能鉴定试飞，边界保护完备。新学员跨级改装高教机可以充分保障飞行安全，降低飞行学员心理压力，增强飞行信心，是新模式得以实现的保障。

教 10 起降性能范围大，前后衔接顺畅，能跨级前接初教 6；低空低速特性好，能覆盖教 8 大部分训练内容；操纵特性好，新学员上手快；边界保护完备，新学员跨级改装心理压力小。在院校使用中，教 10 的高适应特点均得到教员和学员的肯定，对于跨级改装飞行非常自信，认为新模式可行。

第四节　新模式尚存在的问题分析

一、新模式存在的问题分析

新一代高教机相比老旧高教机，机动性能、低空低速性能更好，拉近了与初级、基础教练机的跨度，但初教 6 已经服役半个多世纪，在机动性能、高速性能和系统功能方面衔接教 10 跨度太大，没有教 8 喷气基础教练机过渡，飞行员需要在教 10 飞机上适应更多架次，相对减少了战术训练比例。另外，当前石家庄飞行学院配装的教 10 飞机为基本型，战术训练功能较弱，会导致毕业学员战术能力不足。毕业学员进入部队后，虽然改装速度相比以往明显加快，但在战术训练课目上，仍须进行补课，不能充分发挥训练效益。

二、当前体系改进建议

1. 改进初教 6，拓展训练内容，提高衔接性

针对初教 6 衔接教 10 跨度较大问题，动力系统方面，当前活塞发动机已很难升级，可以通过提升座舱配置来提升衔接性，例如，将部分仪表换装为多功能显示器，可下载更多的导航训练课目，提升训练效能，同时建议改善座舱舒适性，提高飞行学员学习兴趣。

2. 改进教 8，调整训练模式，缩短培训周期

初教 6 飞机已服役半个多世纪，平台潜力有限，改进空间不大，但教 8 改进潜力较大，可以考虑升级教 8，加装平显和多功能显示器，改善座舱环境，可用以提前养成先进座舱环境注意力分配习惯，承担部分战术基础训练任务，提高训练效率。同时应合理调整训练内容，压缩初教 6 和教 8 训练时间，减少飞行员培训周期，提高训练效益。

3. 充分发挥模拟器作用，增加教 10 战术训练内容

在初教 6 直上教 10 新模式中，教 10 模拟器发挥了关键作用，飞行学员在模拟器上进行了大量模拟训练，在熟悉座舱、飞机飞行特点后，有效降低了初教 6 毕业学员改装教 10 的难度，建议进一步优化升级模拟器，同时多配置用于座舱程序训练和战术协同训练的简配模拟器并实现联网，更充分地发挥模拟器作用。对于教 10 飞机，建议尽快完成基本型升级工作，同时加快交付教 10 飞机升级状态，充分重视嵌入式训练系统，加强战术训练，进一步提升毕业学员训练质量。

第十三章　国外飞行员培养技术发展（2021）

中央军委主席习近平在中央军委军事训练会议上强调：全面加强实战化军事训练，坚持科技强训，全面提高训练水平和打赢能力。军事飞行员培养作为军事训练的重要组成部分，是航空兵部队战斗力生成和保持的必由之路，也是一项庞大的复杂系统工程，与其他类型训练相比，军事飞行员培养有着显著的特殊性——培养周期长、难度大、风险高、成本高等。另外，军事飞行员培养是一种集心理、生理、智能、技能高度融合的复杂活动，需要适应完全不同于地面的速度、高度、加速度变化和环境变化，认知多种知识，管理各种信息，掌握各项复杂的操作技能，执行多种任务。因此，有效的飞行员培养技术是保证军事飞行训练效果的前提。

第一节　国外军事飞行员培养的发展历史与现状

军事飞行员培养的发展历史可以追溯到 20 世纪初，1909 年世界上第一架军用教练机双座莱特 A 型飞机交付部队用于飞行学员训练，随着航空技术的发展，作战装备与教练装备不断更新换代，飞行员培养技术也经历了多次发展变革。

一、第一阶段：教练机空中训练技术

这一阶段从飞机发展开始持续到 20 世纪 30 年代末。

1909 年，美国陆军与飞机发明家莱特兄弟签订合同，由莱特兄弟教会两名军官驾驶飞机，这是最早的飞行员培养方式。由于当时缺乏专用的教练机，飞行学员先在地面接受教员指导，学会使用飞机的操纵系统，接着驾驶飞机在机场上来回滑行，待熟练后再单独驾驶飞机离开地面飞行。当时训练人数有限，也不安全。第一次世界大战初期，双座教练机开始出现，飞行员培养发展为先由教员带飞、而后学员单飞的培养技术。飞行学员技能的获取主要基于教员"手把手"教学和单一教练机支撑，训练效率不高，飞行学员能力普遍不足，整体淘汰率较高。

二、第二阶段：教练机空中训练+地面模拟训练技术

这一阶段从 20 世纪 20 年代末至 70 年代。

1929 年前后，随着第一台真正意义上的地面飞行模拟器"林克训练机"（可以提供俯仰、滚转与偏航等飞行动作并配备驾驶舱复制品）的面世，飞行员培养可以依托危险性较低且成本较便宜的仪表飞行教学环境，地面飞行模拟训练真正开始起航，仅第二次世界大

战期间，就采购了 1 万余套"林克训练机"用于培养新飞行员。同时随着数学仿真、视景技术的不断发展，地面模拟训练实现了由保安全训练向促高效训练的融合与转变，并伴随着训练需求的牵引与教练装备的发展"齐头并进"。这种以"教练机空中训练+地面模拟训练"的训练技术，使飞行学员在地面充分认知飞机并掌握基本的操作流程、操纵技能，可大大降低飞行学员适应空中飞行训练时间，提高飞行训练安全。

三、第三阶段：以理论支撑构建以教练机为核心的综合训练系统技术

这一阶段从 20 世纪 70 年代末到 21 世纪初。

该阶段飞行员培养主要有两大特点：一是以训效理论为支撑，驱动教练装备科学发展及使用；二是发展以教练机为核心的综合训练系统，实现飞行员高效训练。

（一）训效理论的发展

训效理论研究主要集中在以教练机训练效能为中心的理论体系。

教练机训练效能的量化研究始于 20 世纪 70 年代，比较典型的评估模型有意大利马基公司 Bazzocchi 训练效能模型和美国海军军机训练效能（TSCE）模型，这两种模型已成功应用于多个教练机型的研制和采购，例如，用于意大利基础教练机 MB-339 的研制和采购、俄罗斯雅克-130 的研制、美国海军 T-45 舰载高级教练机的采购以及后续的改进等。

Bazzocchi 模型的优点在于将飞行员训练过程用定量化的数学模型进行评估，用等效飞行时间概念来衡量不同教练机的训练水平。该模型在效能计算过程中，考虑了飞行性能参数和飞行课目的综合影响因子，并假设了训练效能与评价参数呈线性正比关系、训练水平与训练时间也呈线性关系。

TSCE 模型结合舰载战斗机飞行员训练的课目和特点，建立了舰载战斗机飞行员训练效能评估的评价参数框架和加权系数矩阵。该模型在 T-45 研制和使用过程中得到了应用，T-45TS（综合训练系统）的研制与应用组配均基于该模型的计算结果。实际应用表明，T-45TS 使飞行训练小时数减少 25%，与模型计算结果基本一致。

（二）以教练机为核心的综合训练系统技术

20 世纪 80 年代初，在美军联合初级飞机训练系统（JPATS）项目中开始出现训练系统（training system）的概念。为综合提升飞行员训练体系的效能，美国海军在其高级教练机研发中提出了基于训练效能的先进教练机训练系统需求和科学训练管理概念，发展并应用了 T-45TS。自 90 年代以来，伴随新一代高级教练机发展浪潮，综合训练系统概念进一步普及，发展了 M-346、T-50 等训练系统。美国空军针对 F-22 等飞行员培养而发展的 T-X 项目也提出了综合训练系统技术的要求，通过开展 L（真实）—V（虚拟）—C（构造）的综合训练系统训练，大大降低飞行员培养成本。

四、第四阶段：高新技术驱动新训练技术

随着国际军事竞争态势的快速发展和作战任务的不断拓展，作为战斗力发挥核心的飞行员群体将呈现出数量大、质量高、能力强的发展趋势，这对飞行员培养技术提出了更高效、更精准、更灵活的要求。主要体现在两个方面：一是高新技术的发展和先进作战飞机的研制，已经凸显出"技术优势"在军事领域的决定性主导作用，但由于人的能力提升程度滞后于先进作战飞机"技术优势"的迅猛发展，使得人在一定程度上无法适应未来作战

需求，尤其是先进作战飞机的驾驭能力要求，在这种情况下，要求必须通过"训练优势"来提升人的能力，实现装备"技术优势"，进而促进作战效能的发挥就显得十分必要。二是在信息化网络、体系化作战的新军事变革大背景下，军事强国对飞行员教育、训练、培养有了新的认识，已由过去注重飞行员单一"技能"训练转化为综合性的"技能、知识、认知、生理、心理"等方面能力的培养，但在这种现代飞行训练理念和要求下，运用多种科学方法、训练支持技术和训练手段对飞行员进行精准训练是一项创新的、复杂的系统工程。

近年来，随着虚拟现实、大数据、人工智能等新兴技术的快速发展，在很多领域已得到较广泛的应用并取得了良好的效益，尤其是对于飞行员培养领域，这些技术势必将从飞行员训练装备手段上给传统实物训练带来新的机遇，为进一步提升飞行员训练效益提供了可能，国外基于新兴技术已经开展了相关技术研究与试验验证，主要有以下4个领域。

一是基于VR、AR等虚拟现实技术的飞行员培养技术已验证和应用。该项技术应用的关键在于技能增长的适用点与装备形态的深度设计。美国空军教育和训练司令部自2015年起探索VR、AR技术能否在飞行员训练领域中应用，目的是探寻VR技术是否能帮助飞行员学得更快和更深入。自2018年起，通过PTN（pilot training next）项目进行试验验证，表明飞行学员训练周期可缩短近一半。项目通过配置HTCVive头显、驾驶杆、油门杆和高性能PC等，验证了VR技术可用于飞行学员基本飞行、应急程序和大迎角机动等训练，飞行学员训练周期可缩短近一半。该项成果已经在美国空军全体系训练中进行应用推广。美国海军通过VR-PTT项目也验证了通过应用VR、AR技术可适用于基本飞行、驾驶舱熟悉、航母起降和基本战斗机动训练等；与传统的图像生成的解决方案相比，至少可以节省一个数量级的成本。

二是基于大数据等数据挖掘技术的飞行员培养技术已经验证和应用。该项技术应用的关键在于飞行学员数据的深度学习、挖掘与判定标准。目前，美军在T-45训练系统等方面已经开展相关应用，国内在L15、某海军教练机上也在验证和应用，主要目标是实现作战、训练、保障信息化，实现定制化培养和全周期数据监控，缩短训练周期。美国等军事强国飞行训练开始注重学员训练数据的全状态、全过程、全服役周期的管控与评估，强调以数据为中心，实现全训练周期的精确和细化管理，便于围绕"一个目标、一个中心"组织训练。例如，美国空军将人工智能与机器学习算法来评估飞行员在各个阶段应对严酷任务和机动飞行所表现出来的能力，任何被发现的缺陷都会激发补救的训练行动路径，针对该飞行员私人定制，从而提高其训练成熟度。美国海军基于计算机的训练综合系统，主要承担训练规划、学员情况跟踪、培训情况存档和实际情况汇报等相关工作，该系统实现了T-45TS各个组成部分的综合化、网络化，从而整个培训工作的规划和决策更容易、更灵活和更高效。

三是基于人工智能等智能技术的飞行员培养技术正开展验证和应用。该项技术应用的关键在于模仿"人"的思维和习惯。在过去的几年中，人工智能已经击败了国际象棋大师、围棋冠军、职业扑克玩家以及一众电子游戏高手。然而，目前还没有AI可以在高速、高加速度的空中缠斗（dogfight，也有直译成"狗斗"）中击败驾驶战斗机的飞行员。美国国防部预先研究计划局（DARPA）为开展验证，通过美军内利斯空军基地的精英飞行员驾驶F-16在模拟程序中与空战AI进行近距离格斗，验证人工智能训练的可行性。

四是基于神经学习等生物技术的飞行员培养技术正开展探索和验证。该项技术的关键在于"人"对知识的接受和融合。美国空军研究实验室（ARFL）认为耳塞电极能刺激人体交感神经，提高大脑专注度，可以提高飞行员训练效率。美国空军研究实验室第711人类行为研究联队8月启动能加快飞行员训练进度的神经学习系统（iNeuraLS）研究项目。项目开发的目的在于"为飞行员提供一种能尽快掌握新知识的技术设备"。

第二节　国外军事飞行员培养技术发展特点

一、以"人的能力成长"为核心的培养技术发展

为满足飞行员安全、高效培养，从"软"能力上逐步发展围绕"人"的能力生成目标、成长规律以及行为特征，从"硬"能力上逐步由单个装备向体系化发展，由空中教练机训练发展为空地一体、虚实结合训练，从而实现飞行员能力生成。

一是发展先进飞行员培养理论，以飞行员能力培养为目标构建一套基于人的能力需求—人的能力与训练装备管理—训练装备能力需求的科学闭环理论，实现"人"牵着"装备"走。

二是发展先进教练装备体系，以飞行员能力成长规律为牵引，制订"理论教学—实操实习—专项技能训练—模拟飞行训练—空中飞行训练"等"一揽子"训练解决方案。

二、以技术为驱动的培养技术发展

根据不同时期技术特点，以技术改变装备形态、训练理念，从而实现飞行员训练；以技术优势增强训练优势，进而实现训练效益的跨越式提升。

一是以技术成熟度驱动培养技术发展。随着技术在作战飞机上进行充分的应用与验证后，移植到教练装备上增强训练能力，从而实现训练技术的发展，例如，先进的操纵系统技术和航电技术的发展。

二是以技术融合度驱动培养技术发展。即采用不同技术进行融合进而实现能力的提升。例如，教练机嵌入式训练系统、综合训练系统等，是基于虚拟现实、增强现实等技术与真实装备、环境进行融合驱动装备形态的升级与组合。

三是以新技术应用驱动培养技术发展。国际上已经积极推进虚拟现实、大数据、人工智能等新兴技术在飞行训练领域中的应用并取得了良好的效益。例如，美军探索应用了虚拟现实、人工智能等新技术培养飞行员，取得了跨越性的成果。

第三节　发展启示

综合国外飞行员培养技术发展历程及趋势，提高飞行员培养技术是提高军事飞行训练

效益和降低军事飞行训练成本的必由之路，结合我国航空兵飞行员培养特点，从训练理论、训练模式、装备发展等层面形成对我国飞行员培养技术发展的启示。

一是谋划构建符合我国国情的飞行员培养理论。充分借鉴国外飞行员能力体系构建、技能增长规律以及"人–机–环"模型等研究成果，结合我国飞行员训练体制特点，形成一套符合我国飞行员培养的先进理论，支撑飞行员培养向科学、精准和因材施教方向发展。

二是逐步应用虚实结合、空地一体的训练新模式。在现有嵌入式、综合训练系统等训练技术探索与试验成果基础上，融合搭建真实–虚拟–构造的综合训练环境，实施虚实结合、空地一体的飞行员培养模式，实现安全、高效、可拓展飞行员培养。

三是着手推动新技术应用验证，发展新质教练装备。积极探索新兴技术应用方向，结合我国飞行员培养存在的增强需求，充分借鉴国外新技术应用方向以及应用成果，形成飞行员培养新技术应用路线图，并按路线图逐步推进技术应用与装备发展。

第十四章　国外空军飞行员训练的
发展与变化（2013）

　　战斗机飞行员的培训，被公认为是世界上周期最长、淘汰率最高、费用最多的技能培训。近年来，随着战场环境的日趋复杂和战斗机性能的快速提升，飞行员技能训练的风险和成本也越来越高。因此，特别突出的问题是如何根据确定的费效比来优化和提高飞行员的培训效果。各国空军解决这一问题的主要做法有：一是完善飞行员训练体系和训练大纲；二是在数量和质量上对教练机的构成进行优化；三是在国外飞行训练中心对飞行员进行培训。

第一节　完善飞行员训练体系和训练大纲

　　应当指出，在完善飞行员训练体系和训练大纲方面，各国空军在方法上还存在本质的区别。本文主要对美国空军和海军飞行人员训练体系进行分析（见表4-11）。

表4-11　美国空军、海军飞行训练阶段及教练机配置

军种	训练阶段及训练层次	筛选/入门飞行训练	初级飞行训练阶段	专业飞行训练阶段	过渡/改装训练阶段	
		适应、检验	初级、中级	高级	战斗基础入门	战斗机战斗入门
空军	1994年后一段时期	T-3	T-37	T-38	AT-38	双座战斗教练机
	现阶段	空军领导委托民间 DA-20	T-6A 联合初教机训练系统	T-38C	T-38C	F-15B/D 或 F-16D 等双座战斗教练机
海军	1990年前	T-34C	T-2C	TA-4J	TA-4J	双座战斗教练机
	1990年后一段时期	T-34C		T-45TS	T-45TS	双座战斗教练机
	现阶段	T-6A 联合初教机训练系统		T-45TS	T-45TS	双座战斗教练机

一、美国空军初步筛选飞行训练

美国空军初级训练的候选飞行员必须通过初步筛选飞行训练，这是入选飞行员培训的必要条件。初步筛选飞行训练从 1952 年统一开始执行，用于当时选拔作为飞行员继续培训的候选人，并相应淘汰没有培养前途的学员，以此降低后续飞行训练阶段的淘汰率。T-3A 教练机是 T-67 "萤火虫" 飞机的改型机。T-3A 教练机从 1994 年开始列装使用，但因发生了一系列严重事故，损失了 3 名飞行教官和 3 名飞行学员，并且教练机发动机发生过局部故障，而且燃油系统和刹车系统方面也有问题，因此该教练机于 1999 年被停止使用。

自 1998 年起，初步筛选飞行训练开始在 150 所私人飞行学校实施，这些学校与空军设立的训练机构比较相似。然而，在私人飞行学校顺利通过初步筛选飞行训练考核的学员实际上没有经过美国空军教育与训练司令部的审核，致使学员在使用空军教练机进行飞行训练阶段的成绩不好，淘汰率增至 15%，而正常可以接受的淘汰率为 8%~10%。为解决这个问题，在美国空军教育与训练司令部主导下成立了初步筛选飞行训练中心，该中心设在位于科罗拉多州的普韦布洛机场，该机场从 2006 年 10 月启用。第一批 12 架 DA-20 轻型螺旋桨教练机于 2006 年 10 月 5 日开始使用。该中心总共计划购买 44 架教练机。随着飞机全部投入使用，计划每年训练 1300~1700 名学员。初步筛选飞行的训练时间为 6 周，其中地面训练为 5 天，飞行训练为 25 个场次，总飞行时间为 25h。实施训练的主要目的是确定学员作为军事飞行员对后续训练的职业适应性（飞行潜能），其中能够单飞是必须达到的标准要求。

因此在美国空军飞行员训练体系中，筛选飞行训练和初步确定职业适应性训练不属于空军飞行训练联队的训练范畴，这样可以大大降低在后续基础训练阶段学员的淘汰率，并能省去用于对明显没有培养前途学员的飞行训练费用。

二、美国空军初级、专业训练

美国空军大学程度飞行员训练（UPT）大纲从 20 世纪 50 年代末开始执行，根据大纲，所有学员应在空军飞行训练联队进行为期 23 周的基础飞行训练。基础飞行训练阶段使用的是 T-37 "鸟声" 亚声速喷气教练机，飞行时间为 81h。而后进入为期 26 周的高级飞行训练阶段，高级训练用机是 T-38 "禽爪" 超声速喷气教练机，飞行时间为 109h。只是训练大纲中的最后 8 个架次共 11h 用于作为战略、战术航空兵、加油机、电子战飞机及其他飞机飞行员的专业适应性训练。

这样，总训练时间共 49 周，毕业学员的飞行时间可以达到 190 多小时。在训练联队完成训练的毕业学员可获得军事飞行员资格证书，并授予 "银翼" 胸章。之后，毕业生中被选中作为战斗机飞行员继续服役的将接受战术飞行训练。该训练是按战斗机入门训练（LIFT）大纲在配装武器的 AT-38B 教练机上进行。完成战斗机入门训练后，年轻飞行员被分配到飞行员改装部队（作战改装部队）在战斗机上进行改装训练，并获得具备战斗准备水平飞行员资格，之后才可以分配到作战部队。

该飞行员训练体系存在了 30 多年，然而到了 20 世纪 80 年代末期，该训练体系却很难再满足空军各大司令部的专业要求，即战略战术要求，使得 80 年代学员的淘汰率从

15%上升至30%。这不仅需要从候选飞行员的选拔和质量体系中寻找原因，而且还要从飞行员训练体系上找出问题的症结。

20世纪90年代初，美国空军开始着手完善飞行员训练体系，主要是从单一阶段的大学程度飞行员训练大纲向大学程度飞行员专业训练（SUPT）大纲转换。

美国空军"大学程度飞行员联合专业训练"计划是美国空军飞行员培训的重要内容，旨在将空军、海军、海军陆战队军官培养成合格的军事飞行员。空军教育与训练司令部在4个空军基地进行这一训练，最大的一个是位于得克萨斯州劳夫林空军基地的第47飞行训练联队。其他3个分别是位于密西西比州哥伦布空军基地的第14飞行训练联队，位于俄克拉何马州万斯空军基地的第71飞行训练联队和位于佐治亚州穆迪空军基地的第479飞行训练大队。该计划的第一阶段为期6周，主要学习理论知识。每天规定要学习12h。第二阶段是实机训练，第三阶段是筛选阶段，部分学员被挑选出来在特殊的飞机上接受更高级的训练。参加"大学程度飞行员联合专业训练"的学员驾驶T-37"鸟声"教练机和T-6A"得克萨斯人"Ⅱ教练机（其中T-6A教练机最终将替代T-37完成主要训练）。大学程度飞行员训练与飞行员专业训练的区别在于学员在完成基础飞行训练后继续接受高级飞行训练，该阶段将分专业按双轨制即战斗机/轰炸机飞行员、军用运输机/加油机飞行员进行训练。学员在高级训练阶段按其意愿从上述2个专业中选择一个方向继续接受培训。在按分轨制对学员进行专业分配时，首先应满足空军及其他航空兵兵种对飞行员的需求，其次要采纳飞行教官对学员飞行能力的评价和继续培训的建议，同时还要顾及学员本人的意愿。战斗机/轰炸机飞行员的高级飞行训练按大学程度飞行员训练大纲进行，所使用的教练机为T-38"禽爪"超声速喷气教练机。训练周期为26周，其中模拟器训练为32h，高级飞行训练时间为119h。

2012年3月，美国空军决定启动采购先进的T-X系统（包括教练机及先进模拟器）计划，计划在高级教练机上进行一机多型的发展，主要有高级教练型、双座攻击型和舰载型，替换T-38C和现有的模拟器，其中包括采购大约350架T-X教练机，替代现有的433架T-38C，计划在2017年投入使用，并将使用30~40年。参与项目竞争和评估的教练机机型是韩国的T-50和意大利的M-346。该项目实施后，将形成空、海军高级训练系统，替代现役的空军T-38和海军T-45A/C高级教练机。

三、美国海军航空兵的飞行员训练

美国海军候选飞行员的选拔要求与空军相同，主要来自海军学院毕业军官（占40%）、经海军后备军官训练团（NROTC）培训的地方大学毕业生（占40%）以及军官培训学校毕业军官（占20%）。20世纪50年代中期，海军飞行学员的基础训练按要求使用的是涡轮螺旋桨教练机T-34"导师"及其改进型，训练时间为25周，其中6周为地面训练，19周为飞行训练。该阶段学员还要在模拟器上进行27h的模拟飞行训练，以及完成56h的基础飞行训练。

海军舰载突击航空兵高级飞行训练阶段使用的训练用机正在从T-45"苍鹰"亚声速喷气教练机向T-45TS(综合训练系统)过渡。该系统是在T-45基础上研发而成的，主要由教练机、程序航空模拟器、计算机培训设备构成，首次全面实现模拟训练一体化。T-45教练机取代了战斗舰载航空兵飞行训练体系用机T-2C(训练时间为100h)和TA-4(训练时间为92h），使训练时间从192h减至160h。

针对空军和海军分别替换T-37教练机和T-34教练机，美国空、海军制订了联合初级训练系统（JPATS）教练机计划，从而使大学程度飞行员联合专业训练（JSUPT）得以实现。

参加联合初级训练系统原型教练机竞标的7种教练机，经过长时间的比较，1995年6月最终从众多世界航空技术装备生产厂中选定PC-9MkII教练机，该教练机的原型机是瑞士皮拉图斯公司和美国波音公司于1992年联合研制的PC-9教练机。PC-9MkII教练机后又称为T-6A"得克萨斯人"教练机。

第二节　在数量和质量上对教练机的构成进行优化

为达到培训飞行人员的费效比优化指标，很大程度上取决于对教练机的数量和机型的选择。至于训练体系中教练机的机型种类，多数国家的空军都已从20世纪80—90年代的3~4种减至2种。要知道训练体系中的教练机数量越少，花在学员用于理论培训和实际飞行培训上的不合理费用就越低。现在飞行学员训练体系中有两种教练机机型被认为是优化方案：一种用于初级和基础飞行训练阶段，另一种用于高级飞行训练阶段。此外，战斗机飞行员，还要按照战斗机入门训练大纲进行训练。

在喷气航空时代，随着航空工业的发展选择教练机机型的方法和标准也发生了变化，主要经历了以下几个时期。

①1960—1975年为第一代喷气教练机时期，在此期间，各国空军纷纷把喷气教练机纳入飞行学员训练体系之中，最初此类飞机只用作初级飞行训练阶段的教学用机。在这一代教练机中最富有代表性的有：美国的T-37"鸟声"、法国的CM-170"教师"、英国的"喷气校长"。这些教练机的发动机采用的是传统工艺制造的涡轮喷气式发动机，其燃油耗量大，使用成本高。

②1975—1990年，由于燃油价格上涨，国防预算有限，相当一些国家的空军在其飞行学员训练体系中不得不停止使用喷气式教练机，又开始使用螺旋桨飞机作为飞行学员的初级训练阶段和部分基础训练阶段的教练用机。该时期，巴西航空公司研制的EMB-312"巨嘴鸟"螺旋桨教练机和瑞士皮拉图斯公司研制的PC-7螺旋桨教练机在市场上抢占了足够的份额。

③从1990年开始，出于费效比的考虑，飞行学员的初级训练阶段和基础训练阶段采用的是活塞螺旋桨教练机，高级训练阶段是涡轮螺旋桨教练机，这种选择的必要性和合理性得到航空业内人士的普遍认可。涡轮螺旋桨教练机的生产厂家在此之后还试图论证在高级飞行训练阶段部分使用本厂生产的更为先进的该型教练机。

在高级飞行训练阶段使用各种教练机的情况比较复杂。其主导思想是要力争缩小目前第二、三代教练机在战术飞行性能、瞄准导航系统的能力以及航空毁伤兵器能力方面与第四、五代战斗机（如"阵风""欧洲战斗机""鹰狮"、苏-30、米格-35、第60批F-16，F/A-18E/F"超级大黄蜂"、F-22"猛禽"）的差距。航空专家认为，使用新一代教练机，例如，意大利的 M-346，韩国的 T-50"金鹰"、西欧的"马可"、俄罗斯的雅克-130 和中国的 L15 教练机是节省飞行学员在高级飞行训练阶段培训成本的主要发展方向。新一代教练机的战术飞行性能与先进战斗机极为接近，而且其座舱设备也最大限度地使用先进设备。

第三节　在国外飞行训练中心对飞行员进行培训

空军人员编成的缩减也减少了对飞行员的数量需求。在这种情况下，人数较少的空军通过各国自办院校培养飞行员从经济的角度来看并不划算。空军大多数人认为飞行员培训可以在国外进行，例如，可在美国按欧洲—北约联合喷气机飞行员训练（ENJJPT）大纲或者在加拿大按北约飞行训练（NFTC）大纲进行训练。从 2012 年起 12 个欧洲国家（澳大利亚、比利时、芬兰、法国、德国、希腊、意大利、荷兰、葡萄牙、西班牙、瑞士和瑞典）计划联合各自的飞行员培训资源，飞行员的高级飞行训练将在 2~3 个欧洲空军基地，并使用 150 架同一机型的教练机按飞行员联合训练大纲展开。

欧洲—北约联合喷气机飞行员训练是美国空军举办的与欧洲盟国空军联合进行战斗机飞行训练的项目，训练基地设在得克萨斯州的谢泼德空军基地，整个课程历时约 55 周，共分三个阶段。教官由美国空军军官担任，学员来自美国空军和各欧洲盟国空军。目的是为美国和欧洲各国空军培养战斗机和轰炸机一线部队飞行员。

第一阶段：理论学习和飞行前训练。

主要内容有：航空原理，高空训练模拟舱飞行考核；弹射椅/空中离机训练，用降落伞着陆，飞机系统理论考核。

第二阶段：初级飞行训练。

时间：约 125h 飞行训练教学，共 26 周。由于部分 T-38 高教机课程合并到 T-6 初教机课程中，且 T-6 与 T-37 相比训练效果大大增强，因此从 2009 年夏季开始 T-37 将退出欧洲—北约联合喷气机飞行员训练，改用 T-6 初教机，课程较前延长几周。第二阶段结束时，美国空军学员直接转入 T-38 高教机训练，北约国家部分学员将进行机型选择，有的将离开欧洲—北约联合喷气机飞行员训练转入其他机型训练。美国空军现役学员在两个阶段中间进行初级离心训练。极少数美国空军学员第二阶段后会转入其他机型训练（加油机/直升机/涡桨飞机等）。

第三阶段：高级飞行训练。

时间：约 135h 飞行训练教学，共 26 周。完成第三阶段高级训练后，毕业学员将根据平时表现和飞行、理论及军事素质考核的总成绩进行排名，然后根据美国空军对各类主要武器系统的需求将学员分配到不同作战部队。在顺利完成欧洲—北约联合喷气机飞行员训练后，所有学员军官不论国籍均被授予美国"银翼"胸章和各自国家的飞行徽章，并获得飞行员等级。然后会分配到世界各地的不同基地进行各自机型的继续训练。

第十五章　世界飞行训练体制与教练机的发展（2011）

战斗机飞行员的训练，被公认为是世界上周期最长、淘汰率最高、费用最大的技能培训之一，因此需要一个层次分明、循序渐进的过程。目前世界各国基本已经形成包括课堂授课、飞行模拟器练习和教练机空中飞行训练三种不同训练方式的训练系统，其中以教练机空中飞行训练占整个训练系统费用的70%以上。国外飞行员训练分为飞行学院训练和部队训练两大阶段进行，飞行学院训练阶段都采用三级训练体制，即筛选/初级训练、基础训练和高级训练；部队训练阶段一般也采用三级训练体制，即基础改装训练、作战改装训练和战备训练。同时，由于作战任务及配备机种的差异，飞行学员按不同专业如战斗机、轰炸机、运输机和直升机进行设置。一般不同专业的初级训练、基础训练的内容和所用的教练机相同，但在高级训练中不同专业的训练采用不同的高级教练机。战斗机飞行员的训练体制一般分为三个阶段，并依飞行训练程序由不同性能和档次的各型飞机组成。根据在飞行员训练过程中所处的阶段和所承担的教学任务，教练机大致可分为初级、初/中级、中级、中/高级、高级/战斗教练机和同型教练机。

第一节　国外训练体制与教练机配置发展情况

飞行训练体制是国家为了培养合格飞行员，根据自己的实际情况和训练要求建立的飞行训练体系。它包括飞行训练阶段划分、各个训练阶段需要完成的训练内容、不同训练内容需要完成的训练课目和各课目的训练时间、各个训练阶段需要采用的教练机机型选择，以及培养一名合格飞行员所需要的各阶段训练周期安排等。

目前，国内外战斗机飞行员训练大致分为以下三个阶段：

第一阶段是航校训练。该阶段一般采用两机三级制，即初级、基础阶段用亚声速涡桨或涡扇教练机，高级阶段用跨声速或超声速涡扇或涡喷教练机。

筛选/初级教练机。在筛选/初级训练阶段，主要使学员在心理和生理上适应飞行，初步体验空中飞行、航线起落的驾驶操纵，掌握简单的驾驶技术和空中飞行的基本技术动作等。使学员从不会飞行到会飞行，并掌握初步飞行技能。

基础训练。在基础训练阶段，要求学员掌握基本驾驶技术，并能完成起落、仪表、编队、夜航、特技、复杂气象和攻击等全套飞行课目。在整个飞行包线内进行系统训练，掌握扎实的基本驾驶技术，熟练地完成各种飞行课目，采用的教练机与初级教练机基本为同一机型。

高级训练。在高级训练阶段则主要是进一步提高飞行技巧，并进行复杂气象、武器使用、基本战术演练等专门训练。增强对高性能战斗机的适应能力，做好改装战斗机的准备。

第二阶段是改装过渡和改装训练。该阶段在训练基地或训练中心进行，程序是先在配装有武器、火控系统的高级教练机上进行改装过渡训练，然后在部队现役战斗机的同型教练机上进行改装训练。

第三阶段是作战训练。该阶段在作战部队完成，主要是进一步提高并保持飞行和战斗技术，在部队战斗机及同型教练机上进行。

表4-12、表4-13和表4-14中所列的训练体制和教练机性能只是几种典型情况，实际上由于训练需求的不断变化，不同国家在不同时期采用的教练机和训练体制也是在不断变化和调整的。例如，仅在航校训练阶段对飞行员的培训就有采用两机两级制、三机两级制、两机三级制、三机三级制和四机三级制等多种形式。

表4-12 部分国家训练体制与相应的教练机型号

国家		航校训练阶段		训练基地或训练中心		部队训练
		初级/基础训练	高级训练	改装过渡训练	改装训练	
美国	2000年以前	T-37	T-38	T-38B	F-15B/D F-16B/D	F-15A/C/B/D F-16A/C/B/D
	2000年以后	T-6(PC-9)	T-38	T-38C	F-15B/D F-16B/D	F-15A/C/B/D F-16A/C/B/D
俄罗斯	现阶段	雅克-52/L-39	乌米格-21	苏-27UB		苏-27увк
				米格-29UB		米格-29y
	2000年以后	苏-39	雅克-130	苏-27UB		苏-27
				米格-29UB		米格-29 等
英国		"巨嘴鸟"	"鹰"	"鹰"	"狂风""鹞"等	"狂风""鹞"等
法国		埃普西隆	阿尔法喷气	阿尔法喷气	"幻影"B/D "幻影"2000	"幻影"E1 "幻影"2000N 等

表4-13 国外典型初级教练机性能

机型	国家	发动机	正常起飞重量/kg	最大外挂重量/kg	最大平飞速度/(km/h)	升限/m	起飞滑跑距离/m	着陆滑跑距离/m	航程/km	航时/(h:min)
T-37	美国	涡喷	2993		685	10700	625	838	1067	
T-6	美国	涡桨	2250		593	11580	440	417	1642	2:40
苏-39	俄罗斯	活塞	1300	200	370	7010	230	110	2000	
"巨嘴鸟"	法国	涡桨	2175	1000	448	9150	380	370	3330	
SF-260	意大利	涡桨			422	8535	298	533	949	
T-3	日本	活塞	1510		367	8200	412	463	1000	

表 4-14　国外典型高级教练机性能

机型	国家	发动机	最大推力/kgf	加力/kgf	正常起飞重量/kg	最大外挂重量/kg	最大平飞马赫数	升限/m	起飞滑跑距离/m	着陆滑跑距离/m	航程/km	航时/(h:min)
T-38B/C	美国	涡喷	2×1216	2×1748	5485		1.25	16335	756	930	1759	
米格-AT	俄罗斯	涡扇	2×1438	无	4610	1000	0.85	15500			2600	
雅克-130	俄罗斯	涡扇	2×2200	无	5400	800	0.92	12500			2220	
"鹰"	英国	涡扇	2360	无	5150	680	0.9	15250	550	518	2433	4:00
阿尔法喷气	法/德	涡扇	2×1350	无	6100	2500	0.86	14630	370	500	4000	3:50
MB-339	意大利	涡喷	1996	无	4884		0.75	14240	490	455	2038	3:50
T-4	日本	涡扇	2×1669	无	5500	2000	0.91	15240	550	670	1300	
T-2	日本	涡扇	2×2275	2×3200	9637	3200	1.6	15240	910	610	2600	

由于各国采用的教练机机型和培训体制不同，因此，培养一名飞行员所需要的时间和花费就会产生很大差异。实践证明，要想提高训练效益，节省训练费用就必须科学选择教练机的机型和培训体制。完成这一工作的基础就是要对已有的教练机或拟采用的教练机的技术性能和使用训练效能进行科学分析与评估，最终优化出最佳的训练体制和各型教练机的使用训练时间。

第二节　国外训练体制与教练机配置发展特点

目前，发达国家航校和训练基地的飞行训练主要有如下几个特点。

①减少机型，提高效益。为了降低总的装备、使用和保障费用，提高飞行学员的培训效益，航校的主流教练机体制正逐渐由多机三级制向两机三级制过渡。

②扩大高级教练机的训练范围。在飞行员的训练体制中，增加过渡训练阶段（又称为基础改装训练阶段）。欧洲国家将该阶段的训练定义为战斗机入门训练，美国则将其称为战斗基础入门训练。目前的做法是，为部分现役高教机配备与战斗机相近的机载电子设备和火控系统，将其升级为进行战术和武器改装过渡训练的高级教练机/战斗机。今后的发展趋势是用新一代高亚声速或超声速高级教练机/战斗机，承担基础改装训练阶段的培训任务。

③调整各级教练机的训练时间。压缩筛选/初级教练机的训练时间，适当增加基础教练机的训练时间。初、中、高三级的训练时间分配大体是：筛选和初级训练 20～60h、基础训练 80～140h、高级训练 80～120h（视教练机机型而定）。飞行学员在航校总的训练时间210～240h，最高不超过290h。训练周期 1～2 年。此后，在训练基地进行的过渡训练还要在战斗机入门训练教练机上飞行 30～80h。

④调整各级教练机的比例关系，教练机占军用飞机的比例，一般为 25%～30% 比较合

适。如果航校的教练机体制采用三机三级制，初教机在各类教练机中的比例往往较小，约为教练机总数的10%。中教机是航校飞行训练的基础，训练时间最长，配置数量也最大，占到教练机总数的50%左右，高教机是提高学员驾驶技能和基本战术能力的重要机型，约占教练机总数的40%。如果航校的教练机体制采用两机三级制，则高级教练机和初/中级教练机多为四六开。而在航空兵作战部队，同型教练机的比例占到10%~14%，便能满足改装训练的要求。

第三节　教练机技术发展特点

一、飞行训练体制发展

随着近年来新一代高级教练机平台的日趋发展成熟，飞行员训练需求的逐步增长，各国（地区）空军、海军已着手实施整个训练体制的改革，开始装备新一代高级教练机。

（一）美国

目前，美国空军已正式启动未来教练机计划代号T-X，并开始评估工作。计划在该高级教练机上进行一机多型的发展，主要有高级教练型、双座攻击型和舰载型，数量为350~500架。该项目于2011年明确采购计划，2014年首架交付，2017年形成初始使用能力，并将使用30~40年。参与项目竞争和评估的教练机机型是韩国的T-50和意大利的M-346。该项目实施后，将形成空、海军高级训练系统，替代现役的空军T-38和海军T-45A/C高级教练机。图4-27展现了美国空军和海军飞行员培养的路径。

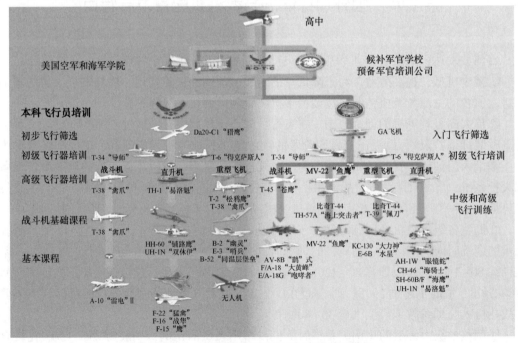

图4-27　美国空军和海军飞行员培养的路径

（二）俄罗斯

1991 年，俄罗斯拟订了新型高级教练机的战术技术要求。2002 年，俄空军选定了雅克-130 作为其新型通用高级教练机。2007 年底，俄空军宣布列装雅克-130，并将其作为俄空军飞行员教练装备体系中基础和高级训练的基本机型。2008 年，俄空军司令又宣布开始在俄空军航校全面换装雅克-130。2010 年 2 月，第一批雅克-130 移交给俄空军并已开始培训飞行员。同时雅克-130 也具备改进为舰载高级教练机的能力，可能成为俄海军的舰载高级教练机。

（三）欧洲

欧洲已形成联合高级教练机项目，项目涉及欧洲 12 个国家。意大利的 M-346 高级教练机将成为该项目的使用机型。

（四）韩国

韩国空军已装备 T-50 高级教练机并形成训练能力。目前，战斗机的训练内容正在逐渐转移到 T-50 高级教练机的训练内容中。装备 T-50 高级教练机后，韩国空军整体训练效益大幅提升，同过去相比训练时间节省 20%，训练经费下降 30%，训练效益提高 40%。

二、新一代高级教练机

（一）T-50

T-50 教练机是美国洛马公司与韩国航空工业公司合资为韩国空军研制的超声速喷气式攻击机/高级教练机。2002 年 8 月 20 日首飞。T-50 教练机各方面的性能均非常优异。T-50 在气动布局和结构等方面都与 F-16 大体相同，采用了翼身融合体和可变拱形机翼。不过，T-50 比 F-16 战斗机要小得多，重量和尺寸分别仅为 F-16 的 70% 和 80%，显著的特征是采用了 F/A-18 战斗机的两侧边条翼的下方进气。其座舱的能见度高，并且后座比前座高出 50cm。该机采用了可精确操纵飞行的数字电传控制系统、可用于提高机动能力的放宽静稳定度技术、可同时锁定多个目标的先进的自主攻击传感器以及分子筛机载制氧等。具有飞行高度高、超声速和高度灵活等特点。

（二）雅克-130

雅克-130 是俄罗斯雅克福列夫设计局设计、研制的双发涡扇高级教练机/轻型攻击机。2004 年首架批生产型雅克-130 首飞成功。雅克-130 采用翼身融合体机翼边条、全翼展前缘襟翼、放宽静稳定度等先进气动设计。小展弦比上单翼的前缘后掠而后缘平直，尾翼较大，串列双座，座舱盖为高耸的气泡式。该机最大飞行迎角高达 35°，不亚于一些现役的优秀战斗机。动力装置为 2 台 AI-222-25 涡扇发动机，进气口设在边条下、有类似米格-29 的防外物吸入格栅，边条上有百叶窗式辅助进气口。雅克-130 装备了电传操纵控制系统和多功能液晶显示器，8 个外挂点能携带 3t 武器载荷，可使用的武器包括 KAB-500 激光制导炸弹、Kh-25 空地导弹、R-73 空空导弹、自由下落炸弹和非制导火箭弹等。

（三）M-346

M-346 是意大利马基公司生产的喷气式教练机，2003 年首飞。M-346 在设计时特别强调了使用中的经济效益。M-346 虽然外形与雅克-130 相似，但机体结构经过重新设计。它重新设计了飞行控制系统，加装了数字式航电系统，提高了飞机的可靠性。飞行控制系统采取多重冗余设计，并保证部分失效之后能立即进行重构。"玻璃化"座舱与夜视仪相兼容。航电系统具备向飞行员头盔系统显示器输入数据的功能。配置了霍尼维尔公司生产的 F124-GA-200 涡扇发动机,单台最大推力 27.92kN,推重比高,而且油门响应与战斗机相似。它拥有很好的低速飞行性能,下降时稳定飞行速度可降至 185km/h。

(四) L15

L15 飞机是中航工业洪都自主研发的新一代超声速高级教练机。2006 年 3 月 13 日首飞,L15 飞机为串座、双发 (两台 AI-222K-25F 加力型涡扇发动机)、两侧翼下进气、单垂尾、全动平尾、前三点起落架正常布局。前舱正前方下视角 16°,后舱正前方下视角 6°。采用大边条翼气动布局、翼身融合体结构、三轴四余度数字式电传操纵系统和基于开放式数据总线技术的综合航电系统。具有优良的飞行性能、长寿命、高可靠性和良好的维修性以及卓越的效费比。可用于高级训练和战斗入门训练,增强飞行员对高性能战斗机的适应能力;并可用于伴随训练,替代先进战斗机同型教练机的部分训练任务。

第十六章　国外舰载机飞行员培养模式发展（2016）

海军舰载机飞行员培养是一项复杂的系统工程，与陆基飞行员的训练相比，由于受到六自由度舰体运动、复杂舰尾气流、有限长度甲板跑道、多因素舰面交互信息等不利影响，对舰载机飞行员上舰驾驶技能、判断决策、身体素质、心理素质等方面提出了更高的要求。据俄罗斯海军舰载战斗机团司令员介绍，飞行员首次进行航母着舰训练的前夜，往往因紧张不安而导致彻夜失眠，由此可见，航母着舰训练会对飞行员造成很大的心理压力。

要成为一名海军舰载机飞行员，不仅要经历与陆基飞行员相似的筛选/初级训练、基础训练、高级训练、作战飞机改装训练等阶段的训练，而且还要额外增加训练难度更大、风险更高的海军舰载机飞行员特有的两项训练内容，即陆基模拟舰载起降训练（field carrier landing practice，FCLP）和航母上舰资格训练（carrier qualification，CQ）。只有当飞行学员完成上述一系列阶段训练，循序渐进、由易到难地掌握飞行驾驶技术、舰上起降技术，培养驾驶“第二天性”，提升态势感知、任务管理、自主决策、武器运用等方面的综合能力，才有资格成为舰载机飞行员中的一员。

目前，世界上虽然有十几个国家拥有航母，但是能够独立培养舰载机飞行员的国家只有美国和俄罗斯等少数军事强国。其他国家包括英国、法国等，在飞行院校阶段并没有装备一型能够上舰使用的舰载教练机，舰载机飞行员的培养一般采取委托培训或从陆基战斗机飞行员中选拔改装培训等方式来实施。为此，本章主要是通过梳理美、俄、英等国舰载机飞行员训练情况，分析不同训练模式下的舰载机飞行员的培养特点，进而得出几点启示。

第一节　国外舰载机飞行员培养模式

一、美国海军舰载机飞行员训练情况

“二战”结束后，美国海军舰载机飞行员训练体制经过多次调整，逐步形成了当前较为合理的飞行员培养流程，即在航空俱乐部用塞斯纳-172或T-67“萤火虫”教练机完成筛选训练后，进入航校依次采用T-6A教练机完成初级和基础训练、T-45A/C舰载教练机完成中/高级训练（含FCLP（陆基模拟舰载起降训练）和CQ（上舰资格训练）训练）。美

国海军舰载机飞行员培养模式及流程见图 4-28。

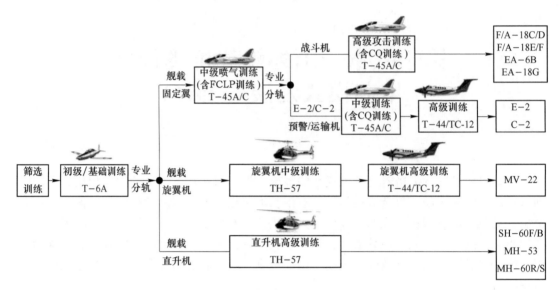

图 4-28　美国海军舰载机飞行员培养模式及流程

美国海军舰载机飞行员培养体系流程有三个显著特点，即"横向分轨""纵向分级""上舰通训"。

"横向分轨"——即在完成筛选训练、初级/基础训练后，按照不同机种进行分轨训练，分为舰载固定翼飞机（F/A-18、EA-18G、E-2/C-2）、舰载倾转旋翼机（MV-22）、舰载直升机（SH-60F/B、MH-53、MH-60R/S）三个专业，其中舰载固定翼飞机专业进一步细分为舰载战斗机/攻击机专业（F/A-18、EA-18G、EA-6B）、舰载预警/运输机专业（E-2、C-2）。

"纵向分级"——即同轨同机种专业进行分级分阶段训练，由低到高依次为"初级/基础训练、高级训练、作战飞机改装训练"等。例如，F/A-18 舰载战斗机/攻击机的飞行员，依次采用 T-6A 飞机完成初/基础训练，用 T-45A/C 舰载教练机完成中/高级训练、陆基模拟舰载起降训练以及航母上舰资格训练，取得航母上舰资格证后，再使用 F/A-18双座战斗机进行改装和补充训练，最终成为合格的舰载战斗机飞行员。

"上舰通训"——即所有固定翼舰载机飞行学员的陆基模拟舰载起降训练和航母上舰资格训练均采用一型 T-45A/C 舰载教练机来承担。目前，美国海军装备使用有 200 余架T-45A/C 舰载教练机，截至 2007 年，T-45 机队总飞行小时已突破 70 万，培养了舰载机飞行员 3000 余名。

二、俄罗斯海军舰载机飞行员训练情况

目前，俄罗斯海军仅有一艘"库兹涅佐夫"号航母和一个舰载战斗机团（第 279团），舰载战斗机数量少，舰载机飞行员规模小。为满足俄海军舰载机飞行员的培养需求，俄海军长期以来从作战部队选拔成熟的三代机飞行员进行改装和上舰训练，使其掌握舰上起降驾驶技术。俄海军舰载战斗机飞行员培养模式及流程见图 4-29。

俄海军从三代机部队中选拔成熟的飞行员，经过一定的检飞和理论培训后，第一阶段

| 三代机
飞行员选拔 | → | 苏−25UTG
改装训练 | → | 苏−33/米格−29K/UB
改装训练 |

图 4-29　俄海军舰载战斗机飞行员培养模式及流程

在"尼特卡"上依次采用苏−25UTG 舰载教练机、苏−33 舰载战斗机进行陆基模拟着舰训练，第二阶段在"库兹涅佐夫"号航母上依次采用苏−25UTG 舰载教练机、苏−33 舰载战斗机进行航母上舰资格训练。

（一）"尼特卡"陆基模拟着舰训练

飞行员先采用苏−25UTG 舰载教练机进行陆基模拟着舰训练，再过渡到苏−33 舰载战斗机，在苏−33 上完成陆基模拟着舰训练后（即具备在"尼特卡"上单飞的能力）进入下一阶段的上舰训练。正常情况下，俄海军舰载机飞行员每年在陆基训练场的训练时间不到 2 个月，主要是围绕适应航母进行专项起落航线训练。

（二）"库兹涅佐夫"号航母上舰资格训练

完成第一阶段训练后，飞行员开始在"库兹涅佐夫"号航母上进行上舰资格训练，一般先采用苏−25UTG 舰载教练机进行起落航线熟悉飞行、着陆下滑轨迹控制飞行、触舰复飞训练等，飞行员建立足够信心时才正式进行舰上拦阻着舰训练。之后，飞行员再用苏−33 舰载战斗机进行航母上舰资格训练并取得上舰资格，航母上舰资格训练一般持续约 1 个月。

三、英国海军舰载机飞行员训练情况

英国海军航空兵部队作战飞机主要是短距起飞/垂直降落多用途战斗机和旋翼飞机。英国海军舰载机飞行员训练体制与美、俄等国的常规起降固定翼舰载机飞行员训练体制有所区别，是短距滑跃起飞、垂直降落舰载机飞行员培养的典型代表，其飞行员培养模式及流程如图 4-30 所示。

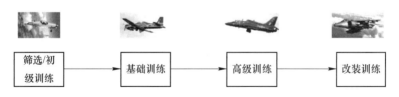

| 筛选/初
级训练 | → | 基础训练 | → | 高级训练 | → | 改装训练 |

图 4-30　英国舰载战斗机飞行员培养模式流程

飞行学员在完成高级训练后，进入空军部队采用垂直/短距起降"鹞"式飞机进行改装训练，飞行员主要掌握如何使用"鹞"GR-7 执行精确对地攻击和侦察任务，如何操作"鹞"式飞机及其武器系统。完成上述一系列训练后，飞行员进入皇家海军航空兵第 800 中队或第 801 中队，在"鹞"GR-7A/9A 飞机上执行改装训练。经过上述一系列的"筛选/初级训练—基础训练—高级训练—陆基改装训练—舰上改装训练"，飞行员逐步掌握驾驶垂直/短距起降飞机在航母上起降的能力。

第二节 国外舰载机飞行员培养模式发展特点分析

通过对美、俄、英等国海军舰载机飞行员培养模式发展进行梳理，可以总结出在不同机队规模、飞行员数量培养需求下的训练特点。

一、体系化模式对规模化培养舰载机飞行员至关重要

舰载机飞行员培养"改装模式"是以成熟岸基战斗机飞行员为基础，省去航校阶段和三代机改装训练，可以在较短的周期内培养出舰载机飞行员，能满足小规模舰载机飞行员培养急需。俄海军采用"改装模式"是由于俄海军舰载战斗机数量少（仅1个团），舰载机飞行员需求量少（舰载战斗机飞行员人数维持在20名左右）。同时，苏-25UTG无法完全独立承担航母资质训练和考核任务，还应使用苏-33舰载战斗机进行大量补充训练，造成战斗机的大量训练消耗、训练效益低。因此，在"改装模式"下能够小规模培养舰载战斗机飞行员，但长期从作战部队选拔飞行员，必将影响部队战斗力，难以维系飞行员规模化培养。近年来，随着米格-29K舰载战斗机重返俄海军，舰载机飞行员需求必然有所增加，其训练模式和教练装备将会发生新的转变。

舰载机飞行员培养"生长模式"是相对"改装模式"而言。"生长模式"是指从学员招飞开始，历经初级、基础、高级训练等阶段的训练，逐步培养成为舰载机飞行员。美国海军舰载机飞行员培养采用"生长模式"，长期大批量培养舰载机飞行员，奠定了美国海军舰载机部队的人才基础。但当前美国海军的"生长模式"仍存在一些不足，主要是其T-45A/C舰载教练机平台性能相比舰载战斗机差距较大，飞行员在T-45A/C舰载教练机上完成高级训练后，其三代机驾驶技术和战斗入门技术还须使用F/A-18双座型在舰队补充中队（fleet replacement squadron）进行大量补充训练。由于美国海军装备了近千架F/A-18系列舰载战斗机（含相当比例的双座型），且飞机寿命超过6000飞行小时，在相当长时期内可以支撑"补课"训练方式。但随着2020年前后F/A-18A/B/C/D机型逐步退役，使得"补课"模式难以维持规模化培养舰载战斗机飞行员。因此，在《美国海军航空兵2030远景》中，已经规划了T-45A/C舰载教练机的替代机型，计划发展一型更为先进的舰载高级教练机（即T-X计划），在满足舰上起降训练要求的基础上，能够更好地承担舰载机飞行员的训练任务。

二、完整的教练装备体系是构建先进训练体制的装备基础

完整的教练装备体系和先进的训练体制才能确保高效、持续地大批量培养舰载机飞行员。由于俄罗斯海军舰载机部队规模小，未构建完整的舰载机飞行员训练体制，舰载机飞行员是从俄罗斯航空兵部队优秀飞行员中选拔出来的，在苏-25UTG上进行陆基改装训练、上舰改装训练后，飞行员还需在苏-33上完成上舰改装训练，这种"改装模式"在短期内可解决舰载机飞行员培养问题，但长期使用舰载机双座型培养舰载机飞行员，造成战斗机非作战训练消耗大，训练成本高，最终难以维系规模化培养需求。

美国海军拥有当今世界上数量最多的航母和舰载飞机，每年需要培训大量的舰载多用途战斗机、舰载反潜机、舰载预警机、舰载巡逻机等机种的舰载机飞行员。舰载机飞行学员从招飞开始，历经初级、基础、高级训练、部队改装训练等阶段，逐渐成为舰载机飞行员。美国海军这种"生长模式"，历经几十年不断调整优化，形成了当前较为完善的舰载机飞行员培训体系，不仅为美国海军培养大量的舰载机飞行员，还帮助英、法、印等其他国家培养舰载机飞行员。

三、能够上舰使用的高级教练机在训练体制中起着重要的支撑作用

舰载高级教练机在训练体系中前接基础教练机，后接舰载战斗机，起到承上启下的重要作用，是固定翼舰载机飞行员培养不可或缺的教练装备。高级教练机具备舰上起降训练能力，可承担舰载战斗机和其他固定翼舰载机的舰上起降训练任务，实现一型高级教练机的上舰通训，有利于理顺舰载机飞行员的培养流程，降低训练风险，节省训练成本。俄海军苏-25UTG虽然训练任务单一，但由于具备舰上起降能力，在培养飞行员上舰技能、适应航母起降中仍扮演重要角色，也是俄海军舰载战斗机飞行员能够维持训练、保持编制的一个重要因素。美国海军采用一型能够上舰使用的T-45A/C来承担舰载战斗机和其他固定翼舰载机飞行学员的培养，长期大批量培养舰载机飞行员（每年可培养150~200名舰载机飞行学员），从而奠定了美国海军舰载机部队的人才基础。而与美、俄不同，英、法等其他国家海军由于缺乏能够上舰使用的舰载教练机，一般都委托美国海军来培养舰载机飞行员。因此，能够上舰使用的高级教练机是舰载机飞行员规模化培养的基础和关键，在构建先进、高效的舰载机飞行员训练体制中发挥重要的装备支撑作用。

第十七章　美国空、海军联合高级教练机训练（2012）

在军事飞行训练领域，高级飞行训练与作战部队的战斗力生成速度、质量、经济可承受性密切相关，最能体现一个国家航空兵的飞行训练理念。因此，各个世界空军强国在进行训练体制改革、优化教练机配置时，最为棘手的就是高级教练机的采购与配置，普遍采取了较为严谨的改革方式。以美国空军为例，其高级训练采用的是 T-38 高级教练机，战斗入门训练采用的是 T-38 高级教练机改型机 AT-38B，该型教练机服役于 20 世纪 60 年代初，截至目前已经服役了半个多世纪，在这期间，美国空军训练教育司令部多次组织论证 T-38 高级教练机替代机型的可能性，特别是在 70 年代经历越南战争后，美国空军训练教育司令部越发体会其训练体制带来的弊端：战争对大量高素质战斗飞行员的需求以及训练费用的节节攀升。但由于军费限制，以及当时 T-38 已经大量装备。为了满足 F-15 和 F-16 先进三代战斗机的训练需求，空军便对 T-38 进行了机体延寿和部分航电系统升级。在一定程度上缓解了先进三代战斗机训练带来的压力。进入 80 年代，在美国海军采用"鹰"改 T-45 舰载高级教练机用来替代 T-2C 舰载基础教练机和 TA-4J 舰载高级教练机时，美国国防部便对空军是否与海军同步更新新型高级教练机进行论证，但论证结果未达成一致，使得美国海军使用新型的 T-45 舰载高级教练机进行高级训练，而空军则继续沿用老旧的 T-38 高级教练机进行高级训练。在美国空军和海军下一代高级教练机（next generation AJT）论证和采购中，同样存在两军是否可以采用同一款高级教练机进行高级训练和战斗入门训练的争论焦点。

联合教练机有两层含义：一是不同国家或军事训练部门在各自训练基地采用同一款教练机实施各自训练大纲，对各自学员进行飞行训练，例如，英国"鹰"高级教练机被英国、澳大利亚、南非等国家用于高级飞行训练；我国教 8 教练机被空军和海军用于学员基础飞行训练。二是不同国家或军事训练部门在同一训练基地采用同一款教练机实施同一训练大纲，对学员进行飞行训练。例如，美国空、海军就在伦道夫训练基地对两军的飞行学员进行初级训练（采用 T-6A 涡桨初中级教练机）。以下分析针对前者展开。

由于空军和海军航空兵飞行训练理念、训练需求、机队构成、文化传承等因素差异，各自已经形成较为独立的训练体系，在进行训练体制改革或教练机配置优化时，两军是否可以采用同一款教练机存在分歧，而这种分歧随着训练等级的逐步提高越发突出。例如，20 世纪 90 年代以前，美国空军初级训练采用的是 T-37 初级教练机，而美国海军初级训练则采用 T-34 初级教练机。随着联合初级教练机系统（JPATS）的实施，空军和海军已经采用了同一款 T-6A 涡桨教练机进行初中级训练。但高级阶段是否采用同一款高级教练机替代空军 T-38 高级教练机和海军 T-45 舰载高级教练机，仍未完全定论。

以下重点分析对比美国空军 T-38 高级训练大纲、AT-38B 战斗基础入门训练大纲和海军 T-45 训练大纲。从美国空军和海军航空兵飞行员的训练需求、训练课目编排、训练内容设置、训练时间架次分布以及技术技能掌握等方面出发，研究空、海两军高级训练是否互容，是否可以采用同一款高级教练机完成相应课目的训练，以及采用同一款高级教练机带来的优势进行论述。

第一节　美国空军和海军高级训练

高级训练是指飞行学员在完成中级训练（或称为基础训练）后进行的飞行训练。在高级训练阶段使学员基本掌握亚声速或超声速飞机的高级驾驶技术、武器操作技术以及作战/战斗相关的技术知识，主要内容有：起落航线飞行、升限飞行、超声速飞行、特技飞行（含基本特技、低空特技、高空特技、战斗特技等）、编队飞行（含双机编队、四机编队、双机低空编队、双机特技编队等）、仪表飞行（含仪表进近、夜间仪表、夜间仪表进近、双机编队穿云、四机编队穿云等）、领航与转场航行（昼间外场降落、夜间外场降落等）、战斗技术训练（含对地攻击、对空攻击）、基础战术训练（一对一空战、二对一空战、二对二空战、四对二空战、四机编队战术协同等）。该阶段采用与现役战斗机飞行性能接近、人机界面相似的喷气式高级教练机。

20 世纪 90 年代前后美国空军和海军训练体系的演变如表 4-15 所示。

表 4-15　20 世纪 90 年代前后美国空军和海军训练体系的演变

军种	训练阶段及训练层次	筛选/入门飞行训练	初级飞行训练阶段	专业飞行训练阶段	过渡/改装训练阶段	
		适应、检验	初级、中级	高级	战斗基础入门	战斗机战斗入门
空军	1994 年以后一段时期	T-3	T-37	T-38	AT-38	双座战斗教练机
	现阶段	空军领导委托民间 DA-20	T-6A 联合初教机训练系统	T-38C	T-38C	F-15B/D 或 F-16D 等双座战斗教练机
海军	1990 年以前	T-34C	T-2C	TA-4J	TA-4J	双座战斗教练机
	1990 年以后一段时期	T-34C		T-45TS	T-45TS	双座战斗教练机
	现阶段	T-6A 联合初教机训练系统		T-45TS	T-45TS	双座战斗教练机

目前，美国空军和海军已经实现了初/中级教练机的联合训练，共同采用同一型涡桨教练机 T-6A 进行飞行学员训练，但在高级训练阶段，美国空军采用的是 T-38 高级教练

机，海军采用的是 T-45 舰载高级教练机。空军和海军是否可以采用同一款高级教练机进行飞行训练，不仅与现役战斗机类型（舰载类和非舰载类）在不同使用/作战环境下对飞行员提出的训练需求相关，同样也受到有限军费的约束，特别是当今高精尖航空武器装备带来的军费赤字现象（英国皇家空军培养一名喷气式战斗机飞行员需要付出大约 380 万英镑的训练成本）。也就是说，空军和海军航空兵飞行员训练是否采用联合高级教练机，是在训练质量与训练成本之间的权衡。

20 世纪 90 年代，美国国防部在联合初级教练机系统（JPATS）基础上，也曾提出联合高级教练机的设想，即美国空军和海军共同采用同一款高级教练机来替换 T-38 高级教练机和 T-45 舰载高级教练机，见图 4-31。联合训练计划的一个出发点就是在有限军费下的训练效益最大化，在满足不同军事部门飞行员训练需求时，将训练成本降至最低。

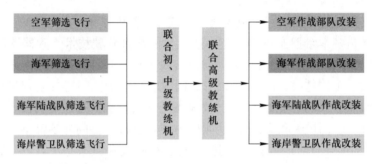

图 4-31　20 世纪 90 年代美国国防部提出的联合训练计划

一、美国空军 T-38 高级训练

美国空军飞行员在 T-38 教练机上进行高级训练，在 AT-38B 教练机上进行战斗基础入门训练（美国空军战斗基础入门训练（IIFF），欧洲国家称为战斗机入门训练（LIFT），都属于航校飞行学员正式进入战斗机部队服役前实施的一项过渡性训练）。AT-38B 是在 T-38 基础上增加了武器外挂、武器瞄准装置等，采用的是蓝色涂装。T-38 高级训练周期为 120 个训练日，分为模拟器训练和实机飞行训练。模拟器训练 22 个架次，实机飞行训练 96 个架次。主要飞行训练内容有：熟悉飞行、仪表飞行、编队飞行和导航飞行。

T-38B 战斗基础入门训练周期为 36 个训练日，19 个训练架次，主要飞行训练内容有：高级驾驶技术、编队飞行、基础战斗机动、空面攻击和低空战术导航等作战/战斗相关训练。在完成 AT-38B 战斗基础入门训练后，对学员进行专业分轨分流，进入作战部队飞行不同的战斗机、攻击机等机型。与高级训练阶段不同，战斗基础入门训练并未进行单飞训练。

二、美国海军 T-45C 高级训练

美国海军 T-45C 舰载高级教练机飞行员训练分为阶段 I 和阶段 II 两大阶段，阶段 II 在阶段 I 基础上增加了作战/战斗相关训练，并实施了舰上拦阻训练，这两大阶段又包含了 9 大训练模块。T-45 舰载高级教练机训练采用综合训练系统。训练周期约为 195 个训练日，模拟器训练 70 个架次，实机飞行训练 119 个架次，主要训练内容有：熟悉飞行、仪表飞行、编队飞行、导航飞行、武器训练和空空作战等作战/战斗相关训练。

第二节 美国空军和海军高级训练对比分析

在实机飞行训练前，训练大纲都设置了相应的理论学习课程，作为通用课程，美国空军和海军高级训练阶段开飞前的理论学习包括航理知识、气象学、飞行规则条例等。一般来说，理论学习不会存在本质差别。进入实机飞行训练，空军 T-38 高级训练与 AT-38B 战斗基础入门训练的训练课目可归纳为 5 大项：熟悉飞行、仪表飞行、编队飞行、导航飞行和作战/战斗相关训练（含高级驾驶技术、基础机动、空面攻击和低空导航）。海军 T-45TS 高级训练分为 9 大模块，从 00 模块至 09 模块，训练课目可归纳为 6 大项：熟悉飞行、仪表飞行、编队飞行、导航飞行、作战/战斗相关训练（含作战导航、武器使用、空空作战、战斗机动等）和上舰资格训练。T-38 高级训练与 AT-38B 战斗基础入门训练采用分阶段实施，而 T-45 采用分阶段结合模块式进行训练（00～04 模块属于阶段 Ⅰ，05～09 模块属于阶段 Ⅱ），空军 T-38 高级教练机和海军 T-45 舰载高级训练课目对比见表 4-16。

表 4-16 空军 T-38 和海军 T-45 高级训练课目对比

空军 T-38 高级训练与战斗基础入门训练	海军 T-45 高级训练	
训练课目	训练模块	训练课目
高级训练		
理论学习	00	理论学习
	01	
熟悉飞行	02	熟悉与仪表
仪表飞行	03	仪表/编队/夜间编队
编队飞行	04	上舰资格训练
导航飞行	05	作战导航/武器使用
战斗基础入门训练		
高级驾驶/编队训练	06	航线航行/战术编队/夜间编队
基础机动	07	空空作战
空面攻击	08	战斗机动
低空作战	09	上舰资格训练

一、熟悉飞行

高级阶段的熟悉飞行作为与上一训练阶段的衔接，主要为了保证学员在新阶段、新机型上能够安全起飞、飞行、着陆，保持并提高安全起降技术，熟悉飞机特性，进行基本程序操作训练和高级驾驶技术训练，使学员建立飞行信心。

空军 T-38 高级教练机熟悉飞行训练主要内容有：带飞熟悉飞行、单飞熟悉飞行、基础飞行、熟悉飞行考评、夜间熟悉飞行、夜间单飞和高级驾驶技术训练等。海军 T-45 舰载高级教练机熟悉飞行训练主要内容有：昼间带飞/单飞熟悉飞行和夜间带飞/单飞熟悉训练。

在训练内容设置方面，除了空军 T-38 飞行学员需要进行高级驾驶技术训练以外，其他与海军 T-45 基本一致。T-38 进行高级驾驶技术训练主要是因为 T-38 具备超声速飞行能力，而 T-45 只具备亚声速飞行能力，且 T-38 巡航速度也比 T-45 要高，因此 T-38 飞行学员需要进行高级驾驶技术训练，具备超声速飞行的驾驶能力（进行高级驾驶技术飞行时，T-38 以最大爬升速率进行爬升并完成超声速飞行）。T-38 和 T-45 在熟悉飞行时同样注重夜间着陆训练和仪表进近训练。但是海军 T-45 着陆进近过程、下沉速率控制与空军 T-38 不同。另外，对于飞行考评，空军和海军只是考评的时期不同，空军飞行学员在准备进行夜间熟悉飞行时进行飞行考评，而海军则在准备进行单飞时进行考评。

在训练架次分布方面，T-38 熟悉飞行训练 28 个架次（22 个带飞架次和 6 个单飞架次），T-45 熟悉飞行训练 17 个架次（14 个带飞架次和 3 个单飞架次）。如果不考虑 T-38 特有的高级驾驶技术训练 4 个架次，那么空军 T-38 仅多出海军 T-45 熟悉飞行训练 7 个架次。

因此，对于熟悉飞行训练来说，空军 T-38 和海军 T-45 训练的内容基本相同，空军 T-38 飞行学员需要进行超声速飞行，海军 T-45 不具备超声速飞行，因此，并无此项训练要求；训练架次基本相当。空军 T-38 高于海军 T-45 训练架次 7 个（不考虑高级驾驶技术训练）。

二、仪表飞行

仪表飞行是飞行训练课目中的常设课目，包括目视飞行规则和仪表飞行规则。仪表飞行目的是使学员在无舱外参考物下进行飞行，内容包括：仪表离场、仪表进近训练等。在训练内容设置方面，空军 T-38 和 T-37 并无本质差别，T-38 进行了 1 个架次基础仪表考评，T-45 对基础仪表和无线电仪表分别进行了 1 个架次飞行考评。在训练架次分布方面，T-38 仪表飞行 12 个架次，T-45 仪表飞行 9 个架次，T-38 比 T-45 高出了 3 个架次，且空军和海军都无单飞要求。因此，与熟悉飞行比较，空军 T-38 和海军 T-45 仪表飞行训练的相同点更多。

三、编队飞行

编队训练是对飞行学员的能量管理、机动教学和协同能力进行培养。空军 T-38 编队飞行训练内容有：双机基础编队、双机机动编队、双机中级编队、双机战术编队、双机编队考评、双机夜间定向编队和四机基础编队，在 AT-38B 战斗基础入门编队飞行中有战斗编队。海军 T-45 编队飞行训练包含了阶段Ⅰ和阶段Ⅱ中的编队训练，即模块 3 和模块 6 中的编队飞行训练，训练内容有：基础编队飞行、战术编队和夜间编队。

在训练内容方面，基础编队进行了加入/分离编队、指尖编队、长/僚机位置变换编队、左右位置变换等训练。空军 T-38 战术编队时横向间距保持 120~280m，纵向距离根据学员技术能力、环境限制等因素可适当调整，其中 T-38 战术编队训练包含双机中级编队、双机战术编队，AT-38B 仅含一项战斗编队训练课目，T-38 和 AT-38 战术编队共含 17 个带飞架次和 7 个单飞架次。海军 T-45 进行 4 个架次战术编队训练（含 1 个单飞架次）。多机编队在完成双机编队训练后进行，训练内容有基础技术、加入编队、位置变换、集结、分离等动作课目，空军 T-38 和 AT-38B 多机编队训练有 5 个训练架次（含 1 个单飞架次），海军 T-45 编队训练有 5 个架次训练（含 1 个单飞架次）。夜间编队 T-38 进行 1 个架次训练。在 AT-38B 训练中并未引入夜间编队训练，而 T-45 夜间编队进行 3 个架次训练（含 1 个单飞架次）。

对于编队飞行考评，T-38 进行 1 个架次考评飞行，而 T-45 在实施单飞前都进行飞行考评，因此需要 5 个架次的飞行考评。

在训练架次分布方面，在编队飞行训练中，美国空军 T-38 双机编队飞行训练包含 39 个训练架次（含 9 个单飞架次），而海军 T-45 双机编队飞行包含 24 个架次（含 5 个单飞架次），T-38 编队飞行高出 T-45 训练架次 15 个（单飞 4 个架次），但多机编队训练方面，两者持平。

总的来说，空军 T-38 和海军 T-45 在编队飞行中，训练内容基本一致，只是课目名称和术语叫法不一样。例如，空军双机编队称为 "two-ship formation"，而海军则称之为 "two-plane formation"。相对熟悉飞行与仪表飞行训练的架次数差异，空军和海军飞行学员的编队飞行架次数差别较为突出。

四、导航飞行

导航飞行是为学员下一步的作战/战斗训练做好准备。空军 T-38 导航飞行训练内容有仪表飞行规则和目视飞行规则训练、跨域导航飞行训练以及相应的飞行考评。海军 T-45 导航飞行训练内容有航线导航和仪表等级导航。

在训练内容方面，空海两军都强调导航训练要按符合联邦航空局的航线规则和目视飞行规则进行，T-38 和 T-45 同样进行跨域导航飞行（本国跨空域或跨国）和导航飞行考评，跨域导航飞行训练加深了仪表和导航技术，强化了飞行经验。T-38 执行了 1 个架次双机战术编队训练，而 T-45 并未提出该项训练要求。在训练架次分布方面，空军 T-38 进行了 11 个训练架次（含 2 个架次单飞），海军 T-45 进行了 12 个训练架次（含 2 个架次单飞）。因此，空军 T-38 和海军 T-45 的导航飞行训练内容和架次是基本相似的。

五、作战/战斗训练

作战/战斗训练是为下一阶段进入正式战斗机部队改装训练做好技术技能储备，实现教练机到战斗机的平滑过渡，使学员对飞机和作战/战斗训练建立信心。空军的作战/战斗训练主要是在 AT-38B 战斗入门教练机上进行，训练内容有低空导航飞行、双机低空导航、高级驾驶技术、基础战斗机动、空面攻击和低空。而海军的作战/战斗训练是在阶段 II 中的模块 05、模块 07、模块 08 中进行，训练内容有作战导航、武器操作、空空武器发射、特情处置、空战机动等训练。

在训练内容方面。空军和海军都注重培养学员在地面高度 150m 下的低空飞行能力，加强战术编队情况下低空感知训练。空军飞行学员进行 1 个架次低空编队并模拟目标攻击，而海军进行 7 个架次作战导航训练并模拟低空情况下目标攻击。T-38 低空导航飞行训练包含 10 个架次训练（1 个架次评估飞行，4 个架次双机编队飞行），AT-38B 进行 1~3 次低空导航飞行。T-45 进行 8 个架次作战导航训练（含 3 个架次编队训练和 1 个架次单飞训练）。另外，空军 T-38 和海军 T-45 在空战机动训练中，都进行进攻训练和防御训练，进行一对一空战，二对一空战等。在 T-38 中训练较多的是基础战斗机动训练（含 9 个架次：4 个架次进攻和防御机动训练，5 个架次基础机动训练），在 T-45 中进行最多的是空战机动训练（含 7 个架次）。

在武器使用训练方面。AT-38B 进行 4 个架次空面攻击训练，而 T-45 则进行 8 个架次空面攻击武器使用训练（含 4 个单飞训练），另外，AT-38B 进行了 1 个架次的超声速高级驾驶技术飞行，而 T-45 则进行了 1 个架次的特情处置飞行训练。

在训练考评方面。对于该部分的训练考评，空军 T-38 对低空导航飞行进行了 4 个架次考评。对整个作战，战斗相关训练结束后进行 1 个架次考评，而 T-45 在单飞前都进行了飞行评估，架次数为 13 个。考评内容，T-38 仅对武器发射操作程序进行评分。对轰炸/攻击的命中率未评分。而 T-45 对发射程序的操作、首发命中率等都进行了评分。

在训练架次分布方面。空军 T-38 作战/战斗相关训练架次为 25 个架次（无单飞训练要求），海军 T-45 作战，战斗相关训练架次为 38 个架次（25 个带飞架次和 13 个单飞架次），T-45 高出 T-38 训练架次 13 个，是由单飞训练引起的。另外。T-38 和 T-45 都进行了 4 个架次的多机编队训练。

总的来说，该部分的作战/战斗相关训练。空军和海军作战训练内容基本一致，T-45 学员进行了 1 个架次的特情处置训练和 13 个架次的单飞训练。T-38 进行了 1 个架次高级驾驶技术训练，但未进行单飞训练。两者之间的架次分布差异较大，海军 T-45 高出了空军 T-38 训练架次 13 个，高出的 13 个架次是由单飞训练引起的。

六、上舰资格训练

上舰资格训练是针对舰载机飞行员开设的专业训练。海军 T-45 上舰资格训练包括两部分：岸基着陆训练（FCLP）和舰基上舰资格训练（CQ），分为阶段 I 和阶段 II 两个阶段实施。其中阶段 I 仅进行岸基着陆训练，训练架次为 9 个，阶段 II 进行 9 个架次岸基着陆训练和 1 个架次的舰基上舰资格训练（在最后一次的训练中完成舰上拦阻训练）。

第十八章　德国空军训练变革情况（2013）

2010 年，德意志联邦国防部启动了一项德国武装部队改革计划，改革目的是使武装部队更有效、更经济地完成任务。财政紧缩要求武装部队更严格地节省开支，截至 2015 年，需要削减超过 80 亿欧元，现有武装部队裁员 25 万人。这直接导致德国武装力量在人员、武器系统和基地全面缩减的同时，还要满足未来一定兵力永久部署任务的需要。

德国空军认为，21 世纪的安全环境使其必须面对许多新挑战，这些挑战有国家层面的，也有集体防卫方面等，主要包括：不友好国家会直接影响国家安全，更有甚者可能拥有弹道导弹系统等先进武器；现代科技非常依赖现代化通信手段，更易遭受信息攻击；卫星系统、进入太空对全球经济和军事同样至关重要；气候变化、资源争夺、城市化和社会经济挑战等都加剧了人类未来所面临的安全挑战的复杂程度。北非地区冲突已经不仅仅限于地面作战，当空中的态势监控已经不再能完全起到应有的作用时，就应该考虑空中打击的介入。在"飞马座"行动中，德国空军利用数架运输机快速撤离了至少 250 名人员。相应地，安全和国防不仅是致力于低烈度冲突，而且必须提供全球范围安全防范的反应能力。为了应对 21 世纪安全环境的挑战，德国正在调整武装力量以使其有能力迎接挑战。

以下将从使命任务、编制体制、训练情况等几方面对德国空军近年来的训练变革情况进行综述。

第一节　使命任务

德国空军面临基础能力需求变化，需要在传统制空能力和空中行动保障能力配置方面达成新的平衡。特别是，空中力量的保障角色将变得越来越在未来能力中占多数，新型德国空军需要为陆军和海军提供定制化的服务。在联合战役中，情报、监视和侦察、指挥和控制、效基作战和作战保障必须紧密联系、默契配合。阿富汗战争的最新经验提供了对新挑战的非常有价值的情况。由于德国空军为国际安全部队提供了 50% 的战区内空运能力，因此对空中行动保障有更深刻的理解。在阿富汗进行的"苍鹭"无人机系统操作中也拓宽了德国空军对于在无人驾驶航空领域未来技术的视野。德国空军开始将对德国未来空中力量能力的理解摆在一个面对多样化威胁和挑战的位置，也即是，德国空军必须有能力应对最有可能的行动要求，但同时也不能忽视最危险的行动要求。

在面向未来时，德国空军将不断发展新的概念和调整其行事之道，从而能够在威胁变成现实之前予以遏制。德国空军目前正重点发展对未来空中力量至关重要的四个方面。

一是无论是军事还是非军事，充分利用太空变得非常重要，德国空军在乌德穆的太空态势感知中心具备初始作战能力，是进入这一重要需求领域的第一步。

二是防空反导不仅是盟军的首要任务，也是德国空军的未来主题之一。德国空军在该领域已经具有了一定的能力，未来还将使其扩展到国家层面，并按北约内部能力建设流程与盟军共享这一能力。

三是德国空军致力于成为德国联邦国防军内部应用中、高空长航时无人机系统的先锋。在全谱情报收集能力的基础上，还将发展对联合战役精确效果评估的能力。

四是发展整合程度更高、协同水平更好的联合战役概念。德国空军已经开始着手发展与联合作战有本质区别的、更加新颖的空面一体战概念。

第二节　编制体制

为了满足未来任务能力需求，德国空军也对其组织结构进行审视和革新。重新审视当前做事方式的目的是满足"面向任务的需求"。分析表明，指挥结构需要扁平化，决策周期需要缩短和提速。而对工作流程和指挥、控制、通信程序的分析表明，德国空军2020年新组织结构将以更高效和更"面向任务"的形式重组。重组后，司令部的总数量将显著减少，因此，指挥控制程序将更加顺畅。职责范围将覆盖空中行动、空中和地面军力指挥、部队保障等。虽然，德国空军将裁减规模，但是由于其更加高效，且更加"面向任务"，因此可以使作战部队从上至下的执行力更高。通过减少部队中的过头或过度投资的空闲资源，德国空军能够加强其战术作战单位。通过削减规模、理顺结构，德国空军可以构建更灵活的指挥控制结构，并以此产生更高效的决策流程。新的德国空军的领导关系和职责任务虽然看上去是松散的，但是可以在单一机构内进行集中管控，并清晰定义各位军事指挥官的职责。这些指挥官不仅控制空军资源，而且需要把控训练，例如，在其专业领域发展战术技术和程序，这样就可以更与时俱进地适应作战需求变化。

德国空军承担训练及联合或空军单独作战行动投送部队的任务。在国防部一级以下，空军被分成两个主要的司令部：空军司令部和空军办公室。空军司令部及所属单位的主要职能是承担空军的作战及战术训练任务，而空军办公室则负责空军的后勤保障工作。空军办公室又下辖师一级的武器系统司令部和训练司令部。德国空军训练主管层级见表4-17。

表4-17　德国空军训练主管层级

主管部门	任务	所发文件
规划层——国防部	从战略角度规划空军训练的定义和原则	训练指令及训练指导方针
管理层——空军训练司令部	落实训练指令及指导方针，协调、优化训练内容，组织训练课目	专有的训练指令和细则
执行层院校及训练机构	执行训练内容/课目	训练课目及训练大纲

德国空军训练司令部是一个重要的训练服务提供者，它与空军其他司令部机关及单位密切协同，通过提供以课程为基础的单个培训的方式，成功完成上级赋予的任务。德国空

军的核心任务是，时刻以切实做好军事斗争准备为目的，在全空军实施通用单个和专业单个军事训练，作战部队级别的训练不属于空军训练司令部直接负责的范畴。德国空军训练体系同时还为来自其他军种或单位的人员提供训练，反之亦然。

德国空军本土训练机构包括训练团和军官训练学院两类，共4个训练团、1个士官训练学院、2所技术学校。空军训练司令部位于科隆，下属的训练单位主要分布于德国的北部和南部地区。训练内容分为基础及指挥训练和专业训练。空军训练团、军官训练学院、士官训练学院主要实施军事训练，空军技术学校主要实施技术训练。德国空军为突破天气和空域等条件的限制，远赴美国开展防空导弹及飞行特种训练。位于美国得克萨斯州艾尔帕索的德国空军指挥部是统一指挥协调位于彭萨科拉海军航空站、谢帕德空军基地、霍勒曼空军基地以及古德耶尔等多处训练单位的中枢机关。

每天都有大约16%的德国空军人员进行训练，德国空军的集中化课程管理见表4-18。空军训练司令部目前是德国空军唯一的管理协调训练工作机构，主要职能如下。

①制定单个空军培训所有课程的训练目标并提供质量控制；

②空军训练司令部下属所有培训机构的训练资源管理；

③对空军人员参加空军内部及外部的培训课程，以及非空军人员参加空军培训课程等不同情况进行集中化课程管理；

④为所有空军单位及机关的通用军事训练制定大纲；

⑤为空军（武器）系统采购工作提供训练方面的计划及辅助意见。

表4-18　德国空军的集中化课程管理

集中化课程设置管理		
单个训练课程控制与课程总量控制		
基础军事训练（除空军训练与任务管理以外）约12000个培训机会	空军训练与任务管理约46000个培训机会（包括经地方认证的军事职业教育）	地方科研单位工厂企业约7000个培训机会
约6600门单个课程/门	5803	810
约1700个大类/个	1452	307
约200家培训单位/家	108	78

德国空军的单项训练既可以在培训单位进行带通用及专业军事认证的培训，也可以在工作岗位上进行工作训练，还可通过远程教育等现代化手段进行培训。从"院校体系"毕业后的职业专业技能训练转移到空军作战司令部实施。在机组、单位和团队的层面上达到专业技能的强化、提高以及相互促进。协同训练的一部分内容被整合到有多国联合背景下的演习中进行。在正式服役之前还有岗前培训，例如，进修培训、基于任务辅助训练、高级培训和基础培训等。部分训练内容由空军训练司令部和空军作战司令部实施。其主要训练质量管控特点包括以下两个方面。

一是按照效能—成本效率—程序优化—质量标准来检测训练效果。没有质量控制，训练很容易与需求脱离。从用户方的工作描述和训练需求出发，制定训练目标和训练课程或大纲，以便为训练的开展提供依据。最终获得资格证书后，个人的训练才算完成。

二是训练体系本身会对目标达成的情况以及训练的方式不断进行评估。外部评估程序是以用户为导向的。训练系统会提问用户需要提供什么产品。用户在输入需求的同时会通过更改工作描述或变更训练目标而强化训练。评估的目的是按照效力和效率、成本效率、程序的优化以及最重要的质量标准来检测训练效果。

第三节　训练情况

德国空军为迎接未来的挑战，不断更新现代化的训练和教育概念，具体体现在军官专业训练和空勤训练等多个方面。德国空军飞行员均为准尉以上级别军官，需要接受空军军官专业训练。在德国空军军官学校学习军官课程（11 个月）后，学员在位于汉堡或慕尼黑的联邦武装部队大学学习（3~4 年）。约有 60% 的飞行员在军官学校毕业后会直接接受飞行训练，其余学员进入大学深造，以便将其培养成为未来的军队领导者和参谋军官，在本国或国际指挥部中效力。为保证大学毕业生能够胜任德国空军军官未来要担负的任务，在专业训练开始前，学生都要在德国空军军官学校接受指挥员培训（2 个月）。不同课目的训练时限不同，具体如下。

①部队防护，3 个月；
②供应与后勤，4~5 个月；
③电子设备，5 个月；
④信息技术，3~7 个月；
⑤技术勤务，2~7 个月；
⑥地空导弹，6.5 个月；
⑦指挥、控制和通信，13 个月；
⑧军用航空空中交通管制，28 个月；
⑨飞行，28~33 个月。

目前，德国空军的飞行训练体系（见图 4-32）中淘汰和筛选分为"三阶段"：第一阶

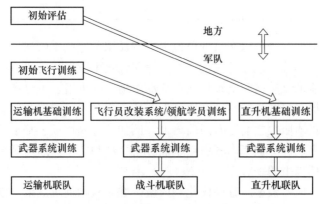

图 4-32　德国空军飞行员培养体系示意图

段是军官和军士预先测试；第二阶段是航空心理和航空医学测试，这两个阶段实际上进行的是基本能力筛选；第三阶段是模拟器试训筛选，主要是检验专业能力并进行正式学员分配，随后学员才分直升机飞行员、喷气机飞行员、多发螺旋桨飞机飞行员或武器系统军官进行培养，并进入部队服役。

一般来讲，申请加入飞行员训练和武器系统操作员训练的人员在进入部队前首先要接受测试。测试时间大约持续三周。首先在科隆进行3天的候补军官选拔测试，然后在军官训练学院进行为期9天的飞行能力倾向测试。这一独特的程序确保了部队能选拔出最合适的人员，以便他们能真正抓住机遇，完成训练。

德国空军飞行员选拔过程（见图4-33）可以分为三个阶段，即军官和士官预选、航空心理和生理测试、专业筛选。首先，对候选学员进行测试，看其是否具备作为一名空军军官所应具备的基本素质。通过此项测试是下一步在航空医学院接受心理和生理测试的先决条件。医疗测试是检查候选学员的身体状况；生理测试，包括模拟器飞行，是检查候选学员心理承受能力、多任务执行能力和协同能力。在初始评估结束时会提供一个分轨制课程建议书。该评估取代了过去利用在飞机上进行训练来筛选候选学员的方法。在加入德国空军前，候选学员就已指导自己被选取接受哪种训练——喷气机飞行员训练、武器系统操作员训练或者运输机飞行员训练。空军不再做进一步筛选。

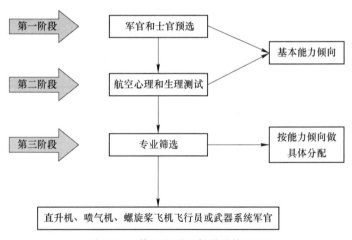

图4-33　德国空军飞行员选拔过程

尽管有许多候选学员在第一阶段和第二阶段即遭淘汰，但还会有约50%的人无法获得参加飞行员或武器系统操作员训练的资格，只有17%的人能够获准参加喷气机飞行训练，16%的人参加运输机飞行员培训。然而，即便淘汰率如此之高，仍然有足够数量的候选学员通过测试并被征召入伍，成为喷气机、运输机、直升机或武器系统操作员学员。通过测试的人员都是素质最好的候选学员，他们被挑选出来接受进一步训练，成为飞行员或武器系统操作员。

候选学员首先进入德国空军军官学校接受为期11个月的军官培训。这些未来的空勤人员中有40%的人有机会到位于汉堡或慕尼黑的武装部队大学学习3~4年，以获得航天工程、经济学等学位，成为未来高层指挥人员的核心。基本军事技能、军事领导能力以及预研能力的培养都是军官训练课程所设计的内容。为了给"协同的空军"搭建平台，所有学员都接受相同的训练，没有针对未来空勤人员的特殊课程。学员学完军官课程或从任意一所联邦武装部队大学毕业后，军官学校的一个特殊单位会为他们组织协调飞行前训练。在为期约 5 个月的飞行前训练期内，学员要为下一步的飞行训练做准备。

虽然学员在军官培训中已经接受了语言训练，但是他们在航空英语方面的语言技能还必须要得到加强。他们要接受经特殊设计的"美国资历课程"，用以训练他们的航空英语，并向他们介绍美国的行政和文化概况。除此之外，在这一阶段还对他们进行飞行心理训练和海上生存训练。3 个月的初始飞行训练分为两个阶段。前 5 周是理论知识学习阶段（在德国空军军官学校），随后是 2 个月的飞行训练阶段。

飞行训练阶段包括特定飞机理论培训并根据所选分轨制课程分为：喷气机飞行学员 33h；武器系统操作学员 23h；运输机飞行学员 13h。此阶段的培训由德国空军驻美第 3 训练中队实施。该中队驻扎在亚利桑那州菲尼尔斯城附近。其训练设施与亚利桑那航空训练中心在一起。该训练中心原为一家美国公司，但现为德国汉莎航空公司飞行训练机构所有并运营。汉莎航空公司飞行训练机构为这里的德国空军提供基础设施、设备维护勤务以及训练用飞机。学员们的飞行教官必须是具有战斗机机型背景的军方飞行员。

德国空军学员们在最初接受飞行训练时就要树立目标：即获取飞行员应掌握的知识和技能，做好适于进行将来作为喷气机飞行员、运输机飞行员或是武器系统操作员而要接受的后继专业飞行训练的准备工作。通过初级飞行训练的某些方面，即可作出初步评估并进行分轨制课程分配。公共基础课之后，学员们就要学习分轨制课程。这时，运输机飞行员将返回德国，而喷气机飞行员和武器系统操作员则继续留在古德耶尔进行下一步的训练，课目主要集中为起落航线、仪表、高性能机动、螺旋以及编队等。

喷气机基础和高级飞行训练中，初始飞行训练在美国亚利桑那州古德耶尔进行，理论课时为 146h，飞行训练 33h，采用轻型螺旋桨飞机。飞行学员训练在美国得克萨斯州谢泼德进行，理论课时为 534h，模拟训练 62 课时，飞行训练 257h，采用 T-6A 涡桨教练机和 T-38C 喷气式教练机，为期 15 个月。

为提高训练质量，德国空军从 2002 年开始装备 G120A 用于初始飞行训练。这是一型单发螺旋桨飞机，襟翼与起落架可收起并具备特技（垂直机动）飞行能力。飞机配备了包括 GPS 在内的仪表飞行系统，座舱电子显示器也便于学员们初步熟悉现代驾驶舱布局，建立起对飞行训练技术发展水平的初步印象。

在完成飞行学员培训后，成为德国空军飞行员，可获得美国和德国的翼型空军飞行胸章，但仍然需要继续其他的训练课程。飞战术战斗机的小时数是非常珍贵的。因此，学员们往往再花 3 个月的时间进行战斗机基础飞行改装训练：战斗机、战斗轰炸机、多任务飞机。另外，还要在大约 18 飞行小时内进行 19 架次的飞行训练课目。富有战斗机经验的飞行教官指导学员进行战斗机或者战斗轰炸机的基本技能训练。训练中使用了现代化的模拟器、训练讲评设备、经过现代化座舱改造的 T-38C，以期学员们取得最佳训练效果。

武器系统操作员的训练在彭萨科拉海军航空站，与美国海军共同合作展开。与飞行员的欧洲—北约联合喷气机飞行员培训课程不同，武器系统操作员培训课程是由美国开设、允许盟友参加的一个训练课程。与学习欧洲—北约联合喷气机飞行员培训课程相类似的是，学员们将在完成一种教练机的训练之后，转入下一种更加专业的也更加针对个体需求的训练机种。开始时，依然是利用 T-6 让学员们熟悉新的环境。尽管日后并不要求这些学员真正驾驶飞机飞行，但还是有必要让他们获得一定的实际飞行训练体验。在 T-45 教练机训练阶段，学员们将学习战斗机机动以及低空导航的一些基本技能。T-39上装备了现代化雷达，学员们在改型飞机上主要进行雷达截击训练。

经过17个月的理论学习和高强度的模拟器与实际飞行训练之后，学员们毕业，成为武器系统操作员。培训课程进展到这一步，已经涵盖了他们日后将执行任务的方方面面，因此，无须再对其进行专门的战斗机改装训练，而是直接进行任务训练。德国空军"狂风"战斗机武器系统军官训练在位于美国新墨西哥州霍罗曼空军基地的德国空军飞行训练中心进行，理论课时为190h，模拟训练22课时，飞行训练88h。欧洲战斗机武器系统军官训练在德国拉格空军基地的第73战斗机联队进行，理论课时为227h，模拟训练87课时，飞行训练63h。

德国空军运输机飞行员的基础训练和高级训练全部外包给汉莎航空公司飞行训练部。学员在完成初始飞行训练后，被送到汉莎航空公司不来梅飞行学校。为了使训练适应德国空军的需求，德国空军负责制定训练大纲，并派出军事教官参与飞行训练的全过程。部分飞行训练在位于美国亚利桑那州古德耶尔的航空公司训练中心实施，德国空军第3训练中队为这部分训练提供保障。

德国空军与汉莎合作的基础飞行训练为期19个月，其中理论课1040h，模拟器40h，飞行200h。C-160飞机武器系统训练为期6个月（第62运输机联队，旺斯多夫），其中理论课242h，模拟器43h，飞行27h。学员的训练内容还包括国际民航规则，为了加强训练质量管理，在民航训练单位中派驻有军事飞行教官，德国空军训练部门与民航合作伙伴共同制定训练大纲和教材。新飞行员在服役42个月后分配到部队，具备副驾驶员"初级作战能力"资格。经验表明，运输机飞行员毕业后都能较好完成德国空军在全球范围内的各种任务。

第十九章 未来战斗机发展对军事飞行训练的需求

第一节 未来战斗机的主要技术特征

目前，军事和工业部门正在开展针对未来战斗机发展的研究与探讨，特别是美国空军已经由概念探讨转向前期论证，在第四代战斗机 F-22、F-35 的后继机型发展问题上已经迈出了实质性的一步，以应对俄罗斯、中国的第四代战斗机，保证今后 20 年美国空军力量的"全球"和"全域"能力，保持其领先一代的绝对优势。通过对公开信息的分析梳理，未来战斗机应具备的主要技术特征可以归纳为以下几点。

一、更加突出的隐身能力

从目前情况来看，反隐身技术还没有取得实质性的突破，因此隐身仍然是下一代战斗机必须具备的基本特征，是保护自身，提高作战效能的重要手段。同时随着隐身技术突破现有技术的局限，未来战斗机向宽频谱和全向隐身能力方向扩展，并进一步提升红外隐身性能，是其技术发展的一个重要方向。

二、更高的机动能力

随着战斗机隐身能力、电子干扰能力等能力的增强，在技术优势明显的作战背景下，超视距作战将是空战的主流；但在技术能力相当的情况下，近距格斗将是空战不可避免的体现形式，未来战斗机仍须具备更高的机动能力以保证在近距格斗中的优势，提高作战能力和生存能力。

三、模块化、多任务能力

为应对新的军事战争环境需求和作战体系理念发展需求，以及航空武器装备的成本效益要求，未来战斗机将具备更多的作战使用任务能力，既可完成空战和对面攻击任务，也可承担部分侦察监视、通信中继、指挥控制、信息战等任务，兼备战斗机、侦察机、预警机和电子战飞机的功能。因此，未来战斗机将具有模块化特点，除在任务载荷上的模块化外，在总体布局、机体结构及系统等方面均将具有模块化特点。

四、更优异的信息化、网络化和态势感知能力

信息优势和空战过程中的战场态势感知能力是取得战争胜利的关键因素，未来战斗机

应具备高感知力、优异的信息化和网络化能力，并通过更加先进的综合化航电系统，将探测、跟踪、瞄准、攻击等任务在不同的飞机平台和武器之间进行优化与协调，实现陆海空天、有人/无人侦察、有人/无人攻击平台等多种航空武器装备的网络化协同作战。

第二节　未来战斗机发展对军事飞行员的核心能力的需求

基于未来战斗机的技术发展特征、未来战争形态的变化以及航空兵部队使命任务的拓展，使得军事飞行人员的核心能力培养由"驾驭"能力向"管理"能力转变。未来军事飞行人员的"管理"能力是建立在驾驶/驾驭技能之上的深度能力，这种"管理"能力需求主要包括以下几个方面。

一、态势感知能力

态势感知能力是指军事飞行员在一定的任务环境中掌控当前、把握未来战场态势的能力。

二、信息综合管理能力

信息综合管理能力是指对信息获取、加工、处理、传递的理解和运用、战区武器装备管理能力。

三、武器管理使用能力

武器管理使用能力是指军事飞行人员对战区机载武器系统的管理、控制与使用能力。

四、战术运用能力

战术运用能力是指飞行员通过灵活运用战术，管理战区航空武器装备，最大限度地发挥机队和机载武器效能，达成作战目的的能力，这种能力本质上是一种创新管理能力。

五、战区管理能力

战区管理能力是指飞行员审时度势、自我决断未来行动，达到对本机的最有利态势控制和对机群（如无人作战飞机、侦察机等）最合理管控的能力，实现地面、空中军事飞行人员的联合作战。

第二十章 新时期空军飞行人才核心能力（2012）

空军飞行人才培养是我军人才培养工作的重点任务之一，核心能力培养是飞行人才能力建设的核心工作，厘清飞行人才核心能力要素，确立核心能力培养基本策略，必将对新时期空军飞行人才培养质量起到方向性、指导性作用。

第一节 对人才核心能力的基本分析

一、核心能力概念的提出

1990年，美国哈佛大学普拉哈拉德和哈莫教授率先提出"核心能力"概念，其内涵是指"企业和公司所具有的主要能力，即在市场竞争中处于绝对优势的最强项，能给企业带来长期竞争优势和超值利润"。美军很快就把这一概念引入军事领域。

二、人才核心能力的基本内涵

人才核心能力是从各项基本能力中抽象出来并具有关键性和决定性作用的能力。军事人才核心能力是在思想政治、科学文化、军事专业、领导管理、身体心理等各项基本素质能力整合、升华而成的，主要体现在高标准履行岗位职责，积极推进工作创新，需要不断学习积累、实践锻炼、逐步提升。针对飞行人才岗位情况、未来发展需求，在军事人才核心能力基础上抽象升华出来的空军飞行人才核心能力，是空军飞行人才履职尽责的核心指标。

三、我军核心能力的提出

在我军军事训练转变进程中，专家学者提出了以打赢信息化条件下局部高科技战争为我军新时期新阶段的核心军事能力，这与我军一个时期内的任务职责相符。在中央军委提出了军队要履行军事行动与非军事行动的概念后，各军兵种也陆续结合自身实际提出核心能力建设的标准和内容。

四、我国空军飞行人才核心能力的提出

胡锦涛在党的十七大报告中指出，"贯彻新时期军事战略方针，加快中国特色军事变革，做好军事斗争准备，提高军队应对多种安全威胁、完成多样化军事任务的能力，坚决

维护国家主权、安全、领土完整，为维护世界和平贡献力量"。总参根据胡主席的战略思想，要求全军把军事训练作为加强部队建设和军事斗争准备的重要推动，把提高核心军事能力作为军事训练的根本着力点，把改革创新作为推进军事训练转变的强大动力。2010 年初，空军就人才培养问题专门组织人员进行"空军人才培养路线图"规划，并明确提出了要突出人才核心能力培养。飞行人才既是空军主体战斗力，又是空军（航空兵部队）的领导力量，可见飞行人才核心能力建设既是空军人才培养的重点方向，也是我军战斗力生成的重要来源之一。适应军队建设发展，飞行人才核心能力建设务必落实军委、总部的指示和要求，不断提高飞行人才培养质量。

第二节 空军飞行人才核心能力的构成要素

按照人才职能定位和岗位需求，空军飞行人才核心能力要素应该按照指挥员和战斗员等方向加以分析，空军飞行人才核心能力模型由 4 个模块构成，共 12 个要素，如图 4-34 所示。

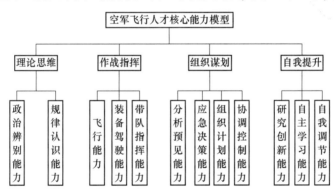

图 4-34 空军飞行人才核心能力模型

一、理论思维

1. 政治辨别能力。政治辨别能力是正确把握价值取向，敏锐洞察是非，保持政治坚定的能力。飞行人才岗位的特殊性，造成敌对势力也重点关注我军飞行人才，是其策反、攻心的重点方向。为此，飞行人才必须具备灵敏的政治辨别能力，必须清晰地掌握和了解国内、国际情况，时刻坚持理想信念，时刻坚持党对军队的绝对领导，时刻坚持与党中央、中央军委保持高度一致。无论是战斗岗位，还是领导岗位，这都是必须具备的基本条件。

2. 规律认知能力。规律认知能力就是运用科学思维方法，把握工作规律，有效提高技术保障水平的能力。无论是作战规律，还是组织管理方法，都会随着时代的发展而不断变化，对规律的认知和把握是飞行人才不断成熟的标志，也是评判理论思维是否合格的基本尺度。

二、作战指挥

飞行人才的主要战场在空中，特殊的环境、独特的战术、战法，这要求飞行人才具备相应的作战指挥能力，才能胜任飞行人才主体岗位之一空中战场的需要。

1. 飞行能力。飞行能力的概念在新一代大纲中已经明确提出，并对飞行学员的飞行能力进行了具体界定，主要包括：理解接受、独立准备、状态判断、操纵控制、综合领航、机动飞行、应变处置、协同配合。这八种能力对飞行人才的飞行能力是一个指导性概念，是一个方向性要求，对飞行人员群体而言是一种基本要求，有些内容（如理解接受、独立准备等）需要在学习阶段加以养成，其他方面更需要日积月累、不断完善。飞行能力是飞行人才满足岗位需求的必备条件。

2. 装备驾驭能力。根据空中战场中执行任务的高机动、高过载等客观因素的需求，飞行人才的身体素质是作战指挥能力的基础。飞行人才的身体素质历来受到重视，这既包括飞行人才自身客观条件，例如，各身体器官、系统的基本条件，同时对个体后天条件也非常重视，例如，耐力、抗眩晕、爆发力等方面，良好的身体素质是飞行人才执行飞行任务的必要条件。另外，现代化的武器装备已经不再是简单意义上的热兵器，而是集信息化、智能化于一体的高科技武器装备，驾驭现代化的飞行器，不仅需要操控能力，更主要的还应具备高超的信息化设备管理和运用能力。总体看驾驭装备能力是飞行人才作战指挥能力的重要条件。

3. 带队指挥能力。飞行人才主要面对空中战场，执行联合作战任务时，还要与其他军兵种密切配合，无论是单兵作战，还是联合作战的战术素养，对有效完成作战任务不可或缺，也是带队指挥的能力的基础。另外，飞行人才在执行作战（飞行）任务时，既有机群带队问题，也有机组资源管理问题，带队指挥能力的强弱是一个团队能否有效形成合力的关键因素。

三、组织谋划

作为空军中高级干部的重要来源之一，飞行人才的领导管理能力是其核心能力的另一项核心指标。

1. 分析预见能力。"故明君贤将，所以动而胜人，成功出于众者，先知也。"（出自《孙子兵法》）从飞行人才作为部队管理干部的角度出发，必须能准确预见任务进程，善于从细小环节发现战场情况变化，及时把握先机，牢牢控制战争的主动权。针对现代化战争的全时空、全领域、体系对抗的特征，非战争军事行动的军事力量部署、政治以及经济因素的考量等，飞行人才还应具备全球视野，这对于中高级飞行领导干部具有极其重要的作用。

2. 应急决策能力。是指对作战行动或非战争军事行动的力量使用与保障方法进行的快速筹划和决断能力。特别在信息化条件下，决策的正确性、风险性逐渐增大，快速、准确、高效、科学的决策，对于把握主动权，完成多样化军事任务显得尤为重要。对于飞行人才来讲，张扬的个性对于应急决策能力的形成非常重要，遇事优柔寡断，不能个性鲜明地给出可行性办法，必将贻误战机。

3. 组织计划能力。组织计划是部队完成阶段性任务的依据，也是完成各项任务的基本条件。无论是日常飞行训练，还是完成空战任务，对组织计划要求的标准都非常高，就此而言飞行人才的组织计划能力也尤为重要。

4. 协调控制能力。协调控制是将作战决策或计划付诸实施的关键，是对作战行动或非战争军事行动的掌握与驾驭，是完成多样化任务的基本途径。随着大量高科技武器装备投入使用，未来应对多种安全威胁的战场控制任务，将更加重要且日趋复杂，这对飞行人才提出了更新、更高的要求。

四、自我提升

社会在迅猛发展，知识在不断更新，对于任何人，都需要不断拓展完善自我，才能更好地适应岗位和生存的需要，飞行人才也不例外。

1. 研究创新能力。创新精神是自我完善的最高境界，具备了创新精神，自我完善才有不竭的动力源泉。飞行人才只有占领了创新的高点，方能带领部队不断走向新的胜利。飞行人才的研究创新能力，首先需要的是扎实的数理基础，这是建模的需要，也是复杂电磁环境下作战的基础理论；其次需要专业理论精通，这是完成职业需要的基础；最后还需要具备较高的人文素质，这是创新能力形成的内驱力。

2. 自主学习能力。终身学习是自我发展完善基本的理念，在信息社会中，信息能力和素养是自主学习的必备条件。飞行人才自我完善，除岗位学习、任职培训之外，更重要的是借助信息化手段，不断补充新知识，不断提高自身修养，达到与时俱进的效果。

3. 自我调节能力。飞行人才始终面对复杂的环境，无论是面对战场环境，还是领导岗位，都需要思维敏捷、思路清晰，这对飞行人才自我调节能力提出很高要求。不能灵活调整自我情绪，快速转换角色，必将影响工作质量，也必将制约自我完善进程。

第三节　空军飞行人才核心能力培养的基本策略

飞行人才核心能力的培养，应该采取机关统筹、系统设计、目标培养的策略加以开展。能力是点滴培养、不断生成的，所以针对能力培养要做好系统设计，尤其对作为国家战略储备力量的飞行人才更应如此。

一、机关统筹

统筹是开展工作的基本方法，防止统筹不够造成工作凌乱。飞行人才核心能力培养，是关乎空军建设的重大问题，工作开展应该由空军机关牵头拉总，充分调动相关单位和人员力量，确保整体优势得到有效发挥。

二、系统设计

预则立，不预则废。飞行人才核心能力培养开展之初，顶层要做好充分谋划，对核心能力指标进行合理拆分和任务布局，对训练大纲进行适当修改，对各项培养内容进行细化明确，确保基层得到明确清晰的任务指标。

三、目标培养

目标培养是基础工程，是具体落实的基本方法。作为飞行人才培养的主战场，有关院校、航空兵部队等单位，要按照上级下达的任务指标，结合自身实际，对飞行人才的核心能力指标进行细化分解，将指标融入具体的教育训练任务中，确保培养目标得到有效落实。

第五篇　非技术能力与飞行训练

　　长期以来，我国空军军事训练注重的是飞行员技术能力的培养，而非技术能力无论是在理论研究、理念引入还是具体实践上，都存在着巨大的差距。同时，到目前为止非技术能力的内涵也并没有一个统一的界定。

第一章　非技术能力概述

第一节　概　念

非技术能力（non-technology skills），指的是人际沟通、协调、领导、情境意识以及决策等方面的技能，与个体的专业操作技能相对。20世纪90年代中期，欧洲联合航空局（JAA）在研究飞行安全时，为更好地解释非技术因素与技术因素之间的区别，以及更准确地评价飞行员的非技术技能，提出了这一概念。在核电、航天、航空、石油化工等复杂社会技术系统中，传统安全控制强调技术可靠性以及人因工程。而随着技术的不断进步，人为因素造成的事故占比越来越大，仅靠技术和设备的提高并不能够保证安全。在一份90年代的调查研究中，研究者们发现近20年70%~80%的飞行事故涉及人为失误，是由于人们在沟通、合作和决策等方面出现了问题。这说明，相对于技术因素，非技术因素对飞行安全体系的影响作用更加巨大。因此，人们对于非技术因素的研究与实践逐步深入。

但是长期以来，我国空军军事训练注重的是飞行员技术能力的培养，而非技术能力，无论是在理论研究、理念引入还是具体实践上，都存在着巨大的差距。同时，到目前为止非技术能力的内涵也并没有一个统一的界定。一些学者将非技术能力较为宽泛地定义为"飞行员技术能力以外、对飞行活动可能产生影响的一切主观层面因素"；另一些学者则更倾向于从资源管理的角度予以解读，认为非技术能力主要是指个人对"飞行系统内部，包括人员、装备、财力、物力、人力、时间、空间等各种资源进行计划、组织、指挥、控制并达到顺利完成飞行任务这一特定目的"的管理能力。从其概念的外延来说，也众说纷纭。一些研究认为，非技术能力向外延伸可以包括团队精神、职业素养、敬业精神、心理素质、心理需求等内容。但同时也有研究认为，非技术能力应当包括生理心理状况、思想观念、主观警惕性、应变能力、团结协作精神、空间定向能力等主要方面。还有研究认为，非技术能力作为飞行员的核心能力素质，主要包括警觉力、精力、定力、体感思维能力、身心状态、心理品质、个性倾向、性格气质、身体素质等内容。

此外，军事飞行与民航飞行相比面临的任务环境多种多样，因此有着更为丰富的内涵和外延。而军事飞行职业特点决定了非技术能力研究不仅限于保证安全飞行的单一目的，更要扩大化到打赢信息化条件空战和飞行员全面发展的层面。因此，鉴于这一概念的历史变迁、现实意义以及后面将会论述到的非技术能力的特点来看，其概念可以较为宽泛但是其外延研究则一定要严格、细致。因此从飞行员能力结构组成出发，非技术能力可以定义为"飞行员能力结构中，除飞行技术能力以外的、对保证飞行安全和完成飞行任务产生影响的一切主客观因素"。

进一步地，非技术能力的外延则应以飞行职业核心能力和飞行员全面发展为着眼点，在大量实践和理论研究的基础上进行深入细化分类，从而形成独立分类、包含全面的结构体系。通过借鉴国外及民航经验做法，构建符合我国空军飞行员特点的非技术能力模型，从而推动该领域研究和实践走向深入。

一、技术能力和非技术能力

参照经典的人员能力素质理论，研究者将飞行人员能力分为专业能力和核心能力。其中，技术能力是专业能力的一部分，而非技术能力也就是核心能力。一般来讲，飞行员的能力素质分为技术能力和非技术能力两个方面。

技术能力是指飞行员操纵和驾驶飞机的能力，也就是传统意义上的驾驶操纵技能，如落地是否标准、空中数据保持是否严格、下滑线是否平滑等。换句话说，技术能力通常就是一个飞行人员所具备的对飞机进行准确操纵、完成某个特定或整套动作的能力。这是衡量一个飞行员能力好坏的重要指标，也是飞行院校培养飞行学员的主要目标，在飞行学员训练大纲上能够找到明确的标准的规定。从其内容上来说，技术能力一般包括动作要领的准确性、注意力分配的合理性以及对偏差修正的及时性等方面。

相比之下，非技术能力是指除飞行员对具体飞行动作进行操纵的能力之外所具备的各种综合能力的统称，包括对空中态势的观察判断能力、对新的练习动作的理解能力、对自我存在问题的分析解决能力、对存在风险的评估能力乃至面对困难挫折时的心理承受能力。也有一种说法认为，飞行中的非技术能力就是飞行员本性能力和把握外部环境的能力。其中，本性能力包含飞行员的生理状况、心理素质、思维能力、精神意志，以及注意、观察、理解能力等所有的内在品质。例如，对飞机状态和飞行环境的整体意识、对机上装备相互关联关系的准确判断、对各种有效资源的充分运用以及良好的情境意识、出色的判断决策能力、稳定的心态和过硬的心理素质。把握外部环境的能力包含飞行员对工作环境的适应力、飞行节奏的调节力、训练法规的认知力、职业道德的趋向力以及个体行为的约束力等。

技术能力和非技术能力是一组相对而言的概念，它们之间既有联系又有区别。一方面，不同于技术能力在表现上的直接和显性，非技术能力作用于飞行上，其表现为间接和隐性；另一方面，飞行技术能力的提高会带来对飞行认识加深，对飞行的认知理解反过来会促进飞行技术能力的进一步提高。非技术能力常常会无形中影响到飞行学员飞行能力的提高，对其进入战斗部队战斗素质的提升具有较大的促进作用。有学者认为，非技术能力这一概念的提出目的在于能够更大程度地提升技术能力，即非技术能力对技术能力的形成具有决定性作用。

二、非技术能力和非技术技能

能力是指使活动得以完成，并直接影响活动效率的心理特征。它是在一定素质之上通过后天学习训练而获得的。技能是技术能力的简称，是指完成某项任务所具备的技术方面的能力。它是个体运用已有知识经验，通过联系而形成的包括智力动作方式（即态度）和肢体动作方式（即行为）的复杂系统。能力和技能两者具有辩证统一的关系：能力使人能够把对知识、技能的运用迁移到和它相关的问题上，从而解决新的问题、情况。技能是能力在某个技术方面的强化和体现的结果。两者不是简单的单一对应的关系。也就是说，同一种能力可以体现在多种技能上，同一技能也需要多种能力作为基础支撑。

前面已经讨论过非技术能力的概念和定义，那么非技术技能是什么呢？简单来说，非技术技能就是"非技术的技术能力"。欧洲联合航空局依托欧洲非技术技能研究小组开发了非技术技能系统（non-technical skill system，NOTECHS 系统）将飞行员的非技术技能定义为驾驶舱内和飞行活动中除"一杆两舵"技能之外的技能。该系统根据独立和简化原则，提出了 4 种非技术技能：合作、领导与管理、情境意识、决策。其中，合作、领导与管理技能是社会技能，情境意识和决策则属于认知技能。各类技能又进一步细分为不同行为成分：合作技能包括团队建设和维系、体谅他人、支持他人、人际冲突的解决；领导与管理技能包括权威与自信的使用、提供和维持标准、计划和协调、工作负荷的管理；情境意识包括设备系统的意识、环境意识、时间压力和对眼前事件的预期；决策包括问题诊断、选择归纳、风险评估、作出选择、结果评价（见表 5-1）。无论哪类技能都贯穿着沟通过程，两类社会技能可利用行为锚定系统直接表征为可观察的基本沟通行为（言语的与非言语的）。认知技能大部分过程发生在人脑中，但可以从那些可观察到的沟通行为中推测出来。由此可见，NOTECHS 系统最根本的一点是沟通，沟通是各种技能的必要手段。

表 5-1　NOTECHS 系统构成类别及要素

类别	要素	类别	要素
合作	团队建设与保持	情境意识	设备系统情境意识
	关心他人		外界环境意识
	支持他人		时间意识
	解决冲突		对眼前事件的预判
领导管理	权力的运用和决断性	决策	问题的确定和诊断
	确定和保持标准		备选方案的产生
	计划和协调		风险评估和方案选择
	工作量管理		效果评价

除此之外，有研究还提出了另一个非技术技能模型，认为非技术技能包括情境意识、决策、沟通、协同（team working）、领导、身体资源（personal resources）六类相比 NOTECHS 系统，这一模型中以协同来代替合作，并且在情境意识中增加了共享的心智模式（shared mental models）这一元素，强调了非技术技能团队取向的本质。同时也考虑了一些身体资源，例如，压力的自知与管理、降低疲劳、身心协调等非智力因素。

由此可见，单纯从飞行安全角度来看，非技术能力的研究就是针对非技术技能的形成而提出的。换句话说，非技术技能是非技术能力在"驾驶舱"和"飞行中"之外的拓展，二者具有包含和承接的关系。因此，在把非技术能力作为研究对象时，其与非技术技能相比在空间和时间上将大大拓展。

第二节 特 点

根据前面对非技术能力这一概念的分析，我们知道非技术能力的特点有三个：表现形式的内隐性和不确定性、能力生长的长期性和阶段性以及概念外延的宽泛性和交叉性。

一、表现形式的内隐性和不确定性

非技术能力表现形式的内隐性和不确定性是由于人的复杂性，例如，隐蔽的心理状态、信号畸变（交流中的误解）等特点决定的。以前面提到的欧洲联合航空局提出的NO-TECHS系统为例，飞行员的认知能力是无法被直接观察到的，因为认知能力并不会直接以明显的行为表现出来，而是形象地出现在飞行员的脑海里。要对这些认知过程进行评估，只能从可观察到的行为入手进行推断。例如，飞行员讨论备降机场的行为说明备选方案的产生和比较过程已经开始，飞行员向塔台索要数据说明其对飞行状态进行着识别并需要进一步验证和调整。而对社会技能来说，虽然飞行员的行为通常是以能被直接观察到的沟通形式（语言的和非语言的）表现的，但其行为并不一定与观察者的理解一致，这是由于心理活动的隐蔽性和信息传输的变异性所导致的。

非技术能力表现形式的内隐性和不确定性使得外部观察、评估变得困难，例如，飞行员的某一行为或言语所隐藏的准确含义、飞行员某一类能力的水平、人为因素培训的有效性评估等。这就需要设计使用多种测量工具和方法，通过多种渠道进行大量的长时间的实验研究和数据积累。例如，美国空军军用飞机司令部（MAC）用了5年的时间才证明驾驶舱资源管理（CRM）培训在本部门的有效性。因此，大量的科学实践而不是理论推导、稳定且长时间的投入而不是零打碎敲的小打小闹才是对非技术能力进行深入研究的前提和保证。

二、能力生长的长期性和阶段性

飞行员非技术能力的生成是潜移默化的，短时间内很难看到成绩，因此其具有一定的长期性特征。无论是本性能力还是把握外部环境的能力，都需要长期的培养。正如前文所说的非技术能力的各种外延，例如，生理状况、心理素质、思维能力、精神意志、适应能力、调节能力、认知能力、趋向力和约束力等，或者是NOTECHS系统中包含的合作、领导与管理、情境意识、决策4种能力，又或者是CRM机组资源管理培训中强调的系统意识、角色意识和情境意识三种意识，都是需要长时间教育、训练才能够树立和强化的。

同时，非技术能力的生成又是具有阶段性的，即飞行员的不同培养阶段非技术能力表现特点、生成规律、涵盖内容不同。例如，航空大学阶段主要是基础教育，该阶段非技术能力培养涉及范围最广，应该着眼于学员全面发展的"成人"教育来规划非技术能力培养的内容；飞行学院阶段主要是部队岗位任职前的职业教育，非技术能力培养主要应该从保证飞行安全、军事训练创新、提高打赢能力的角度予以展开，更加专注于对岗位任职能力的促进提高。

三、概念外延的宽泛性和交叉性

非技术能力这一概念的外延涵盖了影响飞行员职业全过程发展和个人全面发展因素中除技术能力之外的部分，几乎涉及"人-机-环"系统中关于"人"的所有方面，其宽泛性可见一斑。与此同时，非技术能力也具有飞行专业的针对性，不是泛泛讨论通识教育、素质教育问题，而是主要研究与飞行职业、飞行岗位、飞行任务相关的那一部分内容。

非技术能力包括的各项外延又有一定的交叉性。所谓交叉性，一是涵盖范围的交叉，例如，我们很难完全把思维能力和认知能力分开，不能把"沟通"和"协同"统归为"合作"，这充分反映出人的整体性和复杂性；二是生成规律的交叉，即不同的非技术能力是相互影响和共同形成的，即便在非技术能力和技术能力之间也存在类似现象，并且一般来说非技术能力对技术能力还具有决定性作用。因此，在飞行员的非技术能力培养过程中我们可以采取融合的方式，通过对各项能力进行合理分类和分组，开展"集约式"培养，从而使非技术能力得以快速、全面地生成。

第三节　意　义

"非技术能力"虽然并未纳入飞行教学大纲之中，但鉴于其对飞行学员日后的成长和战斗能力的提高可以发挥积极的作用，尤其在培养飞行员的综合能力上的作用，飞行院校应该在这一方面做出积极的探索。非技术能力培养对飞行员素质的全面发展和职业的全程发展至关重要，只有做到技术能力和非技术能力的双轮驱动，才能构建完整的飞行安全体系、提高飞行训练质量，最终实现空军航空兵战斗力生成的质的变革。

一、加强非技术能力培养是飞行员素质结构发展中的主要任务

随着信息化武器的更新换代、战争形态和作战样式的深刻变化，飞行员非技术能力在现代飞行活动和现代战争中的地位作用越来越重要，成为影响飞行安全和战斗能力建设的关键环节，是飞行员素质结构发展中的主要任务。

一方面，非技术能力是导致飞行事故的主要原因，因传统意义上的"杆舵"技能不好而导致事故的情况很少。航空器诞生初期，由于技术装备落后、飞机可靠性不足，飞行员的主要精力是操控飞机，机械质量、气象条件和飞行员驾驶技能是导致飞行事故的主要因素。随着装备的发展，飞机以及装备可靠性、稳定性明显增强，自动化、信息化程度提高，飞行活动由简单的人工操纵过渡到了对高度逻辑化、自动化管理系统的监控管理，飞行员实质上已经从驾驶员变成了飞机的管理者。同时，飞行活动空间扩大，面临环境更加复杂，飞行强度增大，对飞行员生理素质、心理品质乃至对环境的感知能力、形势的判断能力提出了新的要求。就飞行安全而言，多数人为因素导致的飞行事故不是不会飞造成的，而是与非技术能力息息相关。近年来，因飞行员操纵原因导致的严重飞行事故中，人为因素引发的占到70%以上，并且都能从非技术能力上找到原因教训。这其中，有对机上设备设施功能及关联关系缺乏深透理解的，有对各种有效资源不会充分利用的，也有对座

舱内外状况和发展趋势不能深刻领悟的，还有对空中情绪负荷调整把握不好的，更有对各种安全信息不能综合运用、遇到特殊情况或者心态情绪发生激变时不能及时识别、准确判断、正确处置等，这些都是导致飞行事故的重要原因。所以，抓好飞行员的非技术能力培养，对于提高飞行安全水平具有重要意义。另一方面，非技术能力是决定未来作战胜负的关键因素，靠传统意义上的"飞得好"而打掉敌机的可能性基本上不存在了。第一代飞机将地面枪炮搬到空中，战斗力的主要矛盾是飞行员驾驶好飞机、保持好状态，为武器攻击创造稳定的平台。第二代飞机，高空高速、机动性增强，外挂武器多样化，并且有了一定的自主攻击能力，因此战斗力的主要矛盾是既要有熟练驾驶飞机的能力以最大限度地发挥装备性能、创造有利的空中态势，同时又要灵活使用各种武器，有效打击杀伤对手。随着航空装备的发展，武器装备高度综合化、智能化，可靠性大幅度提升，飞机与人的交互性发生了质的变化。飞机可以很好地"领会"飞行员的意图，进行自主飞行、自动攻击和自动控制。许多复杂的技术以信息化的"黑箱"方式内化到飞机的综合航空电子系统中，极大地将飞行员从技术能力的约束中解放出来，使得他们获取信息、充分利用资源、监控管理系统运行状况等非技术能力成为取得空战胜利的重要因素。可见，战斗力的主要矛盾已从飞行员熟练操控飞机、创造有利战机，转到对作战意图的深刻理解、战术手段的灵活运用、战场环境的敏锐感知、武器装备的综合发挥、各种信息的分析处理、攻击时机的准确把握等非技术能力上来。

二、加强非技术能力培养是提升飞行员能力素质、保证飞行安全的当务之急

相对于技术能力，飞行员目前在非技术能力方面的培养和历练远远不够。从近年来不安全事件调查原因中不难发现，人的因素特别是非技术因素占据的比例非常可观。这其中，团队作用弱化、应急管理水平低下、情境意识不良、注意力分配不当、判断决策失误、领导干部把关不严等问题普遍存在。诸多人为责任飞行事故、严重飞行事故征候表明，飞行员不是因为技术能力达不到要求，而是因为非技术能力出现了问题。因此可以说，加强飞行员的非技术能力培养已经是提升飞行员能力素质、保证飞行安全的当务之急。

三、加强非技术能力培养是完成任务、提升部队战斗力的基本手段

从近年来部队参加演习演练、执行导弹打靶、轰炸考核等任务情况来看，即使技术能力很强的飞行骨干，有时也存在不能正常发挥水平的情况，进而导致任务完成不好、成绩不理想。其中的重要原因之一，就是差错管理、压力管理、协同配合、心理素质等非技术能力存在短板。这不仅不能促进任务完成，相反还制约了技术能力的发挥，直接影响训练成绩和战斗力的生成。想要改变这种情况，不仅需要技术和经验的积累，更需要非技术能力的持续强化。具体来说，有以下三个方面的突出作用：一是可以提高飞行学员对飞行规律性的认识，促进其对新课目、新练习的理解与掌握，有利于尽快适应新环境、新条件的变化；二是可以提高对空中飞行态势的判断能力，增强飞行学员对安全底线的敏感度，有利于更好保证飞行的安全；三是可以提高对飞行环境的了解，促进与其他飞行要素的配合，有利于更好地完成飞行任务。

四、加强非技术能力培养是深化训练改革、推进部队创新发展的内在要求

深化训练改革，重在改理念、改模式、改管理，要求飞行员在规划训练、飞行准备、执行任务等方面具备更强的自主能力，必须在视野、思维模式、执行能力、管理方法上全面改进。飞行员不再是单纯的设备操作者，更应该是各类飞行资源的有效管理者。只有突破非技术能力偏弱的瓶颈，改善态度、思维与行为模式，适应新的能力素质定位，才能更好地满足训练改革的内在要求。因此，加强飞行员非技术能力，是适应未来发展的大势所趋。

第二章　非技术能力基本构成

飞行员非技术能力的构成庞杂，对其构成的相关研究也各成一体。

空军指挥学院战役系副教授苏恒山（2012）参照经典的人员素质理论，将飞行员能力分为专业能力和核心能力。其中，技术能力是专业能力的一个组成部分，而非技术能力也就是核心能力。根据空军《飞行人员岗位专业技能标准》，飞行员的非技术能力主要包括警觉力、精力、定力、体感思维能力、身心状态、心理品质、个性倾向、性格气质以及身体素质等内容。

民航飞行学院曾在国内的几家民航训练机构与航空公司的专家、飞行教员与飞行员之间，对飞行员非技术能力构成做了一份调查问卷。调查内容和统计结果如表5-2所示。此外，在回答"如果还有一些其他因素，也是飞行员非技术能力的必要组成，请您写在下面的横线上"这一问题时，有专家提出任务管理是民航飞行员非技术能力的必要组成；有飞行教员则提出对知识（人为因素）的实际应用能力、对飞行过程的思考（思维）能力、对飞行经验的交流总结能力是飞行员非技术能力的必要组成；还有飞行员提出心理承受能力、应变能力、（对工作和环境的）适应能力以及灵活性都是飞行员非技术能力的必要组成，具有重要的参考价值。

表5-2　飞行员非技术能力构成赞成率问卷结果统计　　　　　　　　%

要素	专家	飞行教员	飞行员
自我意识	83.33	92.59	94.12
应激	91.67	77.78	82.35
情绪管理	75.00	85.19	89.71
压力管理	66.67	55.56	80.88
工作负荷管理	41.67	62.96	70.59
判断与决策	91.67	88.89	82.35
情境意识	83.33	85.19	89.71
倾听	66.67	81.48	61.76
质询	58.33	88.89	57.35
信息沟通	100.00	77.78	86.76
冲突解决	53.33	63.07	55.29
计划能力	50.00	66.67	60.29
资源管理	83.33	70.37	70.59

表 5-2（续）

要素	专家	飞行教员	飞行员
换位思考	91. 67	77. 78	72. 06
领导能力	91. 67	77. 78	80. 88
任务管理	62. 33	60. 89	63. 71
团队合作	100. 00	85. 19	92. 65

根据这一结果，同时结合陆航直升机飞行训练任务特点，钱勃等人对其中部分成分予以舍弃与合并。通过梳理，发现飞行员的非技术能力主要包括个人能力和社会能力两方面内容。其中，个人能力包括自我管理能力和认知能力；社会能力包括人际关系能力和组织管理能力。从更进一步的划分可知，自我管理能力包括自我意识、应激管理和情绪管理；认知能力包括判断决策和情境意识；人际关系能力包括信息交流和团队合作；组织管理能力包括资源管理、任务管理与领导能力（见图 5-1）。

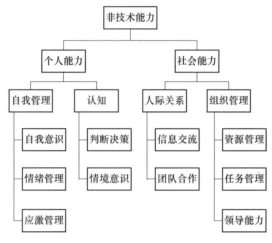

图 5-1 飞行员非技术能力构成

第一节 自我管理

自我管理（self-management），又称为自我控制，是指利用个人内在力量改变行为的策略，普遍运用在减少不良行为、增加良好行为的情境中。自我管理可以视为与自我关系的管理，就是指个体对自己本身，对自己的目标、思想、心理和行为等表现进行的管理，在这一过程中自我组织、自我约束、自我激励，最终实现自我奋斗目标。它所强调的是一个人的自我教导及约束的力量，也就是说行为的制约是通过内控力量（自己）而给传统的外控力量（师长）来实现的。在飞行员非技术能力的构成要素中，自我管理主要包括自我意识、情绪管理以及应激管理三部分内容。

一、自我意识

自我意识（self-consciousness）也称为自我，是意识的一种形式，指的是个体对自己的各种身心状态的认识、体验和愿望，具有一定的目的性和能动性等特点，对人格的形成、发展有着调节、监控和矫正的作用。自我意识是人对自己身心状态及对自己同客观世界的关系的意识，包括三个层次：对自己及其状态的认识，对自己肢体活动状态的认识，对自己思维、情感、意志等心理活动的认识。

从分类上看，依据不同的标准，自我意识可有多种类型。从意识活动的形式来看，自我意识表现为具有认知的、情绪的和意志的形式，属于认知形式的类型有自我感觉、自我观察、自我概念、自我印象、自我分析和自我评价等，统称为"自我认知"。属于情绪形式的有自我感受、自爱、自尊、自恃、自卑、自傲、责任感、优越感等，统称为"自我体验"，以体验的形式表现出个人对自己是否悦纳的情绪。属于意志形式的有自立、自主、自制、自强、自卫、自信等，可以统称为"自我控制"。自我意识的这三种形式联系在一起，凝聚在一起，形成了个人对自己自觉的观念系统。

从意识活动的内容来看，自我意识又可以分为生理自我、社会自我和心理自我。生理自我，是个体对自身生理状况的认知与反应，例如，感受到疲惫或兴奋；社会自我，是指个体认为自己在人际关系中处于一个怎样的水平，例如，受欢迎的或者有领导力的；心理自我，是指个体对自己心理属性的意识、情感与评价，包括对动机、价值观等的一系列独立的认知与评价。

自我意识不仅是人脑对主体自身的意识与反映，而且人的发展离不开周围环境，特别是人与人之间关系的制约和影响，所以自我意识也反映了人与周围现实之间的关系。从特点上来说，自我意识具有意识性、社会性、能动性、同一性等特点。

首先是意识性。意识性是指个体对自己以及自己与周围世界的关系有着清晰、明确的理解和自觉的态度，而不是无意识或潜意识。从马克思主义哲学的角度来看，这种自我意识是主体对客体的一切主观能动的反映。

其次是社会性。自我意识是个体长期社会化的产物。这不仅因为它是在社会实践中产生的，而且因为它的主要内容是个体社会属性的反映。对自我本质的意识，不是意识到个体的生理特性，而是意识到个体的社会特性，意识到个体的社会角色，意识到个体在一定的社会关系和人际关系中的地位与作用，这是自我意识发展到成熟的重要标志。

再次是能动性。自我意识的能动性不仅表现在个体能根据社会或他人的评价、态度和自己实践所反馈的信息来形成自我意识，而且还能根据自我意识调控自己的心理和行为。

最后是同一性。心理学研究表明，自我意识一般需要经过20多年的发展，直到青年中后期才能形成比较稳定、成熟的自我意识。虽然这种自我意识有可能因个体实践的成败和他人的评价的改变而发生变化，但到青年期以后，个体会对自己的基本认识和态度保持同一性。正因为自我意识的同一性，才会使个体表现出前后一致的心理面貌，从而使自己与其他人的个性区别开来。

飞行员在执行飞行任务的过程中，其自我意识是指飞行员对自己身心活动的觉察以及对自己的认识。宋长寿认为，作为一名飞行员，要经常性地反省自己，总结前阶段在飞行过程中的优、缺点，以及预防可能出现的差错。具体通过管理好时间、处理好工作负荷、树立安全意识、合理分配注意力、坚持专业训练、向别人学习经验、检查自己飞行中的仓促行为和自信心理等方面做起。自我意识在飞行中非常重要，清晰的自我意识能力可以使飞行员不盲目自信、不武断抉择，而不清晰的自我意识则会使飞行员在明知自己会犯错的情况下仍然不知悔改、一错到底。

那么，如何保持一个良好的自我意识呢？

第一，要能够正确地自我认知。"人贵有自知之明"，全面而正确的自我认知是培养健全的自我意识的基础。自我认知是从多方位建立的，既有自己的认识与评价，也有他人的评价。我们不妨自己认真仔细地想一想，用尽量多的形容词描述自己，要忠实于自己的内心。在此基础上，进行第二步，他观自我的描述，描述父母眼中的我、同学眼中的我、教员眼中的我、恋人眼中的我、兄弟姐妹眼中的我，你再寻找这些描述中共同的品质，将其归类。你描述的维度越多，越会找到比较正确的自我。

第二，要能够客观地自我评价。一个人必须建立在正确的自我认知基础上，正确的自我悦纳、积极的自我体验、有效的自我控制。其中，自我悦纳是自我意识健康发展的关键所在。悦纳自我首先要接纳自己、喜欢自己、欣赏自己、体会自我的独特性，在此基础上体验价值感、幸福感、愉快感与满足感；其次是理智与客观地对待自己的长处与不足，冷静地看待得与失。在生活中注重自我，自我意识是将注意力集中在自我的一种状态。积极的策略是关注你自己的成功，并将优势积累，每个人身上都有着无数的闪光点，重点在于寻找你自己的闪光点并将其构成亮丽的人生风景线。

第三，要能够积极地自我提升。提高自我效能感是个体在一定情境下对自我完成某项工作的期望与预期。当人们期望自己成功时，他必然会尽自己最大的努力并且当面临挑战性任务时，会表现出更强的坚持力，从而增加了成功的可能性，自我效能感高的人一般学业期望较高，也就是说，自我效能感与成就动机呈正相关性。另一条途径是克服自我障碍，我们经常会有这样的感觉：体验对自己能力程度的焦虑带来的不安全感，这便是一种自我障碍。我们听说了太多的这样的故事：由于考试前身体不好，所以在大考中没有取得好成绩。这便是典型的自我障碍，为自己的考学不成功找到了适当的借口。一个渴望自我发展的人必须主动克服自我障碍，进行积极的自我提升与自我尝试。积极的自我在尝试中会发现自己的新的支点。

第四，要能够关注到自我的成长。自我的发展需要不断进行自我反思、自我监控。当将成长作为一条线索贯穿于人的始终时，整理自己成长的轨迹显得尤为重要。依照发展过程，深刻了解与把握自己。要记住：自我体验永远是个体的，当我们在分享他人自我成长的硕果时，也在促进我们自己的成长。

二、情绪管理

情绪（emotion）是个体对外界刺激的主观的有意识的体验和感受，具有心理和生理反应的特征。情绪是身体在生理反应上对行为成功的可能性乃至必然性的评价和体验，包括喜、怒、忧、思、悲、恐、惊七种。行为在身体动作上表现得越强就说明其情绪越强，例如，喜会是手舞足蹈、怒会是咬牙切齿、忧会是茶饭不思、悲会是痛心疾首等就是情绪在身体动作上的反应。

一般来说，情绪无好坏之分，只划分为积极情绪、消极情绪。但是，由情绪引发的行为则有好坏之分、行为的后果有好坏之分。人体在活动与认识过程中表现出来的主观感受和体验就是情绪，在飞行中，几种常见的不良情绪是急躁、恐惧、愤怒、焦虑、抑郁、麻痹和过度紧张。顾青（2003）指出，非正常情况下的紧张情绪与正确判断能力有着必然的矛盾，加强飞行员的在非正常情况下情绪的稳定和培养良好的判断能力是非常重要的。因此，对一个成熟的飞行员来说，培养稳定的情绪，学会自我调节和控制自己的情绪，采用一定的方法缓解紧张情绪，学会放松和自我安慰对保证安全飞行至关重要。

情绪管理（emotion management）是指通过研究个体和群体对自身情绪以及他人情绪的认识、协调、引导、互动和控制，充分挖掘和培植个体与群体的情绪智商、培养驾驭情绪的能力，从而确保个体和群体保持良好的情绪状态，并由此产生良好的管理效果的过程。简单地说，情绪管理是对个体和群体的情绪感知、控制、调节，是用对的方法，用正确的方式，探索、调整、理解并最终放松自己的情绪的过程。

情绪管理有 4 种基本形态：拒绝、压抑、替代和升华。拒绝，拒绝接受某些事实的存在。拒绝不是说不记得了，而是坚持某些事不是真实的，尽管所有证据表明是真实的。压抑，是一种积极的努力，自己通过这种努力，把那些威胁自己的东西排除在意识之外，或使这些东西不能接近意识。和拒绝不同，压抑是一种强压，势必带来一些副作用。压抑在某种程度上是违背人的本性的。当然，也许只有人这种最高级的动物才有能力去压抑。压抑是人在情绪管理中经常运用的。但如果不能有效进行疏导的话，过分压抑也是有害的。替代，将冲动导入一个没有威胁性的目标物。在实际运用上，有一种表现形式就是迁怒。因此，一个好的"替代品"是解决问题的关键，即建立一种良性的替代形式，既可以使情绪得到有效管理，又不伤及无辜。升华，是唯一真正成功的情绪管理机制。升华是改变不为社会所接受的动机和欲望，而使之符合社会规范和时代要求，是对消极情绪的一种高水平的宣泄，是将消极情感引导到对人、对己、对社会都有利的方向中去。例如，一同学因失恋而痛苦万分，但他没有因此而消沉，而是把注意力转移到学习中，立志做生活的强者，证明自己的能力。

总之，稳定的情绪对飞行员做决断至关重要，是良好的心理素质的具体体现。因此，除了在平时要对飞行员进行工作作风教育，还要在复杂的模拟工作环境中引导他们自觉克服消极因素、应对复杂环境的心理准备，积极控制自己的情绪。在飞行中，顺利时不可沾沾自喜，失误后不可心事重重并再三回顾，特别是失误后情绪更容易引起新的问题连续发生。所以，在飞行中遇到特殊情况时，稳定情绪是飞行员果断处置、快速反应的前提。而良好的情绪管理，可以通过以下几种途径实现。

1. 心理暗示法。从心理学角度讲，就是个人通过语言、形象、想象等方式，对自身施加影响的心理过程，最初由法国医师库埃于 1920 年提出。自我暗示分为消极自我暗示与积极自我暗示。积极自我暗示，在不知不觉中对自己的意志、心理以至生理状态产生影响，积极的自我暗示令我们保持好的心情、乐观的情绪、自信心，从而调动人的内在因素，发挥主观能动性。与此同时，我们可以利用语言的指导和暗示作用，来调适和放松心理的紧张状态，使不良情绪得到缓解。实践证明，这种暗示对人的不良情绪和行为有奇妙的影响与调控作用，既可以松弛过分紧张的情绪，又可以用来激励自己。

2. 注意力转移法。注意力转移法，就是把注意力从引起不良情绪反应的刺激情境，转移到其他事物上去或从事其他活动的自我调节方法。当出现情绪不佳的情况时，要把注意力转移到使自己感兴趣的事上去，例如，外出散步，看看电影、电视、读读书、打打球、下盘棋，找朋友聊天，换换环境等，有助于使情绪平静下来，在活动中寻找到新的快乐。这种方法，一方面，中止了不良刺激源的作用，防止不良情绪的泛化、蔓延；另一方面，通过参与新的活动特别是自己感兴趣的活动而达到增进积极的情绪体验的目的。

3. 适度宣泄法。过分压抑只会使情绪困扰加重，而适度宣泄则可以把不良情绪释放出来，从而使紧张情绪得以缓解、放松。因此，遇有不良情绪时，最简单的办法就是"宣泄"。可以通过体育运动、劳动等方式来尽情发泄；或是到空旷的山林原野，拟定一个假目标大声叫骂，发泄胸中怨气。必须指出，在采取宣泄法来调节自己的不良情绪时，必须增强自制力，不要随便发泄不满或者不愉快的情绪，要采取正确的方式，选择适当的场合和对象，以免引起意想不到的不良后果。

4. 自我安慰法。当一个人遇有不幸或挫折时，为了避免精神上的痛苦或不安，可以找出一种合乎内心需要的理由来说明或辩解。例如，为失败找一个冠冕堂皇的理由，用以安慰自己，或寻找理由强调自己所有的东西都是好的，以此冲淡内心的不安与痛苦。这种方法，对于帮助人们在大的挫折面前接受现实，保护自己，避免精神崩溃是很有益处的。因此，当人们遇到情绪问题时，经常用"胜败乃兵家常事""塞翁失马，焉知非福""坏事变好事"等词语来进行自我安慰，可以摆脱烦恼，缓解矛盾冲突，消除焦虑、抑郁和失望，达到自我激励，总结经验、吸取教训之目的，有助于保持情绪的安宁和稳定。

5. 交往调节法。某些不良情绪常常是由人际关系矛盾和人际交往障碍引起的。因此，当我们遇到不顺心、不如意的事，有了烦恼时，能主动地找亲朋好友交往、谈心，比一个人独处胡思乱想、自怨自艾要好得多。因此，在情绪不稳定的时候，找合适的人谈一谈，具有缓和、抚慰、稳定情绪的作用。另外，人际交往还有助于交流思想、沟通情感，增强自己战胜不良情绪的信心和勇气，能更理智地去对待不良情绪。

三、应激管理

应激（stress），也称为压力、紧张，指个体身心感受到威胁时的一种紧张状态，是由危险的或出乎意料的外界情况的变化所引起的一种情绪状态，是决策心理活动中可能产生的一种心理因素。应激的结构包括：应激源，造成应激或紧张的刺激物；应激本身，特殊的身心紧张状态；应激反应，对应激源的生理和心理反应，也称为生理应激与心理应激。

应激根据来源的不同，可以分为三类。①外部物质环境：包括自然的和人为的两类因素。属于自然环境变化的有寒冷、酷热、潮湿、强光、雷电、气压等，可以引起冻伤、中暑等反应。属于人为因素的有大气、水、食物及射线、噪声等方面的污染，严重时可引起疾病甚至残废。②个体的内环境：内、外环境的区分是人为的。内环境的许多问题常来自外环境，例如，营养缺乏、感觉剥夺、刺激过量等。机体内部各种必要物质的产生和平衡失调，例如，内分泌激素增加，酶和血液成分的改变，既可以是应激源，也可以是应激反应的一部分。③心理社会环境：大量证据表明，心理社会因素可以引起全身性适应综合征，具有应激性。尤其是亲人的病故或意外事故常常是重大的应激源，因为在悲伤过程中往往会伴有明显的躯体症状。

从过程上来说，加拿大生理学家 G. Selye 把应激反应称为全身适应综合征，并将其分为三个阶段。①惊觉阶段，表现为肾上腺素分泌增加，心率加快，体温和肌肉弹性降低，贫血，以及血糖水平和胃酸浓度暂时性增加，严重时可导致休克。②阻抗阶段，表现出惊觉阶段症状的消失，身体动员许多保护系统去抵抗导致危机的动因，此时全身代谢水平提高，肝脏大量释放血糖。如果时间过长，可使体内糖的储存大量消耗，以及下丘脑、脑垂体和肾上腺系统活动过度，会给内脏带来物理性损伤，出现胃溃疡、胸腺退化等症状。③衰竭阶段，表现为体内的各种储存几乎耗竭，机体处于危急状态，可导致重病或死亡。故要尽量减少和避免不必要的应激状态，并学会科学地对待应激状态。

个体对应激的反应有两种表现：一种是活动抑制或完全紊乱，甚至发生感知记忆的错误，表现出不适应的反应，例如，目瞪口呆，手忙脚乱，陷入窘境；另一种是调动各种力量，活动积极，以应对紧急情况，例如，急中生智、行动敏捷、摆脱困境。

应激是飞行员常碰见的情绪之一，对其是否能够进行有效的管理或控制，直接影响飞行效率和安全。因此应激管理能力是保障现在飞行安全的一项重要技能。分析飞行中每个阶段，我们可以看出起飞下降和着陆的工作负荷最高，良好的心理状态会使飞行员在这些阶段产生正确的决策和对自己、飞行情况的正确判断。而紧张不安，缺乏自信会导致飞行员能力降低，思维混乱。在正常情况下，飞行员应该用50%的工作能力来操作和管理飞机，而将其余的50%的剩余能力储备起来，用以应付意外的应激情况。

飞行员的应激管理可以分为急性应激管理和慢性应激管理。现将两种应激管理的方法介绍如下。

急性应激管理：①自己感到紧张的时候，让自己休息大约5min使心态恢复平静。这有助于降低自己的心理负荷，特别是在关键决断时刻需要平静的心态考虑当前的飞行情况，保持良好的精力以识别应激产生的原因。通常情况下，我们采取深呼吸的方式让自己减轻或者消除应激。②当飞行员预料到某个情境会增加工作负荷和与之相应的应激，可在应激发生前做好心理准备和心理放松。③当遇到应激情况时，不要老想着危险情境的后果，要尽快地将注意力转向寻找解决问题的途径，产生正确的判断后应立刻付诸行动。④早作决策，例如，在飞入不确定的目的地机场时应该提早作出返航或者备降的准备。⑤不要分散执行检查单的注意力。检查单是保证基本飞行安全的最后一道门，忽视或是遗漏检查单上的内容可能会产生严重的后果。⑥应对飞行各个阶段的工作负荷和自己的能力变化了如指掌，以便自己做好面对突发情况的心理准备。

慢性应激管理：慢性应激管理并不是由于偶然危机产生的，而是长期性问题影响的结果。处理慢性应激通常需要长期的过程。应付慢性应激最好的途径包括：生理学方法；营养学方法；环境学方法；情绪心理学方法。飞行员在平时的生活工作中保持良好的心态和身体状况能有效避免慢性应激。

第二节　认　知

认知（cognition）指通过心理活动，例如，形成概念、知觉、判断或想象，来获取知识。习惯上将认知与情感、意志相对应。认知是个体认识客观世界的信息加工活动。感觉、知觉、记忆、想象、思维等认知活动按照一定的关系组成一定的功能系统，从而实现对个体认识活动的调节作用。在个体与环境的作用过程中，个体认知的功能系统不断发展，并趋于完善。认知包括感觉、知觉、记忆、思维等心理现象。随着我军现代化军事装备的发展，对于飞行员这个特殊的群体，其信息的接收、加工、储存和应用能力都提出了更高的要求。飞行员的非技术能力中的认知维度，主要包括飞行员判断决策和情境意识两个模块。

一、判断决策

飞行员的判断决策能力是指分析、辨识出现的情况以及制订处理方案的过程。统计资料表明，有许多的中外航空事故或事故征候的发生，都是飞行员的飞行决策失误导致的。影响飞行决策的因素有飞行员有害的态度、正确的风险评估、承受压力的能力、专业技术水平和克服害怕与恐怖等。

决策判断的内容非常广泛，大致有如下三大类：①现实判断，即与决策对象及其环境条件等现实有直接关系的问题与现象的判断，例如，它们的现状、变化、出现的新问题等的判断；②信息判断，即对各种信息资料的作用、准确性等判断；③命题判断，即对决策中各种命题的判断，例如，各种措施、方法、方案的可行性、有效性等的判断，各种意见的正确性的判断等。

决策的过程很复杂，一般可以归纳为六个步骤，也是最著名的判断决策 DECIDE 法则，具体内容如下。

发现（detect）：飞行员觉察异常情况的过程，这个过程中飞行员需要确定决策的情况。

评价（estimate）：飞行员对觉察到的异常情况进行分析和评价，这个过程需要飞行员对确定的决策情况做出反应。

选择（choose）：飞行员从众多的可选方案中选择出一项最佳的解决问题方案，这个过程需要飞行员选择一种最有利于飞行安全的理想方案。

识别（identify）：飞行员对选择的方案和即将实施的行动进行风险分析，确定这一方案是否能有效地改变异常情况，确保飞行安全，这个过程需要飞行员判断所选方案可以控制的情况以及行动对异常情况的有效性。

执行（do）：飞行员执行最佳方案，机组成员相互监视完成，这个过程需要飞行员果断采取必要措施处理异常情况。

评估（evaluate）：飞行员对实施行动的效果进行监视，并作出评价，这个过程需要飞行员评估最佳方案的执行效果。

决策的任何一次判断的正误都将影响决策的成败，因此，进行决策判断时：①要以对判断对象的全面深刻认识为基础，因为这种认识的程度将直接影响判断结果的正确性；②要以联系与运动的观点对待判断对象，不能就事论事，要以长远的眼光，用系统论的观点和方法来认识与判断它；③切忌固执己见，听不进不同意见，也不能因为听了多家之言而拿不定主意，优柔寡断，而要尽量听取各方面的意见，在对其进行分析判断的基础上，做出自己的判断，并在实践过程中及时修正过去错误的判断。

此外，一个好的飞行决策取决于几个方面的因素，包括对飞行安全有害的个人态度，对风险估计的想象能力，认识及适应紧张压力的能力，改进行为的技术，评估自己飞行决策的效能等。在飞行中遇到紧急情况时，飞行员只有做出正确的判断和决策才能化险为夷，保障人机安全。

二、情境意识

生活中我们可能会常听人说："早知道是这样就……"这样的一种假设暴露出当事人对当时情境的认识不够透彻，因此才会发生误判导致失误，最终引发"早知道……"的感慨。用专业的眼光来分析，这里的当事人就缺乏对当时情况的一个全面的了解与正确的预判，也就是我们所说的情境意识（situational awareness，SA），也称为态势感知。

对情境意识的最早研究可以追溯到第一次世界大战中飞行员在飞行作战时的相应状态的研究。第一次世界大战期间，情境意识被认为是机组成员最重要的素质之一，是飞行员驾驶舱资源管理的关键一步，对保障飞行安全起关键作用。目前，该概念在国家安全、情报、司法、公司合作、计算机网络乃至医学等多个领域都有所涉及。在军事飞行领域，情境意识主要用来作为衡量飞行员飞行状态的重要指标，与飞行作战任务的完成有着密不可分的联系。

情境意识本身是一个航空生理心理学范畴内的概念，用于描述飞行员对作战飞行操作的理解，指在动态环境下获取、评估、整理信息并且预计飞行中可能发生的事故以及在必要的时候能够采取一定应对措施的能力，简单来说，就是飞行员知道自己周围正在和将要发生什么事情。但是就其定义而言，学界并没有一个统一的看法。

Endsley 提出信息加工模型来描述情境意识，并将情境意识分为三个相互分离的不同加工阶段，涵盖注意、工作记忆、图示等认知成分，并由心理模型、目标任务以及期望等个体因素和外在因素与认知成分协同作用。该信息加工模型强调情境意识包括三个等级水平。水平1：知觉，个体不断获取动态情境中与任务相关的信息；水平2：理解，个体通过长时间记忆中已有的知识和经验对获取的信息进行理解；水平3：预测，个体通过对信息的理解以及已有的知识和经验形成心理模型，并以此对动态环境的未来动向及发展状况进行评估与预测。三个等级逐级实现，更高等级的水平有赖于较低等级水平的实现。

情境意识基本上包括5个部分。第一部分是飞机状态信息，包括飞机的物理状态或情况；第二部分是飞机位置信息，包括不同情况下的飞机位置，飞行计划、天然或人工位置；第三部分是整个外部环境信息（含气象条件），包括当前和未来的天气以及航行设施的详细情况；第四部分是时间信息，包括飞机到达下一个领航坐标的时间、飞机到达目的地的时间、飞机等待着陆指示或飞机备降所需的时间、燃料可用限制、在天气发生变化之前留给飞机的时间等；第五部分是团队其他人员及乘客状态信息，包括运行团队、其他人员、乘客，甚至飞机上货物的状况。

综上，非技术技能中的情境意识是指飞行员对影响飞机、环境和机组等各种因素和条件的准确知觉。情境意识有个体情境意识和群体情境意识之分，而且群体情境意识不是个体情境意识简单叠加。影响情境意识的因素很多，其中包括飞行的动作技能、飞行经验和训练水平、空间定向能力、身体健康状况和态度以及驾驶舱资源管理的技能。要想使自己的处境意识建立在一个较高的水平之上，不仅应该善于观察，而且更为重要的是还应该经常不断地总结飞行训练中所发生的各种事件，并与教员进行深入细致的讨论，应从飞行前、飞行中以及飞行后的讲评中归纳、总结出具有普遍意义的规律。只有这样，才有可能使自己的经验图式逐渐完善、丰富和变得"清晰可见"，才能够在飞行技术和经验上建立一个飞行心理图式，这些图式有助于对经历的事件和情况进行合理的解释，并帮助机组人员对它们做出适宜的反应。事实上，在飞行中所采取的许多行动都是建立在经验的基础之上的。飞行员不断地利用经验图式来做出适合于特定情境的决策和行动，它使解决问题的速度进一步加快，进而使机组人员能够将注意力更多地投入到需要高度重视的问题之上。对处境的警觉性时刻要问：在哪里（where are we now）、去哪里（where are we going）和如何到达那里（how we get there）。

第三节　人际关系

人际关系（interpersonal relationships）是指人与人之间，在一段过程中彼此借由思想、感情、行为所表现的吸引、排拒、合作、竞争、领导以及服从等互动的关系，主要表现为人们心理上的距离远近、个人对他人的心理倾向以及相应行为等。广义上的人际关系也包括文化制度模式和社会关系。飞行员在执行飞行任务的过程中，需要应付复杂多变的任务环境，同时还要保证任务顺利完成并确保飞行安全，因此他们在处理人际关系的过程中，信息交流和团队合作是其中最重要的两个方面。

一、信息交流

信息交流是指飞行员跟与飞行有关的人员之间进行信息的交流与传递，主要包括积极收听、反馈以及正确表达自己的观点，让每名机组成员都能感受到自己的价值和责任，自觉提供掌握的重要信息等。

飞行机组是一个多功能的有机整体，由于分工和配合的需要，只有通过交流才能建立机组成员之间的联系。要提高飞行员的行为能力，一是通过学习和训练，二是通过交流与沟通。加强机组之间的交流是现代化驾驶舱里的必然需求，除了机组之间的交流外，还需要与计算机交流。首先，先进的电子仪表系统告诉机组许多信息；其次，自动飞行系统和飞行管理系统又能为机组做很多事情。这些高智能的飞机系统已经不知不觉变成了"机组成员"，实现与它们良好交流，对机长正确决策至关重要。交流的方式多种多样，有提问、回答、建议等。对于交流方面的训练，还应该考虑到职位、年龄等对交流方面的影响。例如，副驾怕提醒出错，在对机长的行为有疑问时不提醒；或者双机长飞行时，认为对方该知道的都知道而不交流。类似这样的问题，训练时要予以强调。另外，还要训练机组对其他机组成员部分或全部准确的识别能力。

从表达信息技能和接收信息技能两方面考虑，表达信息技能方面包括能建立和谐沟通关系、有效表达信息技能；接收信息技能方面包括倾听技能、敏锐的观察力和确认问题并给予建设性反馈。因此，一般沟通技能共包括 5 个维度：能建立和谐沟通关系、有效表达信息技能、倾听技能、敏锐的观察力和确认问题并给予建设性反馈。而飞行是特殊的职业，除了以上维度，还需要一些特殊技能，例如，质询、反应、劝告、简述和讲评等。

除了机组成员之间的交流外，还需要与计算机系统进行交流，现代高智能的飞行系统已经在不知不觉间变成了机组成员的一分子。众所周知，网络技术的出现对传统信息交流产生了极大的影响。但是，由于社会及科技发展因素的制约，目前网络化的信息交流并不能够完全取代传统信息交流而占据主导地位，于是便形成了由传统信息交流与网络信息交流构成的当代信息交流体系。因此，具备一定的计算机系统能力也至关重要。

二、团队合作

合作（collaboration）一词源于拉丁语"collabore"，意为"彼此沿着一边工作"。在囚徒困境研究和社会两难研究中，合作被定义为最大化另一方（作为个人或作为一个集体）利益的行为，与其相对应的是最大化自身利益的背叛行为。尽管困境方法中的合作揭示了某些行为特征，但是它降低了合作行为在现实生活中的应用范围和复杂性。研究者认为，合作是指两个或两个以上的个体为达到共同目标而协同活动，以促使某种既有利于自己又有利于他人的结果得以实现的行为，强调参与者朝着一个共同目标工作的合作动机，而非从事一项集体活动的显性行为模式。有学者将合作的定义进一步动态化，包括个体继续维持合作关系的意愿。这些关于合作的定义绝大部分偏重于个体的角度，强调个体相互影响，认为合作是两个或两个以上的个体为达到共同目标而齐心协力、相互配合，以促成共同目标实现的心理过程。

我们知道，团队是指为了实现某一目标，由两个或两个以上具有互补专业技能的个体所组成的正式群体。那么，团队合作是指在团队的基础之上，发挥团队精神、互补互助以达到团队最大工作效率的能力。现代运输机是无数人智慧的结晶，无论是飞机的性能、载荷，还是复杂性，都与早先的飞机不可同日而语。仅凭个人的能力、知识已不可能把飞机的每个系统、每一部分的结构及空气动力、自动化控制等相关知识理解透彻。还有作为驾驶这样复杂机器的人——飞行员，自身也存在很多的不足和能力的局限，所以为了更好地保证飞行安全，必须发挥全体机组成员的合作能力。

现代运输机都是由两人制以上的机组组成，这要比一个人单独执行飞行任务安全了很多，当其中一名飞行员出现错误时，另一名飞行员会及时弥补和纠正，只要飞行机组密切配合，排除人力不可抗拒的原因，飞行安全是能够得到可靠保证的。一个人的力量是有限的，机长要充分调动机组每个成员的主观能动性，做到谦虚谨慎，广听博采。一个机组要圆满执行好航班任务，相互团结、信任是前提和基础。在飞行中机组成员必须相互理解支持、积极协作、主动配合。

团队的合作如此之重要，但是它又会受到哪些因素的影响呢？从团队层次来说，团队成员各个方面的个体差异、成员角色的合理分配、目标设置的明确性、团队领导的有效性、团队沟通的及时性等，都会对团队合作行为产生深远的影响。

第一，团队异质性，即团队成员在能力及经验上的相异程度。关于团队成员异质性与团队合作行为的关系，存在两种不同的看法：一种观点认为，异质程度高的团队成员，由于观点和价值观等方面的差异影响了沟通的有效进行，容易产生冲突，导致团队凝聚力下降，不利于团队合作的开展；另一种观点则认为，团队的结构性特性要求具有不同专业技能和思维方式的团队成员集中精力、协同合作以更快地完成团队任务。成员没有时间去发展更为复杂的关系，那些同"更密切"的人际关系相伴而生的冲突、嫉妒、误解等功能不良的团队活动机制出现和发挥作用的机会更少，更有利于团队合作的开展。宋源在两种观点的基础上认为，构成团队的成员数量、结构、专业与个性组合都在一定程度上影响着团队成员之间的合作行为。

第二，角色合理性，可以弥补团队异质性在促进团队合作行为中的不足。团队角色，指的是团队成员为了推动整个团队的发展而与其他成员交往时所表现出来的特有态度和行为方式。异质性的团队成员在团队中往往充当不同的角色。Benne 和 Sheats 总结出一系列不同的群体角色，反映个体对于群体的不同贡献。他们认为所有团体成员所扮演的角色可分为任务角色（task role）和关系角色（maintenance role）两类：任务角色使得团体能够定义其任务，厘清并追求一个共同目标；而关系角色则促进支持性和建设性的人际关系，有助于建立并维系团体成员工作和长久合作所需的关系。团队成员必须合理分配其角色，才能够在协调的人际关系中顺利完成其任务。

第三，目标明确性，明确的目标会使得团队合作具有一个明确的方向。要充分发挥群体的协同合作效应，组织必须具有以下三个要素：协作的意愿、共同的目标、信息联系。共同的目标是团队成员努力的方向，当每个成员都为共同的目标而努力时，组织的意志就成为参加者的意志，并成为每个成员的行动准则。所以要使群体产生协同合作效应必须为群体设立明确的、共同的目标。共同的目标固然会影响到团队的协同效应、团队的合作行为，目标的明确性同样会对团队合作行为产生影响。明确的团队目标能整合不同的个体目标，使个体与团队协调一致，促进个体之间的合作。从某种程度上说，个体能否积极地响应团队目标、展开团队合作，要看团队目标是否明确、清晰，具有挑战性。

第四，领导的有效性，只有通过良好有效的领导才能维持一个高效且和谐的团队。团队领导是一种上下互动的关系，通过发展一个良好的团队互动环境来促进成员间的合作与沟通，进而引发团队成员去追求和达成团队的共同目标。

第五，任务的依赖性，指团队成员必须彼此依赖才足以完成任务。这种"彼此依赖"就暗含着团队合作的意味。团队的任务往往很复杂、高度专业化，其他人很难替代，当任务相互依赖性高时，更需要顺畅的团队合作。

第六，团队沟通，所有社会互动都涉及传播行为，在没有沟通的情形下，组织将无法成形。团队沟通对于团队合作水平的影响包括：①沟通频率，团队成员经常性地进行沟通，意味着团队成员之间知识及信息的传递和共享，意味着新知识的不断获取，这极大地促进了团队成员共同解决问题的能力与水平，这种知识及信息的共享本就是团队合作的一种重要表现；②反馈效果，团队沟通能够得到反馈，说明团队成员确实通过沟通掌握了知识与技能。从沟通过程的角度来讲，信息的发出者接收到信息接收者的反馈代表着一个完整沟通过程的结束，这种反馈会促进沟通的效果，也会促使下一次沟通的顺利进行。团队成员之间反复进行着这样的互动也是在促进团队合作行为的开展。

第四节　组织管理

组织管理（organizational management）是指通过建立组织结构、规定职务或职位、明确责权关系等，以有效实现组织目标的过程。其具体包括资源管理、任务管理和领导能力三方面内容。作为一名机长或飞行指挥员，组织管理能力直接关系到作战训练任务的完成与飞行安全情况，因此良好的组织管理能力是一名飞行员的必备素养。

一、资源管理

资源管理是指飞行员通过管理一切可利用的资源来保证飞行安全、提高飞行效率的行为。飞行员可以利用的资源分为有形资源和无形资源。有形资源包括硬件（飞机操作和管理系统）、软件（飞行手册、航图以及天气信息等）和人力（副驾驶、管制员、指挥员和机务人员等）。无形资源有时间、任务和精力等。在飞行当中，绝大多数工作往往需要多个人的协作才能完成，飞行员为了有效地实现目标，就需要灵活地运用各种方法，把各种力量合理地组织和有效地协调起来。

飞行机组就是这样一个组织。例如，在民航的飞行任务中，飞行机组由飞行员、乘务员、管制员，甚至还包括旅客组成。飞行任务的完成需要飞行员通过建立组织结构，规定职务或职位，明确责权关系，以使组织中的成员互相协作配合、共同劳动，有效实现组织目标。这其中，对于有形资源，主要是通过明确责权关系，以使机组成员互相协作配合、共同劳动，有效实现组织目标的过程，包括协调关系的能力和善于用人的能力等。

资源管理能力是一个人的知识、素质等基础条件的外在综合表现。航空运输是一个庞大的、错综复杂的系统，绝大多数工作往往需要多个人的协作才能完成，所以机长作为整个飞行任务的领导者，必须有相当的能力管理飞行机组人员。

二、任务管理

任务管理是指飞行员对整个飞行任务的安排和飞行中并行任务优先权的决断。任务管理就是飞行员通过充分的讨论、详细的计划来降低任务执行的难度，通过优化任务分配来将合适的任务分配给合适的人员，通过监视和检查来掌握任务的完成情况。飞行中，正常的飞行任务需要不折不扣地完成，突如其来的情况不时在向已有的任务注入新的任务。飞行中并不是只有一个任务正在执行，而是有许多任务在同时执行，那么这些任务的主次以及任务优先性是什么，且这些任务应该由谁去执行和执行情况如何等都需要飞行员做出决定，需要机组保质保量地完成并将任务执行的情况向机长作反馈。

三、领导能力

领导能力或领导艺术是指飞行员引导团队成员去实现目标的过程。良好的机组表现取决于机组人员的多种技能，其中最重要的就是飞行技能和领导管理才能。通过研究发现，飞行员不缺乏飞行与机械方面的技能，最缺乏的是领导才能、机组交流和机组管理的技能。大量的飞机失事与机长的指挥不力、座舱秩序混乱、机组的参与意识差和协调配合不好密切相关。缺乏领导能力的表现是指挥不力、分工不合理，致使机组之间配合不好；紧急情况下飞行员表现出手忙脚乱，机组表现出意见不统一等。

做一名合格的机长，一是要以身作则，遵守各项规定。作为机长，就要带头按照规定的程序去做，起到模范作用。在管理其他机组成员时才具有说服力，形成按标准、讲规范、照程序的良好氛围。二是评估机组的表现，及时指出问题表扬突出个人。飞行是一个完整、长久的过程，在每个阶段都有各自的特点和要求，机组成员难免会出现一些"错、忘、漏"现象。作为机长应及时指出存在的问题，而不是不管不顾，留下后患。在批评别人过程中要讲求方式方法，因人而异尊重对方。另外，还要谦虚谨慎，表扬和鼓励好的表现，营造自信、轻松的飞行氛围，并且合理分工。机组是一个整体，一个人的能力是有限的，机长不可能完成全部工作。因此，应该科学地安排每个机组人员的工作，使每个机组成员在飞行前就明确自己的工作范围，飞行中才能扎扎实实地落实。三是鼓励机组人员提出意见、建议，并接受正确的意见、建议。心胸宽广、求同存异、提高机长的修养也是非常重要的。每个人的涵养在某种意义上可以决定这个人的工作方式一切从安全、大局出发，不计较个人恩怨，接受任何可以接受的意见，与机组形成一个整体，加大飞行的安全系数。

尊重同事是成为优秀领导的基本要求。要想获得他人的尊重，机长必须熟悉自己的工作，并且认识到其他机组成员工作的重要性，尊重每一位机组成员。优秀的领导者可以带动一个好的团队。为了带动一个好的团队，领导者需要在适当的时候对团队成员委以责任，并且在做决策的时候，需要先听取所有人的意见，然后进行评判，最后才进行决策。如果领导者作出错误的决策，他本人应当承认自己的错误。鲜有实例证明，保证领导能力比坦率承认自己所犯的错更为重要。必须正确地看待整个团队环境，并清楚地表明所有团队成员实际上密不可分，而且都是为了一个共同的目标。

第三章　非技术能力影响因素

非技术能力，归根结底是飞行员在完成一项或多项飞行任务中除技术操作之外综合能力素质的体现，是其过程中个性心理特征的重要体现。而非技术能力的影响因素是一个非常宽泛的概念，总结起来有两个方面。一是从飞行员个体层面看，包括生理因素、心理因素以及家庭因素等。二是从社会层面看，包括环境因素、政策法规因素和精神文化因素。在具体的飞行实践活动中，这些因素互为条件、相互作用，共同构成并影响飞行员的非技术能力。

第一节　个体层面

一、生理因素

影响飞行员非技术能力的重要生理因素包括年龄、身体健康状况等。俗话说，身体是革命的本钱。在飞行员选拔过程中，一般要求备选人需要达到一定的年龄（不小于 17 周岁，不超过 20 周岁）以及身体素质等方面的要求，这正是通过控制生理条件来达到选择更加优秀个体的目的，以便更有利于对其非技术能力培养。同时，在训练过程中，基础抗荷能力检查和抗高过载能力检查训练、地面弹射救生训练等也是提升飞行员身体素质的重要保障，为非技术能力在个人层面的发挥打下了坚实的基础。最后，良好的生理条件，对于维持人际交往、情境意识等非技术能力的重要构成都具有直接的作用。

二、心理因素

正如前面的内容所讲过的，非技术能力由许多认知层面的要素构成，例如，情境意识、认知能力等。因此，相对应的心理因素也会很大程度地作用于个体本身，从而影响其非技术能力的发挥。其中常见的心理因素包括情绪、智力（文化课要求成绩达到统招一本线水平）、人格、自我意识以及社会交往能力等多个要素。此外，压力作为心理压力源和心理压力共同构成的一种认知行为体验过程，也会对飞行员非技术能力的培养与发挥产生一定的影响。例如，根据压力水平与能力发挥的倒 U 形曲线关系可知：在中等强度的压力条件下，飞行员能够较好地发挥自身非技术能力；而过强或过弱的压力条件均不利于其能力水平的发挥。

三、家庭因素

幸福的家庭生活是快乐人生的"润滑剂"、事业奋进的"助推器"。对飞行员来讲，想要顺利地完成飞行任务、飞得更高更好，必须在专注事业、爱岗敬业的同时，经营和巩固好家庭这个"大后方"。如果没有家庭的支持，或者说如果飞行员的家庭生活不够和睦，那么很有可能这个飞行员会带着负面情绪走向岗位。这就非常不利于其能力水平的发挥了，无论是非技术能力还是技术能力。

第二节 社会层面

一、环境因素

环境因素是指一个组织的活动、产品以及服务中能与环境发生相互作用的要素，包括那些造成实际的和潜在的、不利的和有利的环境影响的要素。在军事飞行任务执行过程中，会影响飞行员非技术能力发挥的环境因素可能包括噪声、地形、能见度、机组及其成员间的动态关系等多个方面。

二、政策法规因素

一个良好的政策法规体系有利于非技术能力的培养，有利于增强职业崇高感和自豪感，有利于强化飞行品质的养成。完善的制度政策法规体系能够提升飞行员的福利待遇，创造有利于激发训练热情、适合个性发展的良好环境，能够将"以人为本"的人文主义关怀表达到位。同时，坚持以科学的态度对待飞行问题，尽量避免行政指责，改变动辄处罚的习惯做法等，这些都是促进非技术能力培养与发挥的重要影响因素。

三、精神文化因素

精神文化是个体或集体在从事物质文化基础生产中产生的一种意识形态，是各种观念形态的集合。一个良好的精神文化氛围包括科学的飞行思维、良好的飞行价值观和积极的良性竞争。思想是行动的先导，很多飞行员在刚刚进入飞行行列的时候，往往会存在这样那样的不良认识，从而影响了自身能力水平的发挥和成长。例如，一些飞行员会认为"飞得好"就是评判飞行员的唯一标准，这就不是一个正确的飞行观；还有一些飞行员急于求成、心浮气躁，这就违背了能力发展的基本规律，毕竟"冰冻三尺非一日之寒"，非技术能力的培养是一个循序渐进的过程，科学的飞行思维就会帮助他们很快地认识到这一点。

第四章　非技术能力培养应用

第一节　现　状

　　欧美国家从 20 世纪 80 年代初就开始进行非技术能力训练，其中最为广泛的就是 CRM 训练——从最初针对民航飞行员扩展至现在的军航、航空器维修、空中交通管制、医疗、消防等涉及团队合作的高风险职业，以促进团队成员的合作效率与运行安全。到目前为止，CRM 训练先后经历了 6 个时代，已经成为当今航空训练部门开展的主流训练模式。其基本的训练方法有讲座、实践练习、案例研究、事故再现录像、情境模拟等手段。CRM 培训达到了减少事故发生的预期目的，提高了机组的团队技能，提升了机长决策能力，使机组更容易适应应急情境等。例如，美国海军直升机群展开 CRM 训练后第一年，由机组错误而引起的 A 级事故从前 5 年平均 59.7% 下降到 50%。

　　相对欧美国家，我国开展非技术能力训练较晚。1999 年 7 月，南航正式成立了 CRM 项目小组，开始了 CRM 的研究和实践，各航空公司也都专门成立了人为因素领导小组，在飞机机组开展"驾驶舱资源管理"的培训工作。中国民用航空局于 2000 年成立了"民用航空人为因素研究及应用"课题研究小组，标志着我国第一次全面、深入地开展民航人为因素研究。由于 CRM 训练的广泛开展，近年来，民航机组人员密切配合，成功处置多起空中重大特情，重大事故的发生也呈明显下降趋势。统计表明，1996—2005 年，重大以上事故次数比前十年下降了 46.2%，"十五"期间重大事故百万时率下降到 0.29，比"九五"期间降低了 55%。

　　相比国内外同行的非技术能力训练，我国空军飞行领域非技术能力的研究相对滞后，受训练方式、方法以及训练器材等限制，还没有形成一套完整的非技术能力训练方案。目前虽然已经参照民航的做法开始推行机组资源管理，但却没有形成空军自己的特色，无论是理论研究、训练理念还是具体实践，都还不够完善。长期以来，空军军事训练注重的是飞行员技术能力的培养，在非技术能力方面无论是训练理念还是具体实践，都存在很大差距，具体表现在以下三个方面。

　　一是内容标准"空白"。法规制度、训练大纲、教范手册、考核评价等基本上是围绕技术能力制定的，所针对的主要是"一杆两舵"的内容，是对技术能力的规定、解释和评判。训练实践活动也都是围绕技术能力筹划展开，既没有涉及非技术能力的标准要求，也没有飞行习惯养成、航空心理生理训练、飞行员空中情绪负荷和压力管理、综合感知异常信息等必备的、基本的非技术能力训练。即使涉及一些非技术能力内容，也是一种非自觉的行为，没有上升到理性的高度，没有课目化、常态化，始终附属于技术能力训练，没有进入军事训练内容体系。

二是专业训练滞后。突出表现在训练内容零散、方法单一、手段落后、层次较低。例如，航空心理训练：虽然有专门的研究和训练机构，但仍处于个体训练和心理运动技能训练层面，只具备简单心理健康普查和干预的能力，训练方式以自我调节和以教代训为主。现代航空医学强调的心理准备训练、战术技术与心理融合训练、表象和放松训练等基本没有涉及。加之心理干预没有与思想政治工作很好的区别，使得飞行员对心理分析产生抵触情绪，分析结果缺乏说服力。再如，航空生理训练：空军1982年在4个疗养院建立了航空生理训练机构，规定飞行员在完成第一次普训的基础上，每间隔3年复训一次；但是由于保障体制改革等因素的影响，疗养院航空生理训练的职能弱化，专业人才流失，设备设施严重老化甚至废弃，训练基本处于停滞状态，以致部分飞行员生理训练间隔时间超过规定，有的从来没有经过"缺氧训练"体验，造成飞行员的"两防两抗（防缺氧、防错觉、抗载荷、抗疲劳）"能力下降。近年来，空军几乎每年都会因飞行员错觉导致飞行事故——2008年发生的严重飞行事故，有40%是由于飞行员错觉造成的。还有空中情绪负荷监控。飞行中需要保持适度的紧张情绪，以保证对信息做出适度反应和正确处置，过高的紧张情绪会加快消耗心理生理储备，过早出现疲劳现象，甚至对正常或危险信息做出过度反应，使操作程序发生偏差或遗忘。过低的情绪紧张度会降低对飞行信息的反应能力，容易产生"几乎不可抑制的过度放松倾向"，应激水平、工作能力下降，易产生纰漏。这是为什么在执行重要课目、重大任务以及个人飞行重要转换时节结束时容易发生问题的深层次原因。我们虽然注意到了这种现象，但大多采取的是行政手段，提要求多、讲注意事项多，对如何适时监控、准确分析预测、有针对性地预防，以及进行专业性训练等方法，缺乏科学有效的措施办法。

三是环境营造乏力。无论是飞行员训练的"硬环境"还是工作生活的"软环境"，都没有较好体现非技术能力的要求。从"硬环境"上看，装备设计和维护管理人性化程度低，对人机功效设计重视不够，对存在的缺陷解决不力，飞行员只能被动适应缺陷，额外耗费精力，增大劳动强度，为产生错忘漏埋下隐患。例如，歼6、歼7、强5飞机自装备部队以来多次发生误投副油箱、误放减速伞问题，几十年没有得到根本解决。教8飞机发动机停车电门没有防护措施，飞行员经常误撞电门导致发动机空中停车。歼8F飞机左侧多功能指示器和右侧电子飞行指示器显示亮度不均衡，容易在云中和夜间飞行中产生错觉。某新型机油门手柄卡销间隙大，收光油门时发生过误关车；单双座机都存在平显眼位距离短，飞行员需要前倾约15cm方能看全航姿数据，座椅靠背没有腰部支撑、坐垫硬，长时间飞行会颈腰部疼痛；座舱电门头部没有荧光指示，夜间飞行看不清，影响操纵准确性等，都给飞行员带来生理、心理和劳动负担。从"软环境"上看，虽然我们有强有力的思想政治工作，但以人为本的思想在某些方面具体工作中体现不充分，缺乏细微周到的人文关怀和特色鲜明、导向性强的军营文化、训练文化以及安全文化，关注官兵的职业素养和文化修养不足；同时激发训练内在动力、培养高度自觉的措施不够具体；加之对飞行员个性品质培养和身心健康培育也缺乏具体的方法与手段，以致飞行员的荣誉感、自豪感得不到强化，职业操守、敬业精神和飞行品质均有所下降。近年来，发生的人为差错飞行事故里，都能从飞行员准备不到位、协同不细致、理论不扎实上找到原因教训。还有穿飞行靴不拉拉链、不认真调整个人防护装备、运输机与直升机飞行人员不系安全带、飞行中小动作多、飞行不校对数据、编队变化队形或丢失状态不报告、报告词随意以及指挥员用语不规范等不良行为习惯都是非技术能力缺失的后果。

第二节 对 策

非技术能力虽然并未纳入飞行教学大纲中，但做好相应的教学训练工作可以：一是提高学员对飞行规律的认识，促进其对新课目和新练习的理解与掌握，有利于尽快适应新环境和新条件下的变化；二是提高对空中飞行态势的判断能力，增强学员对安全底线的敏感度，有利于更好保证飞行安全；三是提高对飞行环境的了解，促进与其他飞行要素的配合，有利于更好地完成飞行任务。鉴于非技术能力对飞行学员日后的成长和战斗能力提升可以发挥积极的作用，尤其在培养飞行人员的综合能力上的作用，各相关机构应当做出努力探索。从对策上来说，培养飞行员非技术能力可以从个人层面和组织层面两个方向入手。

首先，在个人层面上，主要存在的问题是认知的限制——长期以来，人们普遍认为飞行训练的目的就是提升飞行员驾驭飞机的能力，通过对飞行技术以及飞机性能的掌握而提高作战能力以保障飞行安全。但实际上这种看法是片面的，甚至是有失科学性的。很多飞行员因为过于注重"一杆两舵"技能的养成而忽略自身非技术能力的进步，这对于完成飞行任务、保证飞行安全来说具有重大的隐患。对此，从飞行员自身来说，要做到以下几点：一要明确思想行动是先导，应该重视培养飞行员正确的飞行价值观；二要认识到自信源于正确认知，应着力提升飞行员的科学思维水平；三要做到严空中必先严地面，应坚持点滴入手严格飞行员作风养成；四要清楚关爱不能成为溺爱，应注重锻炼飞行员沟通协调自主处事能力；五要相信家庭是事业的支撑，应教育帮助飞行员妥善处理好家庭关系。

其次，在组织层面上，需要认识到存在建立健全培训机制、统筹形成全方位培养体系以及突出思想政治教育和心理训练重点三个方面的上升空间，具体来说，需要明确以下五点要求。

一要切实把非技术能力培养在训练的全局中突出出来。非技术能力虽然体现的是飞行员的个体素质，但却是一个国家军队整体训练水平的综合反映。开展非技术能力培养训练，必然对传统的训练理念、组训模式、治军方式、安全观念以及人才培养方式等带来深刻挑战。从这个意义上说，开展非技术能力培养训练是军事训练创新发展的重要内容和有效途径。非技术能力训练具有基础性、长期性和系统性等特征，需要加强理论研究，真正弄清其本质内涵、内容范围及相互关系，奠定坚实的思想认识基础。同时，要加强统一领导，整合现有训练资源，调整机关部门职能边界，发挥训练资源的最大效益。

二要抓紧建立非技术能力培养训练内容标准体系。空军飞行员培养训练不乏非技术能力内容，缺的是理性的认识、系统的内容、科学的评价和健全的制度。应组织力量对非技术能力有关内容进行研究梳理，科学确定飞行员培养目标，充分考虑影响非技术能力的各种因素，把必需的、可训的内容纳入军事训练大纲、手册，以法的形式固定下来。同时建立科学完善的非技术能力考核评价标准，规范各级各类人员的行为，树立正确的训练导向。

三要积极推行机组资源管理训练。自觉把机组资源管理训练作为提高飞行员非技术能力、充分发挥各种资源作用的重要手段，通过严格规范、精细管理，努力建立用规章控制过程、用标准规范内容、用职责界定责任的飞行训练、安全和保障工作模式。突出抓好掌握机上设备和武器系统的训练，培养飞行员科学合理的注意力分配和转移能力、妥善处理驾驶舱冲突的能力、及时准确识别潜在紧急情况的能力、自觉调节生理心理压力的能力以及熟练掌握各种武器性能、边界条件和作战使用的能力，把保证飞行安全和提高战斗力建立在充分、有效的训练基础之上。

四要突出抓好航空心理生理训练。完善训练体制，建立以训练部门定计划、卫生部门抓保障、医学实体促落实的运行机制。深化训练内容，学习借鉴外军和民航经验，将基础抗荷能力检查和抗高过载能力检查训练、飞行错觉体验训练、夜间认知能力训练、地面弹射救生训练等内容纳入训练范围，规定不同飞行员的训练时间和内容，并作为飞行员能力素质和资格检查的重要标准。大力改进训练手段，着眼训练需求，加大经费投入，抓紧研制开发心理生理训练配套装备，增强训练的逼真性，提高训练质量和效益。

五要努力营造非技术能力成长的环境氛围。坚持把飞行职业道德教育作为非技术能力培养的重要内容，增强职业崇高感和自豪感。强化飞行品质养成，从源头抓起、从细节严起，狠抓行为规范，为飞行员飞行生涯打下良好的素质基础。坚持以科学的态度对待飞行问题，尽量避免行政指责、动辄处罚的习惯做法。完善各项政策制度，本着以人为本、人文关怀的原则，改进飞行员的福利待遇和管理制度，创造有利于激发训练热情、尊重个性发展、建立轻松和谐关系的良好环境。

参考文献

［1］何为荣．空军军事训练学［M］．北京：军事科学出版社，2006.

［2］李秉德．教学论［M］．北京：人民教育出版社，1991.

［3］沈玉顺．现代教育评价［M］．北京：教育科学出版社，2002.

［4］张武升．教学艺术论［M］．上海：上海教育出版社，1993.

［5］徐英俊．教学设计［M］．北京：教育科学出版社，2001.

［6］叶澜．新编教育学教程［M］．上海：华东师范大学出版社，1991.

［7］全国十二所重点师范大学联合编写．教育学基础［M］．北京：教育科学出版
社，2002.

［8］顾明远，等．教育大辞典［M］．上海：上海教育出版社，1999.

［9］赞可夫．教学与发展［M］．杜殿坤，等，译．北京：人民教育出版社，1985.

［10］董会瑜，等．现代军校教育学教程［M］．北京：军事科学出版社，2000.

［11］吴铨叙．军事训练学［M］．北京：军事科学出版社，2003.

［12］庄志谦．空军飞行训练学［M］．北京：中国人民解放军空军，1996.

［13］方彪．飞行训练心理学［M］．北京：中国人民解放军空军，1984.

［14］鄂忠民．飞行训练心理学［M］．北京：航空工业出版社，1991.

［15］B．A．波诺马连科．飞行心理学［M］．北京：中国人民解放军空军，1988.

［16］皮连生．学与教的心理学［M］．上海：华东师范大学出版社，2003.

［17］雷树福．教研活动概论［M］．北京：北京大学出版社，2009.

［18］Thomas L G，Jere E B．透视课堂［M］．陶志琼，译．北京：中国轻工业出版
社，2009.

［19］吴庆麟．教育心理学［M］．上海：华东师范大学出版社，2003.

［20］R．M．加涅．教学设计原理［M］．皮连生，等，译．上海：华东师范大学出版
社，1999.

［21］刘儒德．教育中的心理效应［M］．上海：华东师范大学出版社，2006.

［22］张春兴．现代心理学［M］．上海：上海人民出版社，2001.

［23］周守珍，黄知荣．心理学［M］．武汉：华中师范大学出版社，2003.

［24］汪声达，梁斌．军事飞行训练心理学［M］．北京：中国人民解放军空军司令
部，2008.

［25］李志恒．军事飞行教育概论［M］．北京：蓝天出版社，1999.

［26］刘海．军校信息素质教育研究［M］．北京：军事科学出版社，2006.

［27］黄昌中．飞行员终身教育概论［M］．北京：蓝天出版社，2006.

［28］杨江波．飞行院校素质教育论［M］．北京：蓝天出版社，2001.

［29］陆建平．航空理论教员共同理论教材［M］．北京：中国人民解放军空军司令
部，2007.

［30］ 朱如珂，董会瑜．现代军校课程论［M］．北京：军事科学出版社，1999．

［31］ 陈东祥．未来型军事人才的构想［M］．北京：解放军出版社，2005．

［32］ 朱如珂，朱兵，张树哲．现代军校教学新论［M］．北京：海潮出版社，2004．

［33］ 华人杰，曹毅风，陈惠秀．空军学术思想史［M］．北京：解放军出版社，2008．

［34］ Sexton J B, Helmreich R L. Analyzing cockpit communication: the links between language, performance, error, and workload[C]//In proceedings of the Tenth International Symposium on Aviation Psychology, Columbus: The Ohio State University, 1999.

［35］ 李永娟．组织错误的表现与类型——核电与民航的研究［D］．北京：中国科学院研究生院，2002．

［36］ Flin R, Goeters K M, Hormann H J, et al. A generic structure of nontechnical skills for training and assessment[C]. Vienna: The 23rd Conference of the European Association for Aviation Psychology, 1998.

［37］ O' Connor P, Flin R. Crew resource management training for offshore oil production teams [J]. Safety Science, 2003, 41: 111-129.

［38］ 戴成怀．加强直升机飞行教学中的安全能力培训工作［J］．中国民航飞行学院学报，2005(6): 27-28.

［39］ 宋长寿．机组资源管理之我见［C］．中国民航第一届 CRM 研讨会论文集．成都：西南交通大学出版社，2002: 162-167

［40］ 顾青．飞行过程中的几对矛盾与驾驶舱资源管理［J］．机场管理，2003, (6): 44-45.

［41］ Robert W H, Deborah A, Boehm-Davis J, et al. Evaluating resource management training[R]. Improving teamwork in organizations: Applications of resource management training, 1997.

［42］ Endsley M R. Toward a theory of situation awareness in dynamic systems[J]. Human Factors, 1995, 37(1), 32-64.

［43］ 苗丹民，刘旭峰．航空航天心理学［M］．西安：第四军医大学出版社，2010．

［44］ Helmreich R L. Culture, threat, and error: assessing system safety[C]. Proceedings of a Conference. London: Royal Aeronautical Society. 2000: 21-25.

［45］ Ling F Y, Oforig G, Low S P. Importance of design consultants' soft skills indesign-build projects [J]. Engineering Construction & Architectural Management, 2000, 7 (4): 389-398.

［46］ Mearns K, Flin R, O' Connor P. Sharing "worlds of risk": improving communication with crew resource management[J]. Journal of Risk Research, 2001, 4(4): 377-392.

［47］ Robert L C, Lester R B. Training and development handbook[M]. New York: McGraw-Hill, 1976: 211-224.

［48］ 郑孝雍，罗晓利，李明亮．民航飞行员非技术技能的特点［J］．中国民用航空，2012, 04: 63-66.

［49］ 钱勃，茹玮，靳婉梅．直升机飞行员非技术能力需求分析［J］．陆军航空兵学院学报，2006, 15(2)34-37.

［50］于广涛，王二平，李永娟．非技术技能及其培训［J］．人类工效学杂志．2004，3（10）．

［51］侯桂芝，郭琳，周晓梅，等．飞行员个性特征与认知能力的分析［J］．中国健康心理学杂志．2012，4．

［52］宋源．团队合作行为影响因素研究［J］．理论界．2009，（6）：197-199．

［53］侯桂芝，周晓梅，郭琳，任东平．飞行员年龄与基本认知能力分析［J］．临床军医杂志．2012，40(5)：1181-1184．

［54］刘玉华，付兆君，郑军，刘晶，崔丽，徐先荣．高血压对飞行员认知功能的影响［J］．空军总医院学报．2009，25(01)：14-15．

［55］李茵．初始环境评审中环境因素的识别和评价方法［J］．环境污染与防治，2002，24(1)：6-7．